纤维素膜材料开发及其水处理应用

Development of
Cellulose Membrane Materials and
Their Applications in
Water Treatment

翁仁贵 主 编
田 风 彭 蕾 副主编

化学工业出版社
·北京·

内容简介

本书围绕纤维素膜的制备、改性、表征，及其在水处理中的应用展开。主要介绍了纤维素超滤膜的制备及其与二氧化锆和金属有机骨架的共混改性、通过高碘酸盐氧化和TEMPO氧化的表面改性，纤维素纳滤膜、醋酸纤维素纳滤膜、醋酸聚酰胺纤维素薄膜复合纳滤膜、零盐阻交联纤维素薄膜复合纳滤膜、全纤维素膜等的制备、改性与水处理应用等内容。

本书可为纤维素膜材料开发及水处理相关领域人员提供参考，也可作为高等院校环境、能源、化工、材料等专业本科生与研究生的拓展读物。

图书在版编目（CIP）数据

纤维素膜材料开发及其水处理应用 / 翁仁贵主编；田风，彭蕾副主编. -- 北京：化学工业出版社，2025. 4. -- ISBN 978-7-122-47592-3

Ⅰ. TB383

中国国家版本馆CIP数据核字第20258T2K21号

责任编辑：张　赛　张　龙　　　装帧设计：刘丽华
责任校对：杜杏然

出版发行：化学工业出版社
（北京市东城区青年湖南街13号　邮政编码100011）
印　　装：北京科印技术咨询服务有限公司数码印刷分部
710mm×1000mm　1/16　印张12½　字数233千字
2025年4月北京第1版第1次印刷

购书咨询：010-64518888　　售后服务：010-64518899
网　　址：http://www.cip.com.cn
凡购买本书，如有缺损质量问题，本社销售中心负责调换。

定　　价：99.00元

前言

随着全球工业化进程的加速和人口的不断增长，水资源短缺与水污染问题日益严重，已成为制约社会可持续发展的关键因素之一。而当前，污水处理行业普遍以“高能耗”换取“高水质”，污水处理的碳排放量约占社会总碳排放的1%～2%。由于缺乏高效的再生技术，导致污水处理的成本居高不下，行业的发展受到严重制约。

为了保护和改善水环境，国家相继发布包括《水污染防治行动计划》在内的多项政策。2020年3月，中央办公厅、国务院办公厅印发了《关于构建现代环境治理体系的指导意见》，要求探索促进污水收集效率提升与污染物降低的新方式和新技术。对此，研究开发低成本、高效的污水处理再生新材料，不仅能够有效降低污水处理的成本，还能提高处理效率，实现水资源的可持续利用。

膜技术作为当代一门新型高效的分离技术，具有分离效率高、碳排放低、分离装置简单、自动化程度高、易与其他技术结合等优点，广泛应用于水处理等技术领域。其中，纤维素膜作为一种生物基的“零碳”环保材料，具有易降解、易改性、生物相容性好等特点，在水处理领域具有良好的应用前景。因此，本书将重点探讨纤维素膜材料的开发及其在水处理中的应用，以期为纤维素膜材料的开发与应用提供一定的参考与启发。

本书主要探讨了纤维素膜，尤其是纤维素超滤膜和纤维素纳滤膜及复合膜的制备、改性与性能评价等内容，同时还介绍了纤维素膜在具体水处理中的相关应用。

在本书的编写分工方面，第4～8章由翁仁贵编写，第9～11章由田风编写，第2章和第3章由彭蕾编写，第1章和第12章由王发楠编写。全书由翁仁贵和王发楠审定。

由于时间、水平有限，书中难免存在不足之处，恳请广大读者批评指正，以便我们不断完善和提高。

编者

前言

目录

第1章 绪论

1.1 纤维素膜简介 …… 1
1.2 纳滤膜与超滤膜 …… 3
1.2.1 超滤膜简介 …… 3
1.2.2 纳滤膜简介 …… 4
1.3 纤维素膜在水处理应用中的优势与局限性 …… 4
1.4 纤维素膜的发展方向 …… 5

第2章 二氧化锆共混改性纤维素超滤膜

2.1 纤维素超滤膜的制备 …… 7
2.2 二氧化锆共混纤维素超滤膜的制备 …… 7
2.3 二氧化锆共混纤维素超滤膜的表征 …… 8
2.4 二氧化锆共混纤维素超滤膜的性能测试 …… 8
2.4.1 孔隙率 …… 8
2.4.2 接触角测试 …… 9
2.4.3 纯水通量测试 …… 9
2.4.4 截留率测定 …… 10
2.4.5 耐酸碱性测定 …… 10
2.5 结果与讨论 …… 10
2.5.1 二氧化锆共混纤维素超滤膜的工艺优化 …… 10
2.5.2 二氧化锆共混纤维素超滤膜的微观形貌 …… 12
2.5.3 二氧化锆共混纤维素超滤膜的化学组成 …… 13
2.5.4 二氧化锆共混纤维素超滤膜的结晶结构 …… 14
2.5.5 二氧化锆共混纤维素超滤膜的热稳定性 …… 15
2.5.6 二氧化锆共混纤维素超滤膜的膜性能分析 …… 16
2.6 小结 …… 20

第3章 金属有机骨架共混改性纤维素超滤膜

3.1 金属有机骨架的制备 …… 21
3.2 金属有机骨架共混纤维素超滤膜的制备 …… 22
3.3 金属有机骨架共混纤维素超滤膜的表征 …… 22
3.4 金属有机骨架共混纤维素超滤膜的性能测试 …… 23

3.4.1 通量测试 …… 23
3.4.2 截留率测定 …… 23
3.4.3 水通量恢复率 …… 24
3.4.4 亲水性测试 …… 24
3.5 金属有机骨架共混纤维素超滤膜的抗菌性能测试 …… 24
3.6 结果与讨论 …… 24
3.6.1 性能测试结果分析 …… 24
3.6.2 场发射扫描电子显微镜分析 …… 27
3.6.3 X射线衍射分析 …… 29
3.6.4 傅里叶红外光谱分析 …… 30
3.6.5 热重测试分析 …… 30
3.6.6 抗菌性能分析 …… 31
3.7 小结 …… 32

第4章
高碘酸盐氧化法对纤维素膜的表面改性

4.1 氧化纤维素膜的制备 …… 33
4.2 氧化纤维素膜的性能测试 …… 33
4.3 氧化纤维素膜的表征 …… 34
4.4 结果与讨论 …… 34
4.4.1 氧化纤维素膜的化学结构 …… 34
4.4.2 膜的形貌与结构 …… 36
4.4.3 通过修饰改变选择性机制 …… 37
4.4.4 控制影响膜性能的参数 …… 37
4.4.5 改变操作参数 …… 41
4.4.6 纤维素膜的再生 …… 42
4.5 小结 …… 44

第5章
TEMPO氧化法对纤维素超滤膜的表面改性

5.1 氧化过程 …… 45
5.2 渗透性和排斥反应研究 …… 45
5.3 膜表面电荷 …… 46
5.4 表面羧基含量 …… 47
5.5 膜材料分析 …… 47
5.6 氧化溶解程度 …… 48
5.7 结果与讨论 …… 48
5.7.1 表面羧化作用 …… 48

5.7.2 膜基质的变化 …… 50
5.7.3 多孔结构的变化 …… 51
5.7.4 脱盐 …… 53
5.8 小结 …… 55

第6章 纤维素纳滤膜

6.1 纤维素纳滤膜的制备方法 …… 57
6.2 纤维素/壳聚糖抗菌纳滤膜制备方法 …… 58
6.3 膜的表征方法 …… 58
6.4 纳滤膜性能评价方法 …… 59
6.4.1 水通量测定 …… 59
6.4.2 无机盐截留率测定 …… 59
6.4.3 染料截留率测定 …… 59
6.5 结果与讨论 …… 63
6.5.1 纤维素的溶解与成膜机理 …… 63
6.5.2 铸膜液的流变性能分析 …… 64
6.5.3 羧甲基化改性制备纤维素纳滤膜 …… 68
6.5.4 纳滤膜对染料的截留性能 …… 73
6.5.5 纳滤膜力学性能分析 …… 74
6.5.6 纳滤膜的红外分析 …… 74
6.5.7 纤维素纳滤膜的XRD分析 …… 75
6.5.8 纤维素纳滤膜的微观形貌分析 …… 76
6.5.9 纤维素纳滤膜的热稳定分析 …… 78
6.5.10 纳滤膜的亲水性能分析 …… 81
6.5.11 纳滤膜抗菌性能分析 …… 82
6.5.12 纳滤膜的透过和截留性能 …… 83
6.5.13 纳滤膜的孔径及其截留溶质的分子量 …… 83
6.6 小结 …… 85

第7章 醋酸纤维素纳滤膜

7.1 醋酸纤维素纳滤膜的制备 …… 88
7.2 黏度测量 …… 89
7.3 浊点测定 …… 89
7.4 膜形态表征 …… 90
7.5 过滤性能 …… 90
7.6 结果与讨论 …… 90
7.6.1 铸膜液中醋酸纤维素的浓度 …… 90
7.6.2 助溶剂的添加 …… 92

7.6.3 凝固前的蒸发时间 …… 95
7.6.4 相变的动力学研究 …… 96
7.6.5 相变的热力学研究 …… 98
7.7 小结 …… 99

第8章
界面聚合法制备醋酸聚酰胺纤维素薄膜复合纳滤膜

8.1 微孔醋酸纤维素载体制备 …… 100
8.2 薄膜纳滤复合膜的制备 …… 100
8.3 表征仪器和方法 …… 101
8.4 水通量和截留率 …… 101
8.5 结果与讨论 …… 102
8.5.1 SEM 形貌表征 …… 102
8.5.2 红外光谱表征 …… 103
8.5.3 接触角测量 …… 104
8.5.4 吸水性能 …… 104
8.5.5 渗透率和孔隙度特征 …… 106
8.5.6 CHMA 浓度对保盐性能的影响 …… 106
8.5.7 CHMA 浓度对染料截留率的影响 …… 107
8.6 小结 …… 109

第9章
零盐阻交联纤维素薄膜复合纳滤膜

9.1 零盐阻交联纤维素薄膜复合纳滤膜的合成与制备 …… 110
9.1.1 TMSC 合成过程 …… 110
9.1.2 纳滤膜的制备 …… 110
9.2 聚合物和膜的表征 …… 111
9.3 膜性能评价 …… 111
9.4 结果与讨论 …… 112
9.4.1 膜形态和结构 …… 112
9.4.2 膜分离性能 …… 114
9.5 小结 …… 117

第10章
LbL 表面改性对醋酸纤维素纳滤膜性能的影响

10.1 海藻酸钠膜的制备及化学改性 …… 118
10.1.1 原膜 …… 118
10.1.2 复合膜 …… 118
10.1.3 海藻酸钠的化学改性 …… 118
10.2 膜的表征 …… 119

10.3 渗透试验 …… 119
10.4 接触角测量 …… 119
10.5 污染测试 …… 120
10.6 结果与讨论 …… 120
10.6.1 膜的改性 …… 120
10.6.2 改性膜的形态表征 …… 121
10.6.3 膜的性能 …… 123
10.6.4 聚电解质改性膜的防污性能 …… 127
10.6.5 膜的稳定性和储存性 …… 128
10.7 小结 …… 128

第11章
纤维素/二氧化锆纳滤膜制备及其水处理应用

11.1 界面聚合制备纤维素/二氧化锆纳滤膜 …… 130
11.2 水处理结果测定 …… 131
11.2.1 浑浊度测定 …… 131
11.2.2 总硬度测定 …… 131
11.2.3 有机物测定 …… 131
11.3 膜的表征及性能测试方法 …… 131
11.3.1 场发射扫描测试 …… 131
11.3.2 ATR-IR 表征 …… 132
11.3.3 X 射线衍射测试 …… 132
11.3.4 热稳定性测试 …… 132
11.3.5 膜的性能测试 …… 132
11.4 结果与讨论 …… 134
11.4.1 界面聚合制备 IP-ZrO_2/BC-NFM 工艺优化 …… 134
11.4.2 IP-ZrO_2/BC-NFM 的形貌分析 …… 139
11.4.3 IP-ZrO_2/BC-NFM 的化学组成 …… 141
11.4.4 IP-ZrO_2/BC-NFM 的结晶结构 …… 142
11.4.5 IP-ZrO_2/BC-NFM 的热稳定性 …… 142
11.4.6 IP-ZrO_2/BC-NFM 的膜性能评价 …… 144
11.4.7 IP-ZrO_2/BC-NFM 的耐酸碱性能 …… 147
11.4.8 纤维素膜对饮用水的处理 …… 148
11.4.9 膜组件性能评价 …… 153
11.4.10 膜的清洗 …… 155
11.5 小结 …… 156

第12章 全纤维素膜的金属离子吸附和染料催化脱色

12.1 纤维素纳米晶体的改性 …… 158
12.2 全纤维素膜的制备 …… 159
12.3 膜的表征 …… 159
12.3.1 傅里叶红外光谱表征 …… 159
12.3.2 X射线衍射测试 …… 159
12.3.3 Zeta电位的测定 …… 160
12.3.4 表面粗糙度的测定 …… 160
12.3.5 表面形貌的表征及元素组成 …… 161
12.3.6 其他研究 …… 161
12.4 吸附等温线 …… 161
12.5 通过加氢催化染料脱色 …… 162
12.6 结果与讨论 …… 162
12.6.1 合成与表征 …… 162
12.6.2 膜制备 …… 166
12.6.3 金属离子去除 …… 168
12.6.4 染料的吸附和催化加氢 …… 173
12.7 小结 …… 176

参考文献

第1章

绪论

在当今全球水资源短缺与环境污染形势日益严峻的背景下，开发高效、环保的水处理技术已成为解决水危机的关键。纤维素膜材料作为一种新兴的高性能膜材料，因其独特的物理化学性质和可再生性，逐渐成为水处理领域的研究热点。

纤维素作为一种天然高分子材料，具有来源广泛、可生物降解、无污染等优点。其分子结构中含有丰富的羟基，能够通过物理或化学改性形成具有特定孔隙结构和表面性能的膜材料。

纤维素膜材料的孔径范围可以从微米级到纳米级，能够实现从粗过滤到超滤、纳滤甚至反渗透等多种水处理功能。此外，纤维素膜材料的表面可以通过接枝、交联等方法进行功能化修饰，赋予其抗菌、抗污染、选择性吸附等特殊性能，从而满足不同水质和处理要求的多样化需求。

1.1 纤维素膜简介

纤维素是一种具有多羟基结构的复杂的植物多糖，广泛存在于植物细胞壁中，是地球上最丰富的可再生聚合物资源。将纤维素溶解在纤维素溶剂中，经挤出或凝胶化而制成的多孔分离膜就被称为再生纤维素膜（RC，简称纤维素膜）。纤维素膜具有易降解、易改性、生物相容性好等特点，因而在水处理中具有良好应用前景。然而，目前纤维素膜材料在水处理领域中的开发与应用还存在一些问题，如在稳定性、力学性能、渗透通量等方面还有待提高；此外，纤维素膜是有机材料，水中的微生物很容易在膜上生长，造成纤维素膜污染而影响其水处理功能。

目前，制备纤维素膜材料的方法主要有两种，一种是湿法制备，另一种是干法制备。

（1）湿法制备是将纤维素与溶剂混合，形成溶液后通过膜铸造技术制备成膜。常用的溶剂包括 *N*-甲基吡咯烷酮（NMP）、甲基亚硫酰氯（MSC）、硫酸酯（DMSO）等。这种方法的优点是制备工艺简单，成膜速度快，可以制备出具有较好结构稳定性和分离性能的纤维素膜材料。但是，由于纤维素在有机溶剂中的溶解度较低，需要加入大量的溶剂，易造成环境污染且成本高昂。

（2）干法制备则是将纤维素粉末直接压制成膜，或者将纤维素溶解于无机酸或无机碱中，然后进行纤维素膜的干燥。这种方法的优点是不需要有机溶剂，成本较低，但其缺点是制备工艺较为复杂，成膜速度较慢，且容易出现纤维素的结晶、断裂等问题。

在得到纤维素膜后，还可以通过物理或化学改性，使其拥有多功能性，例如选择分离性、抗紫外性、抗菌性、荧光性、pH 敏感性、温度敏感性、磁性等。常见的改性方法主要有共混改性和表面改性。

（1）共混改性是指将膜材料与无机物或多种聚合物均匀共混在一起，然后采用溶剂挥发法、相转化法或熔融纺丝法等方法制备出具有不同性能的复合分离膜。成膜过程即是混合改性的过程，不需要对膜材料进行后处理，因此这种改性方法具有操作快捷和简单等优点。但在实际应用中，改性剂会从膜材料中析出，膜的分离效率也会相应降低。另外，当改性剂为水溶性物质时，在其沉淀过程中会造成待分离液体的二次污染。

当前，通过共混法在聚合物膜中引入 SiO_2、Al_2O_3、TiO_2、ZrO_2 等纳米无机氧化物用以提高膜的防污性能已成为研究热点之一。也有一些研究通过混入甲壳素等有机物，使复合膜形成微孔结构，增加其比表面积，强化了其对汞、铜和铅等重金属离子的吸附能力。

（2）表面改性是指在膜的表面进行修饰，以调控其表面亲/疏水性，使其具有更好的选择透过性。表面涂层和表面接枝是纤维素膜最常用的表面改性方法，如图 1-1 所示。

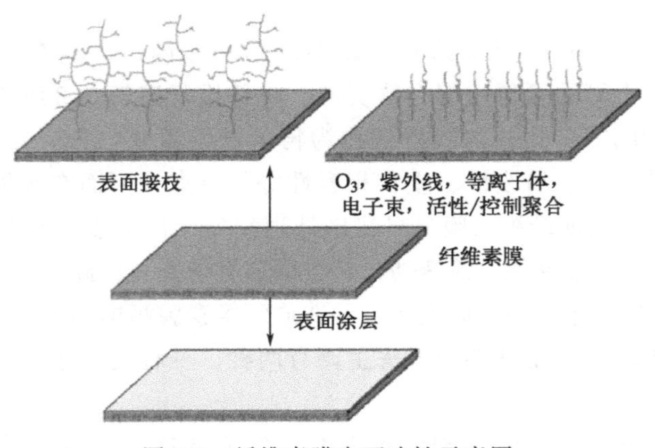

图 1-1　纤维素膜表面改性示意图

表面涂层（表面涂覆）通过浸涂或喷涂等方式使表面活性剂等涂覆在膜表面上。纤维素膜表面涂层主要靠物理吸附作用，因此容易造成涂层不稳定，使用过程中容易脱落。

表面接枝是一种利用膜表面的活性官能团，使其通过化学键与特定配体结合的技术，可以生产出具有一系列表面特征和特异性官能团的复合膜材料，从而实现复合膜表面的功能化。由于纤维素膜表面接枝主要靠化学键作用，所以其结合相对比较牢固。该工艺可有效减小膜表面的孔径，提高分离操作的准确性，且配体和小的有机分子之间的相互作用还可以用来实现进一步的选择性分离。此外，通过调节接枝密度，可以调控微孔膜的孔径大小，从而改善纤维素膜的抗污能力。

1.2 纳滤膜与超滤膜

一种合适的膜材料应该具有良好的成膜性、热稳定性、化学耐受性及较高的力学性能。而根据膜材料的孔隙结构（孔径、孔径分布和孔隙率）或截留分子量可将其分为微滤（MF）、超滤（UF）、纳滤（NF）和反渗透（RO）膜等。本书内容主要关注于超滤膜及纳滤膜相关技术。

1.2.1 超滤膜简介

超滤（UF）膜通常是由高分子材料制成的半透膜，其膜孔径为1～100nm，适用于脱除尺寸在0.01～0.1μm、分子质量在10^3～10^6Da范围内的胶体级微粒和大分子。超滤膜广泛应用于制药、废水处理等行业的溶质净化、浓缩、过滤和分离等工艺流程中。

超滤膜常用的制备方法有相转化法、拉伸法、蚀刻径迹法等。其中，相转化法又称为浸没沉淀法，其过程可简单分为溶解与成膜两部分，即先将高分子材料加热使其形成均相的铸膜液，之后再通过溶剂和非溶剂相（多为纯水）的转换形成固体膜。在固化成膜的过程中，可通过涂布、拉伸等方法制备出初始态的膜。相转化法因其操作便捷、制备条件易控制等优点，非常适用于工业化生产。

随着超滤膜应用领域的不断扩展，为了使超滤膜的渗透性能、截留性能和力学性能达到应用要求，也需要对超滤膜进行改性。超滤膜常用的改性方法有表面涂覆法、表面接枝法、共混法等。

1.2.2 纳滤膜简介

纳滤（NF）膜孔径一般为1～2nm，具有比超滤膜更小的截留分子量（200～1000Da），可以选择性地分离多价离子和有机小分子。近年来，纳滤膜在不同流体中污染物的分离应用中显著增加。

界面聚合法（IP）是纳滤膜常用的制备方法，其具有反应时间短、成膜工艺简单、易于控制的优点。界面聚合是指在不互溶的两相界面上，溶于不同相的反应单体发生的聚合反应。其中，水相中的单体为多元胺类等水溶性分子，如哌嗪（PIP）和间苯二胺（MPD），有机相中的单体为多元酰氯，如均苯三甲酰氯（TMC）等。如图1-2所示，以界面聚合制备纳滤膜时，水相和有机相中的单体将在界面处反应形成纳滤膜。

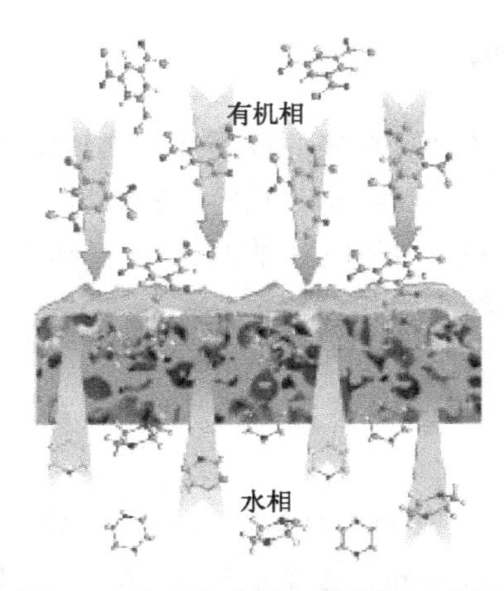

图1-2　界面聚合制备纳滤膜示意图

一般来说，可以通过两种有效的方法来优化纳滤膜性能，包括调节形成的选择层或多孔支撑基底，以获得更佳的纳滤性能。此外，将具有亲水性的高分子材料或者无机粒子等亲水基团引入到纳滤膜的聚酰胺（PA）层中，也可使膜的物理性能和亲水性能得到改善。

1.3 纤维素膜在水处理应用中的优势与局限性

在水处理应用中，纤维素膜凭借其优良的物理化学性质和环境友好特性，具有许多应用优势。

（1）纤维素膜具有优异的力学性能和稳定性。它们可以承受高压力和流速，并且在不同的温度和 pH 值条件下都能够保持稳定。这些特性使纤维素膜非常适用于水处理中的高强度应用，例如高浓度悬浮物的过滤和处理。

（2）纤维素膜具有优异的过滤效率和选择性。纤维素膜可以有效地过滤掉不同大小的颗粒和离子，因此在处理水中的杂质和污染物方面具有广泛的应用。纤维素膜的选择性也可以通过控制孔径大小和表面修饰等方式进行调节。

（3）纤维素膜具有低能耗和低成本的优势。相比于其他膜分离技术，纤维素膜的制备和操作成本较低，因此可以在大规模应用中获得更好的经济效益。纤维素膜的低能耗特性也有助于减少能源消耗和环境污染。

（4）纤维素膜具有可再生和可降解的优势。纤维素膜可以通过再生或生物降解的方式进行处理和回收，这有助于减少膜废弃物的产生和对环境的污染。

尽管纤维素膜具有多种应用优势，但是目前也存在一些应用局限性。

（1）纤维素膜的抗污染性和耐化学腐蚀性较弱，容易受到水中的微生物、有机物和化学物质的影响，导致膜的性能降低和寿命缩短。

（2）纤维素膜的孔径大小较难精确控制，这限制了其在某些应用中的选择性和效率。

（3）纤维素膜的制备过程需要较长的时间，生产周期较长。

针对纤维素膜在水处理中的应用局限性，相关研究可从以下方面进行深入探索。首先，可以通过材料改性、表面修饰和膜结构设计等方式提高纤维素膜的抗污染性和耐化学腐蚀性，以适应不同的水处理场景。其次，可以通过控制纤维素膜的制备条件，来缩短生产周期，提高生产效率。再次，可以通过调节孔径大小、表面改性和复合膜的设计等方式，优化纤维素膜在不同应用场景中的选择性和效率。最后，利用新型的材料和技术，如多孔性陶瓷材料和纳米技术等，来改进和优化纤维素膜的性能和应用范围。

1.4 纤维素膜的发展方向

综合当前纤维素膜的研究现状，纤维素膜的未来发展方向主要包括纤维素膜的制备工艺优化、材料性能改进和功能化纤维素膜的研究等方面。

在纤维素膜的制备工艺优化方面，目前研究主要集中在提高膜的通量、选择性、抗污染性和稳定性等方面。一方面，通过控制膜的结构和孔径大小、改善膜的疏水性和亲水性、调节膜的厚度和孔隙率等方式，优化膜的性能。另一方面，研究新的制备工艺，如微波辅助制备、溶剂交替法制备、界面诱导制备等，以提高膜的质量和效率。

在材料性能改进方面，研究主要集中在纤维素膜的稳定性、抗污染性和选择性等方面。为了提高膜的稳定性，人们可以研究新的材料加工方式，如纤维素交联、材料掺杂等方法。为了提高膜的抗污染性和选择性，人们可以研究新的材料配方和表面修饰等方法。

在功能化纤维素膜的研究方面，人们旨在将纤维素膜作为载体来实现功能材料的复合，例如，通过在纤维素膜中加入催化剂或生物活性分子，实现纤维素膜的功能化，扩展其应用范围。

本书旨在探究纤维素膜材料的制备工艺、性能优化及其在水处理领域中的应用，为纤维素膜材料的开发及应用推广提供有价值的研究成果和参考。

第2章

二氧化锆共混改性纤维素超滤膜

2.1 纤维素超滤膜的制备

将一定量的竹纤维素（BC）放入60℃烘箱中真空干燥12～24h，备用。在置于油浴装置中的三颈烧瓶内配制85% *N*-甲基吗啡-*N*-氧化物（NMMO）水溶液后，开始升温。温度升至90℃时，在溶液中投加抗氧化剂（没食子酸正丙酯）。待升温至110℃时，称取一定配比的干燥竹纤维素溶解于NMMO水溶液中，机械搅拌2～3h使其充分溶解。此后置于90℃恒温下脱泡4～6h，得到均匀的棕黄色铸膜液。

铸膜液通过非溶剂诱导采取相转化法制备纤维素膜。将均匀的铸膜液流延至涂布机的无纺布上，调整模具，加热刮刀至90℃，控制速度为20cm/min进行刮膜，刮膜后将膜置于空气中10～15s，再放入去离子水中浸泡24～48h。取出膜放置室内自然阴干，即得到厚度约为200μm的纤维素膜，湿态保存，记作BCM。

2.2 二氧化锆共混纤维素超滤膜的制备

二氧化锆共混纤维素超滤膜的制备过程与上述BCM的制备方法类似，区别在于将一定量的ZrO_2纳米金属颗粒添加到配制好的NMMO水溶液中，超声分散30min，使纳米颗粒均匀地分散于NMMO水溶液。此后，将抗氧化剂、竹纤维素按一定配比添加至悬浊液中，机械搅拌2～3h，充分混合溶解，置于90℃恒温下脱泡4～6h，得到均匀铸膜液。实验配比见表2-1。最后，同样采取相转化法制膜，该膜记作ZrO_2/BCM。

表 2-1 ZrO_2/BCM 超滤膜制备配比

膜样编号	纤维素：NMMO：水	ZrO_2 质量分数/%
BCM		0
BCM_{Z1}		0.5
BCM_{Z2}	1：8：n	1.0
BCM_{Z3}		1.5
BCM_{Z4}		2

2.3 二氧化锆共混纤维素超滤膜的表征

(1) 利用场发射扫描电子显微镜（FE-SEM）观察样品的形貌，并记录样品的高分辨率图像。将凝固浴中湿态的 BCM 及 ZrO_2/BCM 取出并浸泡在质量分数为 20%的甘油中 10～30min，放置室温下阴干 8～12h。将处理后的膜样品用液氮淬火，并置于冷冻干燥机中冷干 24h，裁剪成 2cm×2cm 的正方形膜片，表面和界面喷金后通过扫描电镜观测并分析膜表面和膜结构。

(2) 采用傅里叶红外光谱仪（FT-IR）分析样品的化学成分。将纤维素膜及纤维素共混膜置于室温下 1～2h 自然阴干，真空干燥 8～12h，裁剪成 1.5cm×1.5cm 膜片，采用 ATR（全反射法）测定红外光谱，测定范围为 4000～400cm^{-1}，扫描 32 次得出数据，分析纤维素中官能团组成。

(3) 采用 X 射线衍射仪（XRD）分析样品的晶体结构。将纤维素膜及纤维素共混膜裁剪成 2cm×2cm 膜片，采用 X 射线衍射测试膜样品，测试角度范围约 5°～60°，分析纤维素膜的结晶情况。

(4) 利用热重分析仪（TGA）研究样品的质量与温度的关系，分析样品的热稳定性。将纤维素膜及纤维素共混膜置于室温下 1～2h 自然阴干，冷冻干燥 24h，将膜样品裁剪成 0.2cm×0.2cm 的膜片，放在氧化铝坩埚中，在氮气流量为 20mL/min 下，1h 内从 30℃升温至 800℃。收集数据，对比不同膜样品的 TG 曲线，分析纤维素膜的热稳定性，探究膜质量随温度的变化情况。

2.4 二氧化锆共混纤维素超滤膜的性能测试

2.4.1 孔隙率

将纤维素膜裁剪成 4cm×4cm 的膜片，浸入纯水中浸泡 1～2h，吸拭膜表面水分后称得湿膜质量 w_1。将湿膜放入无水乙醇 4～6h 充分置换，再将膜片转移至 40℃下真空干燥箱内干燥 1h，至恒重时称得干膜质量 w_2。根据下式计算并分析纤维素膜孔隙率 ε：

$$\varepsilon = \frac{w_1 - w_2}{\rho S d} \times 100\% \tag{2-1}$$

式中，ε 为纤维素膜孔隙率，%；w_1 为湿膜质量，g；w_2 为干膜质量，g；ρ 为 25℃时的纯水密度，0.998，g/cm^3；S 为膜的有效面积，cm^2；d 为膜厚度，cm。

2.4.2 接触角测试

将湿态保存的纤维素膜取出，用去离子水反复清洗以去除膜表面杂质，裁剪成 1cm×2cm 的膜片，贴于载玻片上压平待测。采用固定液滴法，将水滴于纤维素膜表面，稳定 10s 后测定静态接触角。为减小实验误差，每个样品测定三次，每次至少取 5 个不同位置（取平均值），记录数据并分析纤维素的亲疏水性能。

2.4.3 纯水通量测试

纤维素膜的水通量采用如图 2-1 所示的装置进行测量，并在一定压力下，测得单位时间、单位面积透过膜片的纯水通量 Q_w。

$$Q_w = V/(At) \tag{2-2}$$

式中，Q_w 为纯水通量，$L/(m^2 \cdot h)$；V 为单位时间内通过膜的纯水体积，L；A 为膜的有效过滤面积，m^2；t 为过滤时长，h。

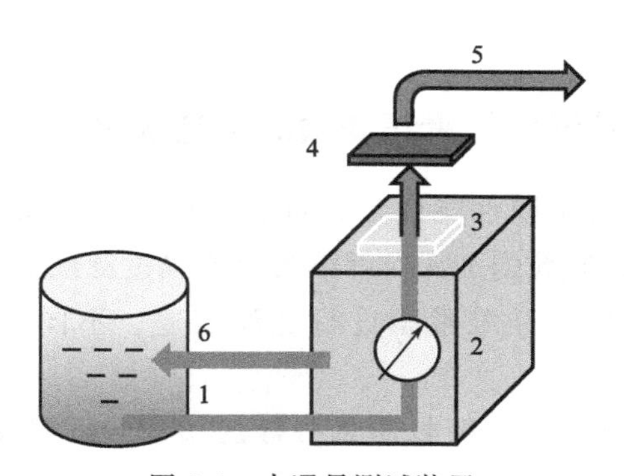

图 2-1　水通量测试装置

1—进料口；2—压力表；3—载膜台；4—分离膜；5—出料口；6—循环水

将膜用去离子水反复清洗干净，膜样品剪裁成 4cm×8cm 的膜片，放入过滤装置中压平。将膜置于 0.1MPa 的压力下预压 30min，待压力与出水量稳定时，每隔 3min 记录通过膜的水的体积，每个样品记录 5 次，取平均值，得到准确的纯水通量值。

2.4.4 截留率测定

实验以牛血清白蛋白（BSA）作为污染物，对纤维素膜进行超滤实验。配制质量浓度为 1000mg/L 的牛血清白蛋白溶液，绘制 BSA 标准曲线。“纯水通量测试”中的纯水换成 1000mg/L 的 BSA 溶液，将膜片放于过滤装置中，在 0.1MPa 压力下进行膜截留率实验，通过对比膜过滤前后 BSA 浓度，即可得出纤维素膜的截留率 J。计算公式如下：

$$J=\left(1-\frac{C_1}{C_2}\right)\times 100\% \qquad (2\text{-}3)$$

式中，J 为膜的截留率,%；C_1 为进料浓度，mg/L；C_2 为过滤液浓度，mg/L。

2.4.5 耐酸碱性测定

配制 1mol/L 的 HCl 溶液和 1mol/L 的 NaOH 溶液，通过稀释配制出不同 pH 值的溶液，将膜浸入中酸碱溶液中 5d，探究膜通量在酸碱溶液中的变化情况，测定纤维素膜的耐酸碱性能。酸碱处理前后的膜通量计算公式同式(2-2)。

2.5 结果与讨论

2.5.1 二氧化锆共混纤维素超滤膜的工艺优化

膜的过滤性能是衡量膜性能优劣的重要指标。本章在 0.1MPa 的试验压力下，考察了纳米 ZrO_2 颗粒的加入对纤维素超滤膜过滤性能的影响，以牛血清白蛋白（BSA）为污染物对纤维素膜进行超滤实验。不同纤维素膜的水通量和 BSA 截留率如图 2-2 所示。

可以观察到，随着 ZrO_2 颗粒质量分数的增加，纤维素膜的水通量不断增加。未添加纳米颗粒的 BCM 水通量为 286L/(m^2 · h)，在添加 ZrO_2 颗粒到 1% 时达到最大值，水通量为 321L/(m^2 · h)，表明 ZrO_2 颗粒的加入一定程度上改善了纤维素膜的亲水性。

然而，过量的纳米粒子的加入会导致膜孔径和孔隙率的降低。随着 ZrO_2 颗

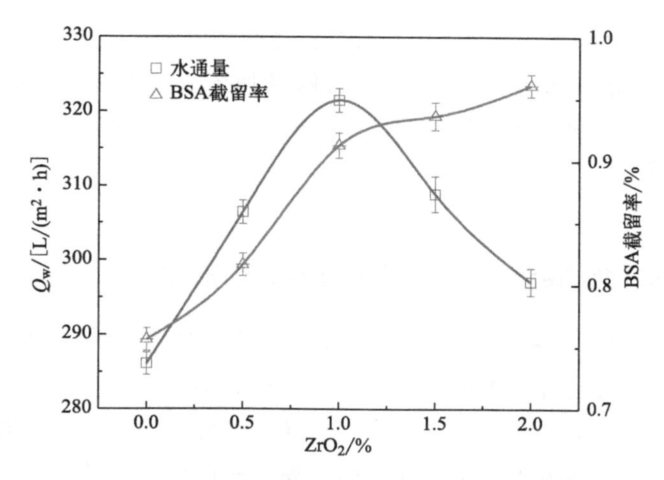

图 2-2　ZrO_2 对纤维素超滤膜过滤性能的影响

粒质量分数的进一步增加（大于 1%），铸膜液体系中过量的 ZrO_2 导致膜的孔隙率减小，从而导致纤维素膜的水通量急剧下降。Shen 等人用相转化方法制备的 PVDF/ZrO_2-*g*-PACMO 杂化膜也得到了类似的实验结果。另一方面，孔径的减小也会使膜致密，导致再生纤维素膜的水通量减小。如图 2-2 所示，孔径的减小导致水通过膜的阻力增大，BSA 的截留率继续增大。

从图 2-3 可以看出，ZrO_2 颗粒的加入增加了纤维素膜的孔隙率。这些颗粒会与有机相相互作用，形成气孔。BCM 的孔隙率为 77.3%，在 ZrO_2 颗粒的添加过程中，孔隙率呈现先增后减的趋势。ZrO_2 质量分数为 1%时，ZrO_2/BCM 的孔隙率为 79.8%。

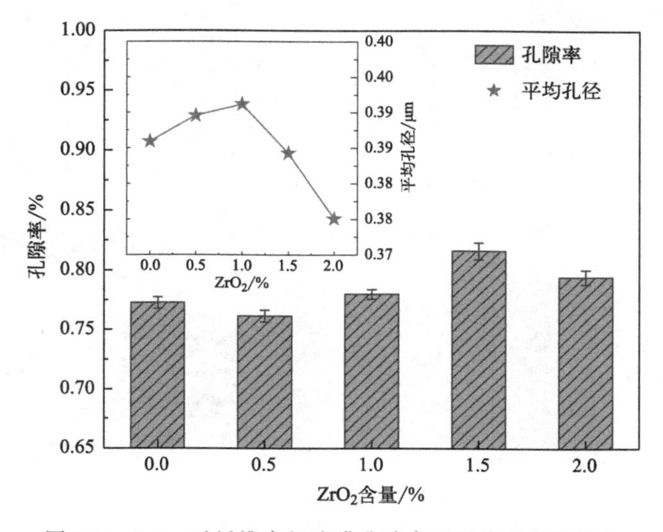

图 2-3　ZrO_2 对纤维素超滤膜孔隙率和平均孔径的影响

纳米颗粒过多会填补膜结构中的缺陷，导致纤维素再生膜的平均孔径呈减小趋势。平均孔径的减小也意味着膜的结构更加紧密。因此，可以确定适量的 ZrO_2 颗粒能够改善膜的亲水性和孔隙率。综合考虑，ZrO_2 颗粒质量分数为 1% 时，膜性能较好。

2.5.2 二氧化锆共混纤维素超滤膜的微观形貌

采用 SEM 扫描电镜观察 BCM、1%-ZrO_2/BCM 和 2%-ZrO_2/BCM 的微观结构。如图 2-4 所示，BCM 膜的表面呈现出大量的孔隙结构。加入 1% ZrO_2 颗粒的膜表面变得致密，没有团聚现象，说明纳米颗粒均匀分散在纤维素膜中。加入 2% ZrO_2 的膜表面出现白色 ZrO_2 团聚体，表明膜的平均孔径减小，这与图 2-3 中平均孔径减少的结果一致，表明纳米颗粒的加入改变了膜表面结构。

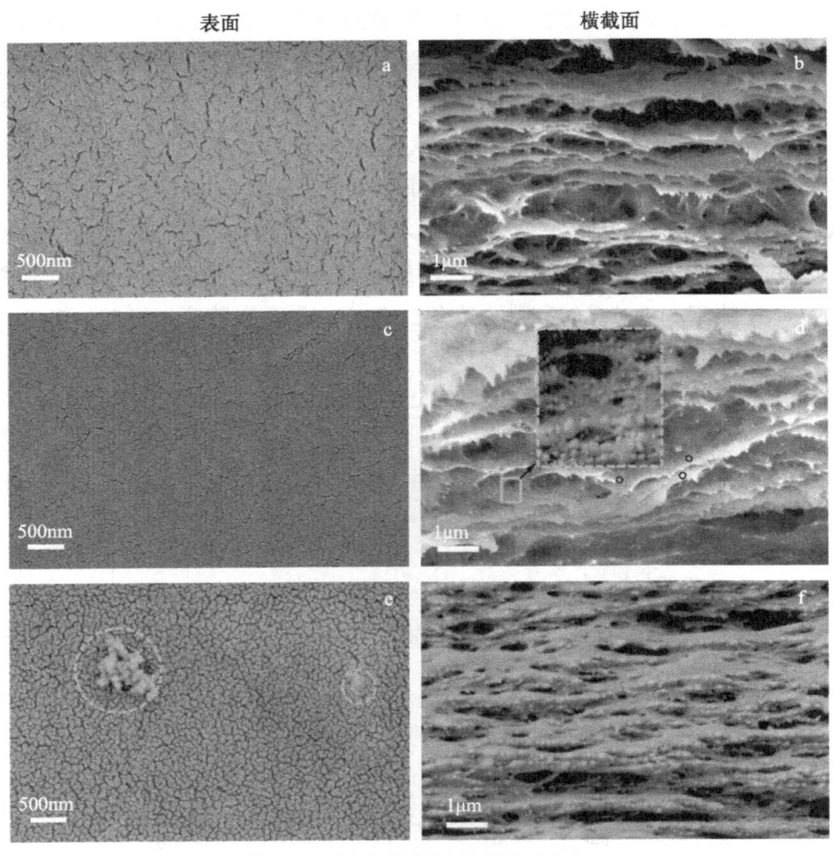

图 2-4 纤维素超滤膜的 SEM 图

a，b—BCM；c，d—1%-ZrO_2/BCM；e，f—2%-ZrO_2/BCM

从图 2-4(b) 可以看出，BCM 膜结构具有清晰的层状多孔结构，它可使纤维素膜具有极强的亲水性，但会降低膜的稳定性。添加 ZrO_2 颗粒的纤维素膜结构中出现大量分散的白点，放大后可以看到 ZrO_2 颗粒已经附着在薄膜表面，如图 2-4(d) 所示。此外，随着过量 ZrO_2 的加入，膜结构的层状和大孔结构消失了［图 2-4(f)］。

为了研究 ZrO_2/BCM 的元素组成和分布情况。在 1%-ZrO_2/BCM 中随机选取 2 个点进行 EDS 检测，结果如图 2-5 所示。检测到 C、O 元素，同时也检测到 Zr 元素的存在。结合 ZrO_2/BCM 表面和横截面的 SEM 图像，表明纳米 ZrO_2 颗粒确实可均匀地分散在 NMMO 溶剂体系的铸膜液中。

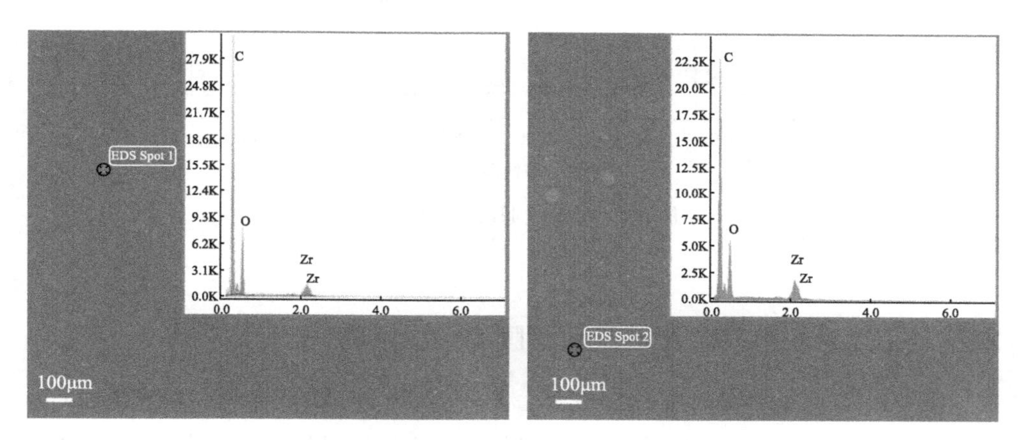

图 2-5　ZrO_2/BCM 的 EDS 能谱图

2.5.3　二氧化锆共混纤维素超滤膜的化学组成

BC、BCM、ZrO_2/BCM 的 FT-IR 谱图如图 2-6 所示。观察三者特征峰可以发现并无显著变化，三者的 FT-IR 谱图类似，这说明从纤维素到纤维素膜，其分子结构未发生本质变化。纤维素在 NMMO 溶剂中溶解，高分子结构打开，产生了分子内和分子间氢键，在 3378.03cm^{-1} 和 3354.17cm^{-1} 处出现了—OH 和—NH 伸缩振动强度峰。

图 2-6 中 2900cm^{-1} 和 2898.64cm^{-1} 处均存在 C—H 伸长，1630cm^{-1} 处均存在 C═O 伸长，1060cm^{-1} 处均存在 C—O 伸长振动峰，证明了纤维素组分的存在。ZrO_2/BCM 吸收峰的位置与 BCM 基本相同。FT-IR 光谱中没有新的吸收峰。由此可以推断，纳米 ZrO_2 的加入并没有改变纤维素再生膜的结构。此外，ZrO_2 的特征峰位置发生了轻微的位移，这可能是由于纳米粒子的加入使膜内的应力发生变化，导致膜内有机相收缩所致。

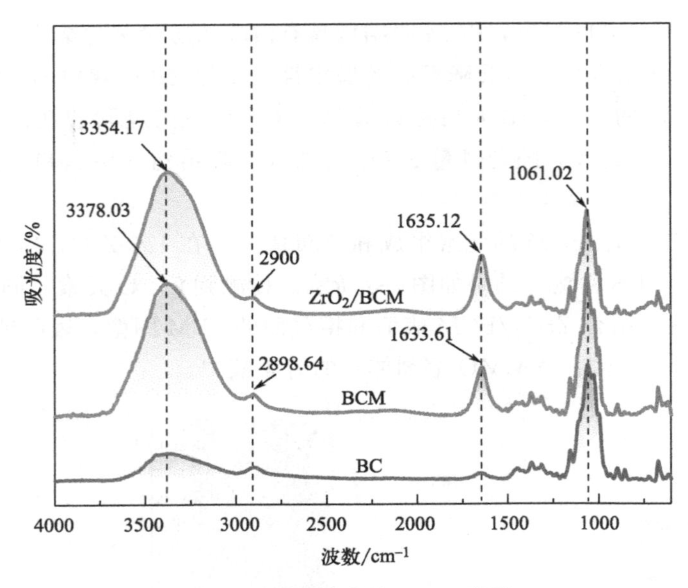

图 2-6　纤维素膜的 FT-IR 谱图

2.5.4　二氧化锆共混纤维素超滤膜的结晶结构

图 2-7 为 BC、BCM、ZrO_2/BCM、ZrO_2 粒子的 XRD 谱图。观察在 2θ 为 16.26°、22.78°、26.04°这三处较强衍射峰（对应纤维素的晶面结构），根据三处

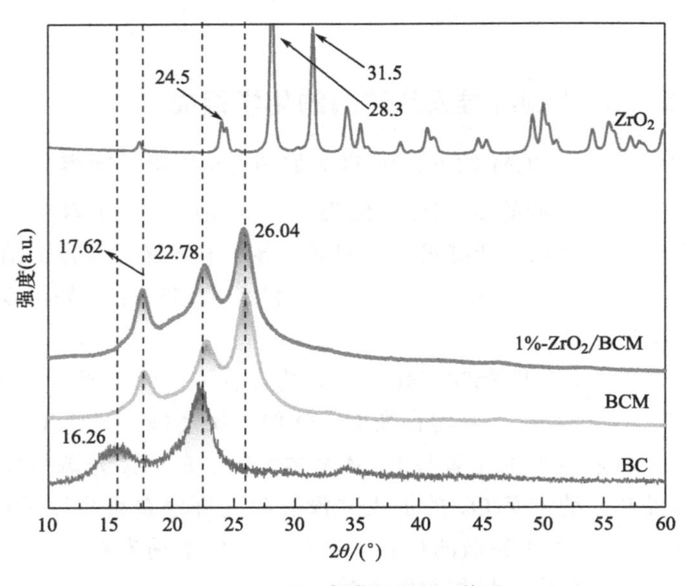

图 2-7　纤维素膜的 XRD 谱图

衍射峰强度的变化，可以看出纤维素结晶度在溶解与再生的过程中逐渐降低，这可能是在溶解过程中纤维素分子内氢键和分子间氢键被打开了，破坏了纤维素的结晶结构。这与 FT-IR 分析中 3378.03cm^{-1} 和 3354.17cm^{-1} 处出现宽阔的—OH 和—NH 的伸缩振动强度峰的结果相呼应。

ZrO_2 的 XRD 谱图在 2θ 为 24.5°，28.3°，31.5°以及 31.5°等处出现了与 m-ZrO_2 粒子的特征峰位置一致的强衍射峰。m-ZrO_2 粒子与其他晶型相比 ZrO_2 粒子密度最低、活性最高，表面的—OH 浓度最高，因此与极性水分子之间亲和力高，亲水改性效果好。观察改性前后纤维素再生膜的 XRD 谱图，并没有发现显著的 ZrO_2 的衍射峰，但是也并未发现其他新的衍射峰，说明随着 ZrO_2 粒子的加入逐渐减弱了纤维素再生膜的结晶程度，结合 FT-IR 中特征峰存在略微偏移，由此可以推断 ZrO_2 粒子与纤维素高分子间存在一定的作用力进而改变了纤维素再生膜的应力分布。

2.5.5 二氧化锆共混纤维素超滤膜的热稳定性

如图 2-8、图 2-9 所示，实验分析了 BC、BCM 和 ZrO_2/BCM 的热稳定性。热重分析表明，在 100℃之前，三者都存在表面的水分蒸发和一定量的降解。三者的初始分解温度分别为 204.07℃、150.73℃和 201.86℃，其中 BC 质量变化达到 88.53%，这是由于纤维素分子骨架的分解所导致的。

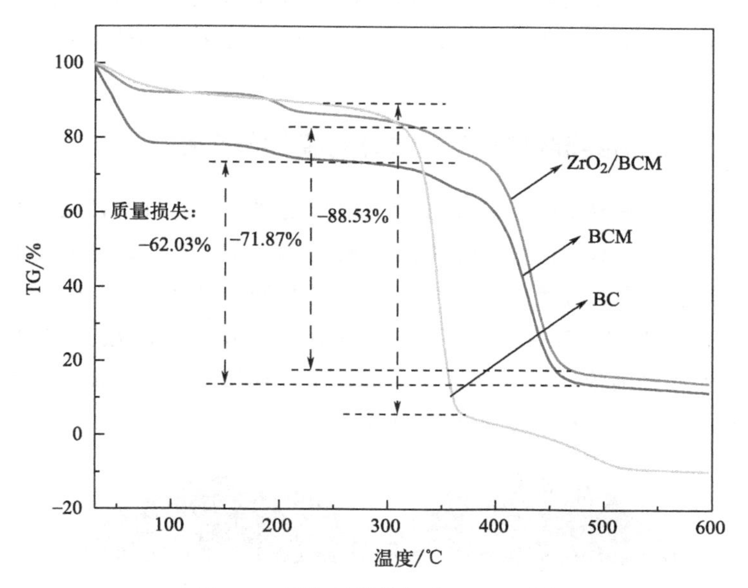

图 2-8 纤维素膜的热重（TG）图

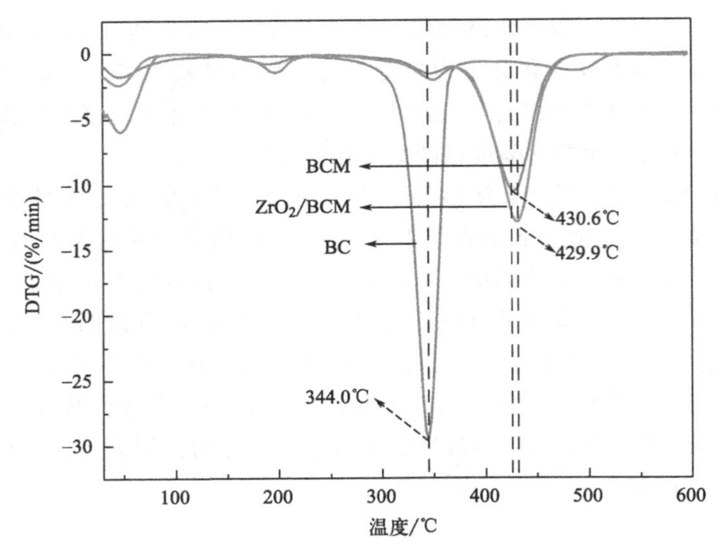

图 2-9 纤维素膜的热重（DTG）图

与 BC 相比，BCM 的失重起始温度下降了 53.34℃，其热稳定性略低，这可能是由于纤维素在溶解和再生过程中的降解所致。观察 TG 曲线，ZrO_2 粒子的加入提升了 BCM 的起始温度。此外，待热分解完成后 ZrO_2/BCM 比 BCM 的剩余残留量多。结合 XRD 分析，这应该是因为 ZrO_2 粒子与纤维素高分子间存在一定的作用力，进而改变纤维素再生膜的应力分布所致。此外，纳米 ZrO_2 为热稳定较高的材料，其也使得 ZrO_2/BCM 比 BCM 具有更好的热稳定性。

2.5.6 二氧化锆共混纤维素超滤膜的膜性能分析

亲水性是膜的重要属性，直接影响膜的渗透率，可通过水接触角角度判断膜的亲水性能。如图 2-10 所示，BCM 的接触角为 43.9°±2.2°，纤维素底物本身由于丰富的羟基而具有高度的亲水性。ZrO_2/BCM 的接触角为 33.6°±3.7°。结合微观形貌中 SEM 与 EDS 的结果，说明 ZrO_2 颗粒均匀嵌在膜结构中。同时，ZrO_2/BCM 水通量的提高与水接触角的降低也证明了 ZrO_2 引入后，其携带的羟基加强了膜表面的亲水性，提高了膜通量。

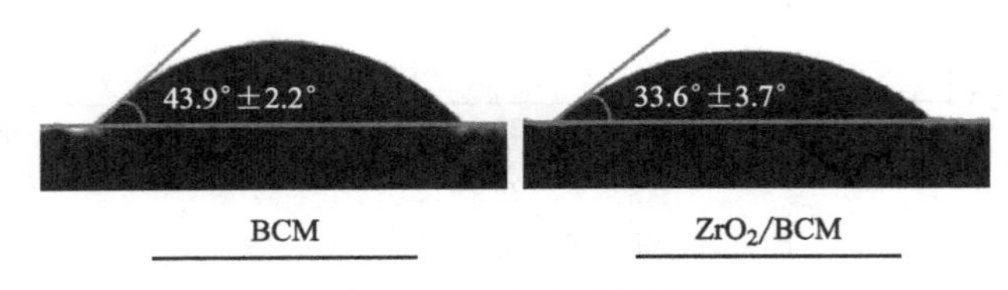

图 2-10 水接触角图

通过 0.1MPa 压力下的膜通量衰减实验和运行时间因子对 BSA 的截留实验，评价了 ZrO_2/BCM 的防污性能。膜污染的积累主要表现在吸附污染、膜孔堵塞、空间位阻和浓度差极化等方面。ZrO_2 对纤维素膜表面实现了改性，有效地抵抗了污染物在膜表面的沉积，降低了污染物与膜表面的相互作用力，膜的抗污染能力得到提高。ZrO_2/BCM 抗污原理如图 2-11 所示。不同 ZrO_2 添加量对于 BSA 截留效果的影响见表 2-2。

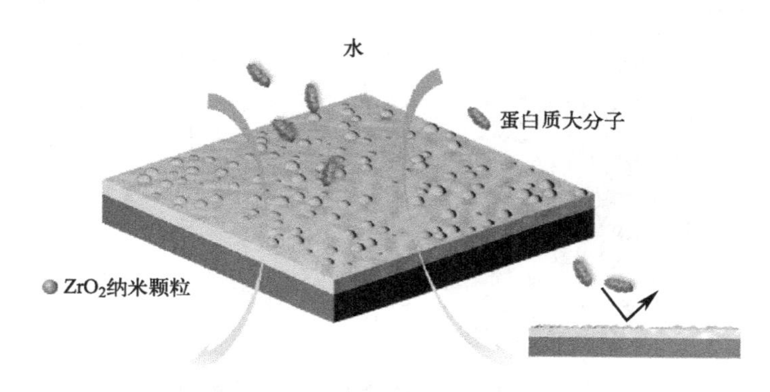

图 2-11 ZrO_2/BCM 抗污染效果示意图

表 2-2 不同 ZrO_2 添加量对于 BSA 截留效果的影响

BSA 截留效果 / 运行时间/min	ZrO_2 颗粒质量分数/%				
	0	0.5	1.0	1.5	2.0
0	0.756	0.816	0.913	0.936	0.961
15	0.578	0.673	0.791	0.761	0.850
30	0.539	0.613	0.771	0.749	0.795
45	0.530	0.589	0.763	0.739	0.776
60	0.526	0.573	0.753	0.724	0.751
75	0.513	0.543	0.759	0.726	0.762
90	0.510	0.536	0.751	0.725	0.759
105	0.505	0.541	0.743	0.723	0.741
120	0.491	0.534	0.741	0.699	0.735
135	0.483	0.533	0.737	0.687	0.736
150	0.472	0.531	0.739	0.675	0.723
165	0.466	0.519	0.732	0.653	0.700
180	0.453	0.507	0.725	0.641	0.673

从图 2-12 中可以直观看出，由于 ZrO_2 颗粒嵌入到膜结构中，膜的抗污染性能得到了提高。运行 180min 内，未改性的 BCM 整体截留率平均下降了 0.3，但

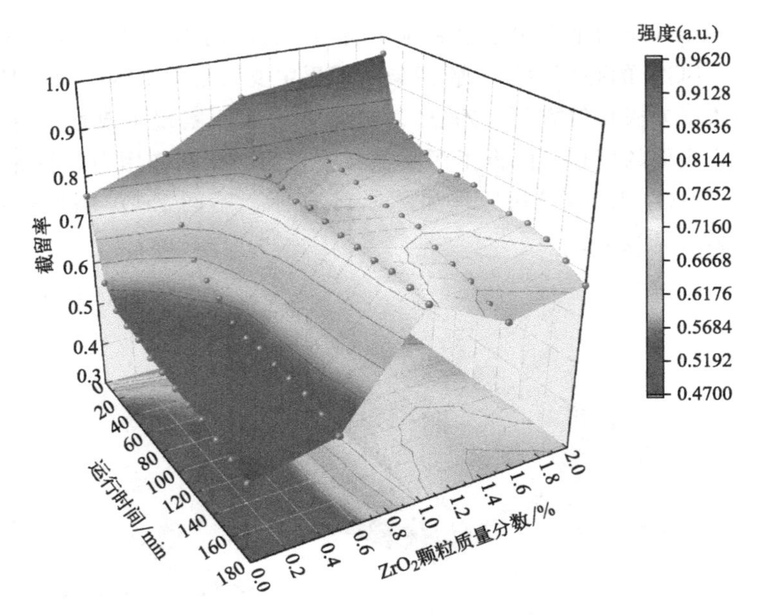

图 2-12 运行时间对膜截留性能的影响

ZrO_2 颗粒质量分数为 1%时，膜截留率下降小于 0.2。这正是因为 ZrO_2 颗粒填补了膜结构中的大孔隙，减少了膜的缝隙，提高了膜的抗污染能力。

在持续的运行时间内，膜通量变化情况如图 2-13 所示，膜通量随着时间的持续而衰减，可以看出衰减变化大致在 60min 时趋于平缓。主要原因为运行初期，BSA 分子迅速堆积在膜的表面以及孔隙中，使得初期膜通量显著下降。未添加 ZrO_2 的膜衰减较为明显，这也表明了 ZrO_2 使得膜的表面结构得到改善。

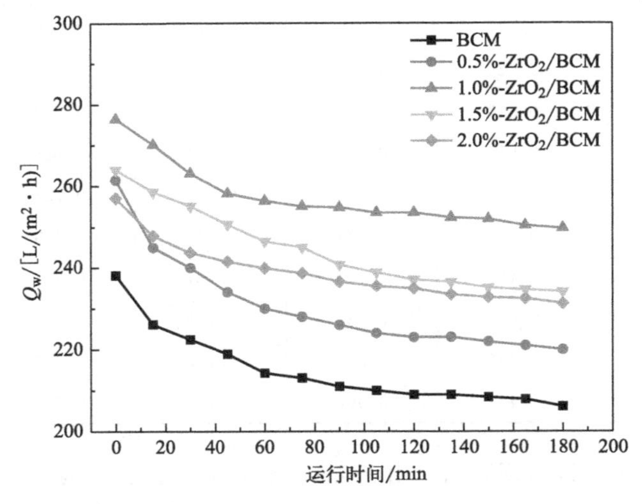

图 2-13 运行时间对膜通量衰减的影响

当膜表面及内部的污染物堆积到一定程度，过滤液在膜表面产生的剪切力逐渐达到平衡，污染物之间存在的相互作用成为改变膜通量的主导因素，膜表面的阻力趋于平缓。因此实验后期膜通量变化平缓。

如图 2-14 所示，膜通量在酸碱条件下均会变大，系膜因受到酸碱的腐蚀作用，导致膜内孔孔径变大。纤维素表面含有丰富的供电子基团——羟基，在酸性环境中膜表面呈负电可以更好地维持膜结构。观察到酸性环境中 ZrO_2/BCM 膜通量下降幅度小于碱性环境。

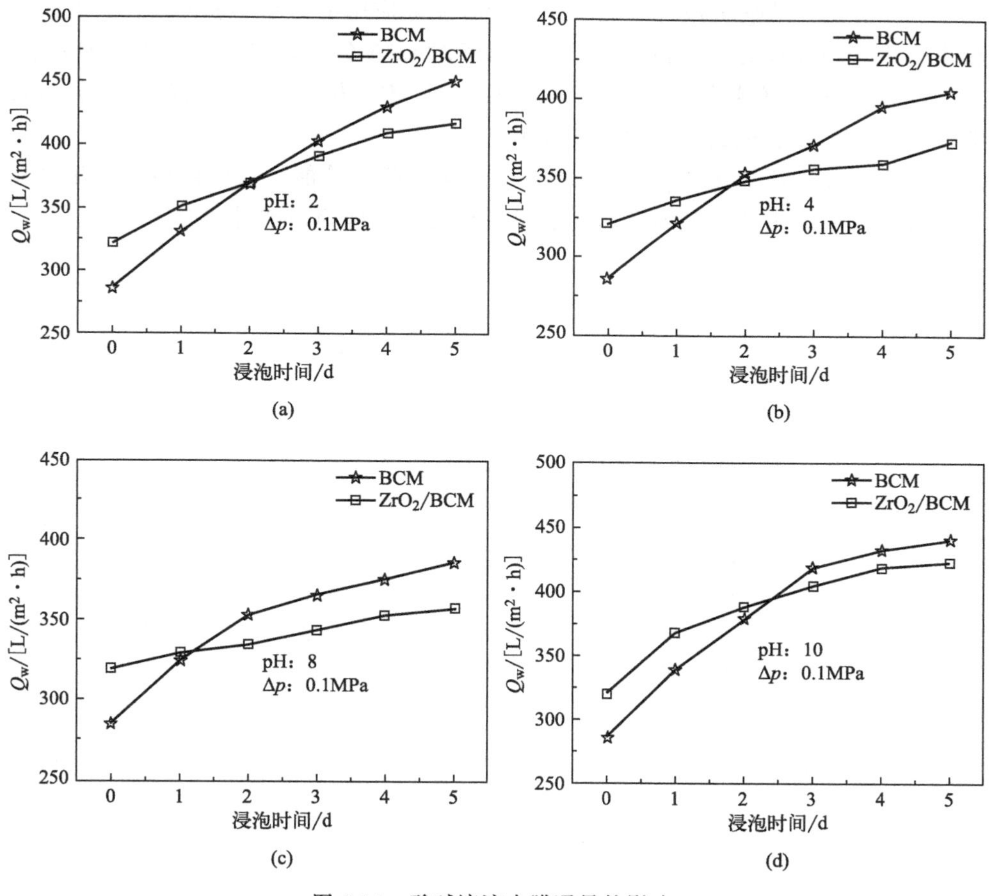

图 2-14　酸碱溶液中膜通量的影响

相较于 BCM，ZrO_2/BCM 膜通量受酸碱影响后变化较小。纳米 ZrO_2 粒子作为弱酸性氧化物使其具有优良的抗侵蚀能力，能在酸碱溶液中保持较好的稳定性能。

2.6 小结

本章利用相转化法制备了纤维素膜，并通过试验发现添加 ZrO_2 颗粒可以有效改善膜的性能，特别是膜的亲水性和孔隙率。实验结果表明，当 ZrO_2 颗粒质量分数为 1%时，膜的性能最佳，其水通量达到 321L/(m^2 · h)，孔隙率为 79.8%。

为了更进一步研究改性后的纤维素膜在实际应用中的性能表现，我们以模拟污染物进行膜通量衰减实验和运行时间因子对 BSA 的截留实验。实验结果显示，ZrO_2 的添加能够有效抵抗污染物在膜表面的沉积，从而提高膜的抗污染能力且改性后的膜仍然表现出良好的分离效果。

综上所述，添加 ZrO_2 颗粒能够改善纤维素膜的性能，从而提高其抗污染能力和分离效果。因此，该膜有望在水净化和废水处理等领域得到应用。

第3章

金属有机骨架共混改性纤维素超滤膜

3.1 金属有机骨架的制备

本章所涉及的金属有机骨架 UiO-66-NH_2 是根据已知的报道制备的。图 3-1 是 Ag/UiO-66-NH_2 的制备流程，其采用溶剂热法合成。具体来说，在 40mL *N*,*N*-二甲基甲酰胺（DMF）中加入 0.4g 四氯化锆（$ZrCl_4$）和 0.3g 2-氨基对苯二甲酸，通过溶剂热法制得 UiO-66-NH_2。此后，将 $AgNO_3$ 与 UiO-66-NH_2 加入溶液中，然后将混合物移到容量为 100mL 的不锈钢加压反应釜中，在 110℃下加热 16h。在高压和高温状态下，Ag 纳米粒子将被吸附在金属有机骨架材料 UiO-66-NH_2 晶体上，由此得到一系列 Ag/UiO-66-NH_2。产品冷却至室温，以 4000r/min 离心 3min，得到黄色粉末。产品用 DMF 清洗三次。随后，将其浸泡在甲醇（80mL）中，110℃加热 16h。产物记为 Ag/UiO-66-NH_2。

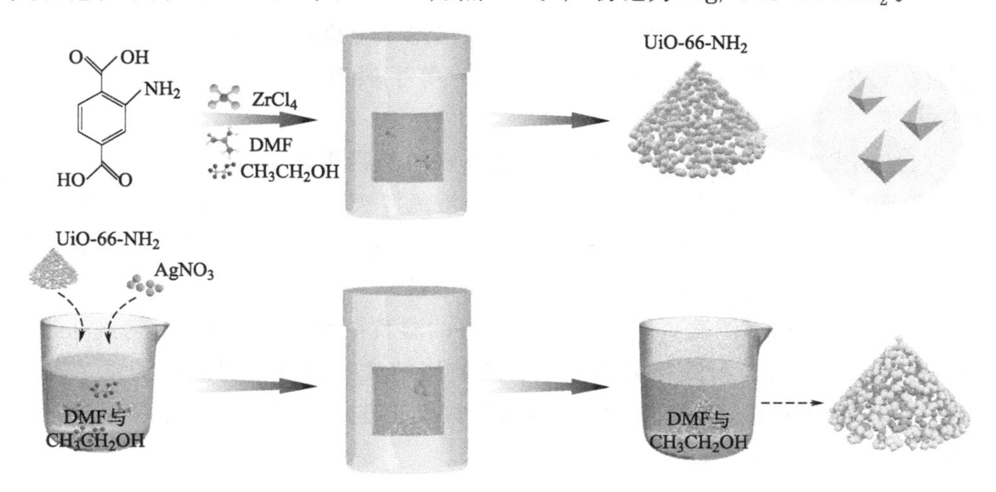

图 3-1 Ag/UiO-66-NH_2 制备流程图

3.2 金属有机骨架共混纤维素超滤膜的制备

金属有机骨架共混纤维素超滤膜（Ag/UiO-66-NH_2@BCM）的合成过程如下，首先将 NMMO（40g）与去离子水（8g）混合在三颈烧瓶中，在 90℃油浴中加热。一旦 NMMO 溶解，加入 0.2%的没食子酸丙酯作为抗氧化剂。之后，按照表 3-1 所示的比例，依次向 NMMO 水溶液中加入 BC 和 Ag/UiO-66-NH_2。将油浴温提高到 110℃，并持续搅动，使纤维素充分溶解。然后将温度降至 90℃，静置 5h，去除气泡。将 NMMO 溶液均匀涂抹在玻璃板表面，然后放入去离子水中进行 48h 的反相过程，最后在通风柜中空气中干燥，得到 Ag/UiO-66-NH_2@BCM。

表 3-1 BC 和 Ag/UiO-66-NH_2 共混溶液的组成

样本	NMMO/g	H_2O/g	BC/g	Ag/UiO-66-NH_2 的质量分数/%
M0	40	8	1.5	0
M1	40	8	1.5	0.5
M2	40	8	1.5	1
M3	40	8	1.5	1.5

3.3 金属有机骨架共混纤维素超滤膜的表征

采用 X 射线衍射仪（XRD）、场发射扫描电子显微镜（SEM）、傅里叶红外光谱仪（FT-IR）和热稳定性测试（TGA）等手段对 Ag/UiO-66-NH_2@BCM 进行表征。

（1）场发射扫描测试（SEM）。将制备好的湿膜用 20%的甘油浸泡 45min，室温阴干。将干燥后的薄膜置于培养皿中，液氮淬火，然后在冷冻干燥机中冷冻干燥 36h，切成 3cm×3cm 的薄膜，表面及横截面喷金，然后采用场发射电镜观察膜表面形貌和膜孔结构，并对其进行拍照记录。

（2）X 射线衍射测试（XRD）。将制备好的湿膜在室温下干燥后，切成 3cm×3cm 的膜片，采用 X 射线衍射仪测定。所使用的放射源是发射波长为 0.154nm 的 Cu 靶。实验在 40kV 加速电压和 40mA 电流下进行，扫描速度为 8°/min，衍射角 2θ 范围为 5°～50°。

（3）傅里叶红外光谱（FT-IR）。将制备好的湿膜在室温下干燥后，切成 3cm×3cm 的膜片，用傅里叶红外光谱进行测量，样品采用溴化钾压片法制备，测定的范围是 4000～400cm^{-1}，分析薄膜的官能团组成。

（4）热稳定性能测试（TGA）。将制备好的湿膜在室温下干燥后，切成 3cm×3cm 的膜片，采用 TGA 对其热稳定性能进行测试。在开放式的氧化铝坩埚中，氮气流量为 20mL/min，氮气流速为 10℃/min，加热温度为 30℃至 800℃，样品用量为 2～3mg，利用 TG-DTA 数据对薄膜的热稳定性进行测试和分析。

3.4 金属有机骨架共混纤维素超滤膜的性能测试

3.4.1 通量测试

采用分离膜性能试验装置对膜的纯水通量进行测定。膜在 0.1MPa 压力和室温下在系统中预处理 30min，直到压力和出水量稳定。之后，每 3min 记录一次通过膜的水量。由式(3-1) 计算纯水（或 BSA 溶液）的渗透通量 $Q_{w1}(Q_B)$：

$$Q_{w1}(Q_B)=\frac{V}{At} \tag{3-1}$$

式中，Q_{w1} 和 Q_B 分别为膜的纯水通量和膜的 BSA 通量 L/(m^2·h)；V 为透液体积，L；A 为膜的有效面积，m^2；t 为透液收集时间，h。

纤维素膜的水通量、截留率和恢复率均采用如图 3-2 所示的过滤装置进行测量。

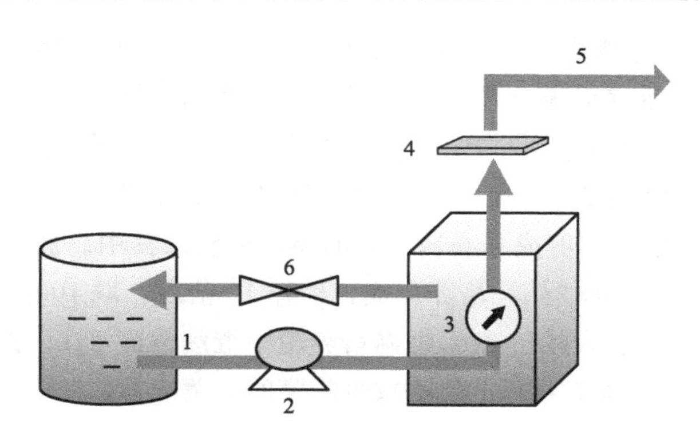

图 3-2 膜过滤系统

1—进料口；2—泵；3—压力计；4—纤维素膜；5—出料口；6—阀门

3.4.2 截留率测定

截留率测定方法基本同 2.4.4。

3.4.3 水通量恢复率

在测量完膜对 BSA 的截留率后，由于膜的表面会吸附上蛋白，导致膜的水通量降低。所以用去离子水洗涤膜 45min，然后用与 3.4.1 中相同的实验条件及步骤再次测定其水通量 Q_{w2}。其膜水通量恢复率 FRR 的计算公式如下：

$$\mathrm{FRR}=\frac{Q_{w2}}{Q_{w1}}\times 100\% \tag{3-2}$$

3.4.4 亲水性测试

利用接触角测量仪测量膜的接触角，以此来评价膜的亲水性。取待测膜一张并裁剪至合适尺寸，将其固定于载玻片表面。将 3μL 纯水滴至膜表面，为减少实验误差，每张膜取 5 个点进行拍照和测量。水滴至膜表面后，水滴与膜表面形成夹角，该夹角即为接触角。接触角越小，膜的亲水性越高。

3.5 金属有机骨架共混纤维素超滤膜的抗菌性能测试

在本实验中，选择大肠杆菌作为测试对象（使用 LB 液体培养基，于恒温振荡器中培养），使用平板涂布计数法进行抗菌性能测试，以评价不同含量的 Ag/UiO-66-NH_2 所制备膜的抑菌性能。首先，将大肠杆菌放于 37℃ 恒温振荡器中 120r/min 振荡培养 24h。然后用 LB 液体培养基将大肠杆菌菌液稀释至 102CFU/mL，将膜样品剪成 3cm×3cm 的膜片后浸入其中。放于 37℃ 恒温振荡器中 120r/min 振荡培养 24h。培养完成，稀释 10 倍后，取 100μL 稀释液均匀涂布于 LB 固体培养基上，放于 37℃ 恒温培养箱中继续培养 24h。此后，取出拍照并记录菌落数，以固体培养基上菌落数表示膜的抗菌能力。

3.6 结果与讨论

3.6.1 性能测试结果分析

在超滤膜的性能评估中，水通量和 BSA 截留率是非常重要的指标。水通量反映了膜对水分子的透过能力，而 BSA 截留率则表征了膜对较大分子的阻隔效果。如图 3-3(a) 所示，加入 Ag/UiO-66-NH_2 后，样本 M2 和 M3 的纯水通量分别比 M0 高出了 17.48%和 31.41%。这表明，添加 Ag/UiO-66-NH_2 可以提高超滤膜的水通量，从而提高膜的透水性能。

此外，在铸膜液中诱导 Ag/UiO-66-NH_2 时，水通量随添加剂用量的增加而增加。这是因为亲水添加剂的加入影响了膜溶液的动力学，促进了溶剂与非溶剂的分离速率，有助于形成更高的孔隙率和更大的孔径。因此，优良的孔隙结构不仅为水分子的渗透提供了更多的通道，还减少了水分子在运输过程中的阻力。同时，亲水添加剂还提高了膜表面的亲水性，更多的水分子容易被吸引到膜孔内，从而提高了膜的透水性能。

另一方面，虽然所有膜的蛋白质通量都低于水，但与纯水通量保持相同的趋势（随添加剂用量的变化）。M2 膜的蛋白通量高达 500.16L/(m^2 · h)，比 M0 高出了 35.02%。这表明，添加 Ag/UiO-66-NH_2 可以提高超滤膜对较大分子的阻隔效果。这可能是由于添加 Ag/UiO-66-NH_2 后，膜的孔径分布变得更为均匀，同时孔径大小也得到了优化，从而增强了膜对大分子的截留能力。总的来说，添加 Ag/UiO-66-NH_2 可以显著提高超滤膜的性能，从而更好地适用于工业应用中的水处理、污水处理、废水处理等领域。

复合超滤膜的 BSA 截留率如图 3-3(b) 所示。纯 BC 膜的截留率为 76.8%，而 M3 膜的 BSA 截留率降低到 89.12%（可能是由于孔径增大）。在加入 Ag/UiO-66-NH_2 的情况下，复合膜的截留率上升，其中 M2 的截留率最高，达到 99.6%。这主要是因为 Ag/UiO-66-NH_2 可以在铸膜液中更均匀地分散，形成尺寸更均匀的通道，不仅可以提高纯水通量，还可以保证较高的 BSA 截留率。而 M3 膜的 BSA 截留率降低到 93.6%可能是由于孔径增大。此外，Ag/UiO-66-NH_2 中的-NH_2 作为较强的负电荷被引入膜混合物中，以防止蛋白质分子接触膜表面。总的来说，复合超滤膜的 BSA 截留率的提高表明 Ag/UiO-66-NH_2@BCM 具有潜在的应用价值，可以作为一种新型的超滤膜材料用于水处理、食品工业等领域。

用牛血清蛋白溶液（1g/L）对制备的超滤膜的抗污染性能进行了评价，并通过 FRR 指标进行了定量评价。结果表明，经亲水填料改性后的超滤膜具有较高的防污能力和重复使用性能。图 3-3(b) 展示了各种超滤膜的 FRR 值。可以看出，M0 的 FRR 值仅为 68.57%。这主要是由于该膜表面较为粗糙，容易附着污染物。而经过亲水填料改性后，所有膜的 FRR 值都有所提高。其中，M2 的 FRR 值最高，达到了 98.52%，比 M1 高了 41.98%。这表明，亲水填料改性可以显著提高超滤膜的防污染能力，使其具有更长的使用寿命和更好的性能稳定性。

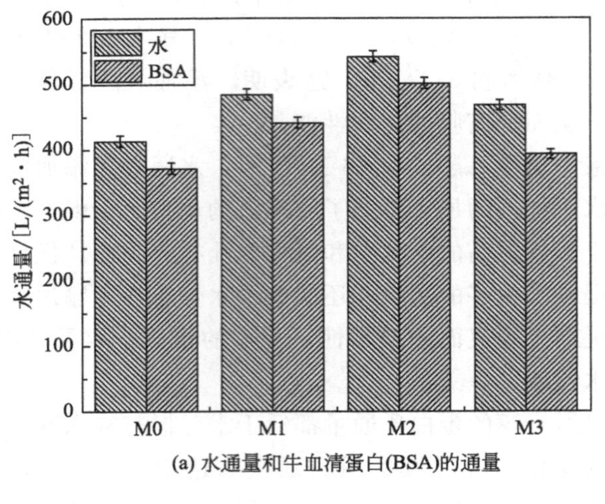

(a) 水通量和牛血清蛋白(BSA)的通量

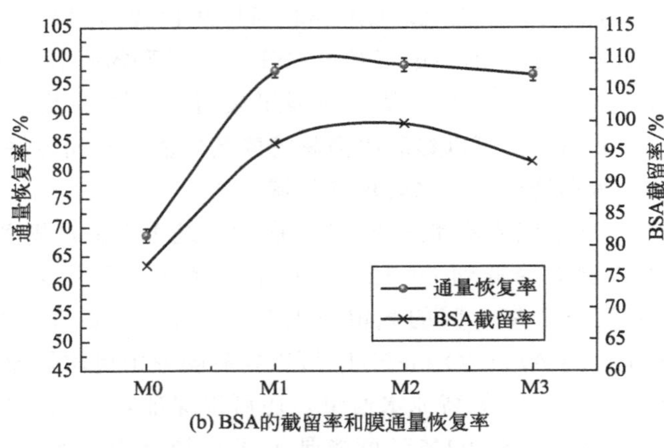

(b) BSA的截留率和膜通量恢复率

图 3-3　不同添加剂复合膜的性能

在过滤过程中，膜会受到工作压力的影响，导致蛋白质分子直接附着在膜表面或填充膜孔。有些污染物可以通过简单的水力清洗完全去除，但有些与膜结合作用强的蛋白质分子难以去除，导致膜孔堵塞，水通量降低。因此，超滤膜的抗污染能力是影响其使用效果的重要因素。通过对超滤膜抗污性的研究可知，亲水填料改性可以显著提高超滤膜的抗污染能力。

用水接触角来评价共混膜的亲水性，如图 3-4 所示。M0 的接触角最大，为 41.29°，这与竹纤维素的亲水性质相符。随着 Ag/UiO-66-NH_2 的掺杂，混合膜的接触角值逐渐下降。当 Ag/UiO-66-NH_2 的负载量为 1%时，水接触角下降至 24.03°（M2），这是因为 Ag/UiO-66-NH_2 中亲水性官能团（—OH 和—NH_2）的引入改善了膜表面的化学性质。亲水性膜表面具有强的吸附水分子的能力，能够更方便地穿透膜基质，从而导致更高的水通量。因此，使用亲水性官能团改性可以有效地改善膜的亲水性。在 M2 中，$Ag/UiO\text{-}66\text{-}NH_2$ 的亲水性官能团显著提高了膜表面的亲水性能，导致其水接触角降低到最小值，并且具有较高的水通量。结果表明，混合膜的亲水性能是可以通过表面化学性质的改变来调节的，这为制备具有理想性能的超滤膜提供了新的思路。

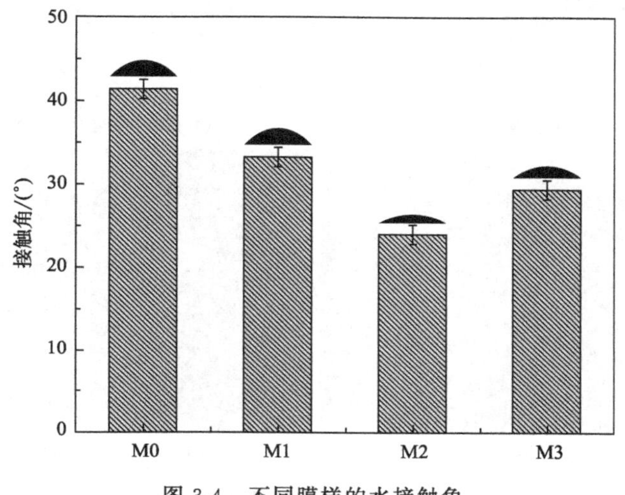

图 3-4　不同膜样的水接触角

总的来说，经过亲水填料 $Ag/UiO\text{-}66\text{-}NH_2$ 改性的共混超滤膜 M2 表现出较高的 FRR 值和较低的水接触角，具有良好的防污能力和重复使用性能，且亲水性更强，水通量更高。因此，这种共混超滤膜具有很好的应用前景，可广泛应用于水处理、生物医药、食品工业等领域。

3.6.2　场发射扫描电子显微镜分析

采用扫描电镜（SEM）观察了 BCM 和 1% $Ag/UiO\text{-}66\text{-}NH_2$@BCM 的微观结构。如图 3-5 所示，BCM 膜的表面呈现出大量的孔隙结构。纤维素膜亲水性极强，在水凝聚浴中会迅速与水发生液-液分层，从而形成较大的孔隙。如图 3-5(a、b) 所示，加入 1%的 $Ag/UiO\text{-}66\text{-}NH_2$ 颗粒后，BCM 膜表面的孔隙结构减少，膜表面变得致密，没有团聚现象，说明纳米颗粒均匀分散在纤维素膜中，且在纤维素膜中起到了填充孔隙的作用。图 3-5(c、d) 可以看出，BCM 结构具有清晰的网状结构。它使纤维素膜具有极强的亲水性，而且能提高膜的稳定性。这是由于纤维素和 $Ag/UiO\text{-}66\text{-}NH_2$ 颗粒之间的相互作用导致的。为了研究 $Ag/UiO\text{-}66\text{-}NH_2$@BCM 的元素组成情况，对其进行 EDS 检测，结果如图 3-6 所示。检测到 C、O 元素，证实了纤维素的化学成分。同时也检测到 Zr 和 Ag 元

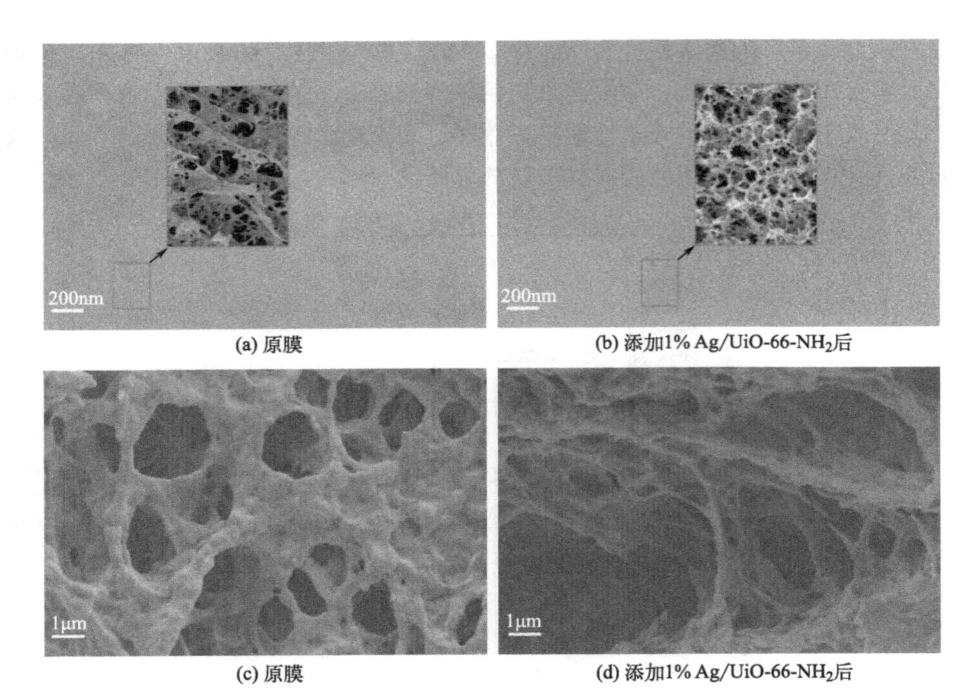

(a) 原膜　(b) 添加1% Ag/UiO-66-NH_2后

(c) 原膜　(d) 添加1% Ag/UiO-66-NH_2后

图 3-5　纤维素原膜和添加了 1% Ag/UiO-66-NH_2 的纤维素膜的表面形貌图（a）、（b）和截面图（c）、（d）

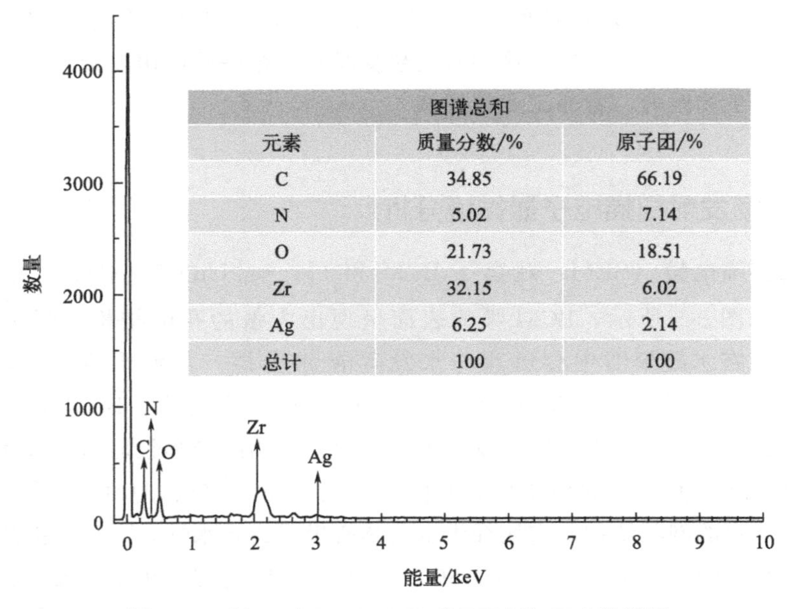

图谱总和		
元素	质量分数/%	原子团/%
C	34.85	66.19
N	5.02	7.14
O	21.73	18.51
Zr	32.15	6.02
Ag	6.25	2.14
总计	100	100

图 3-6　1% Ag/UiO-66-NH_2@BCM 的 EDS 能谱图

素的存在，表明 $Ag/UiO-66-NH_2$ 已均匀地分散在 NMMO 溶剂体系的铸膜液中，并嵌在纤维素膜中，改善了膜的结构。这表明 $Ag/UiO-66-NH_2$ 颗粒在纤维素膜制备过程中具有良好的分散性和嵌入性。因此，这种 $Ag/UiO-66-NH_2$@BCM 复合材料的制备方法具有很大的应用潜力，可以用于制备高性能的纤维素膜。

3.6.3 X 射线衍射分析

图 3-7 显示了对 BC、$Ag/UiO-66-NH_2$、BCM 和 $Ag/UiO-66-NH_2$@BCM 样品的 X 射线分析（XRD）结果。在 2θ 为 15.0°、17.8°、22.4°和 26.1°这几处较强衍射峰处，可以观察到纤维素的晶面结构。根据衍射峰的强度变化，可以发现纤维素在溶解和再生的过程中结晶度逐渐上升，这可能是因为溶解过程中纤维素分子内和分子间的氢键被打开，从而导致纤维素晶体结构被破坏。另外，$Ag/UiO-66-NH_2$ 和 $Ag/UiO-66-NH_2$@BCM 样品在较高的 2θ 处出现了明显的峰，这可能是由于 $Ag/UiO-66-NH_2$ 颗粒的存在，增加了样品的晶体结构。值得注意的是，$Ag/UiO-66-NH_2$ 颗粒在 BCM 膜中被均匀地分散，因此，这种复合材料的晶体结构稳定性应该比单独的 $Ag/UiO-66-NH_2$ 颗粒要好。通过 XRD 分析，可以更好地了解 BCM 和 $Ag/UiO-66-NH_2$@BCM 的晶体结构，为进一步研究其物理和化学性质奠定基础。

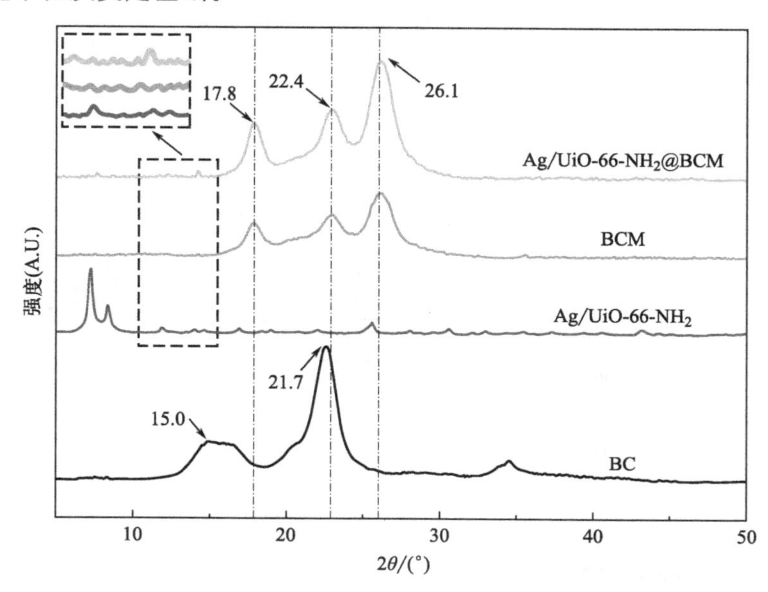

图 3-7 不同样品的 X 射线衍射（XRD）图

3.6.4 傅里叶红外光谱分析

傅里叶红外光谱（FT-IR）分析了 BC、BCM 和 $Ag/UiO\text{-}66\text{-}NH_2$@BCM 样品的官能团化学组成，如图 3-8 所示。观察三者特征峰可以发现并无显著变化，三者的 FT-IR 谱图类似，这说明纤维素与纤维素再生膜结构未发生变化。纤维素在 NMMO 溶剂中溶解，高分子结构打开，产生了分子内以及分子间氢键，在 $3322cm^{-1}$ 处出现了—OH 和—NH 伸缩振动强度峰。图中 $2900cm^{-1}$ 处均存在 C—H 伸长，$1652cm^{-1}$ 处均存在 C=O 伸长，$1060cm^{-1}$ 处均存在 C—O 伸长振动峰，证明了纤维素组分的存在。$Ag/UiO\text{-}66\text{-}NH_2$@BCM 吸收峰的位置与 BCM 基本相同。FT-IR 光谱中没有新的吸收峰。由此可以推断，$Ag/UiO\text{-}66\text{-}NH_2$ 的加入并没有改变纤维素再生膜的结构。此外，$Ag/UiO\text{-}66\text{-}NH_2$ 的特征峰位置发生了轻微的位移，这可能是由于纳米粒子的加入使膜内的应力发生变化，导致膜内有机相收缩所致。

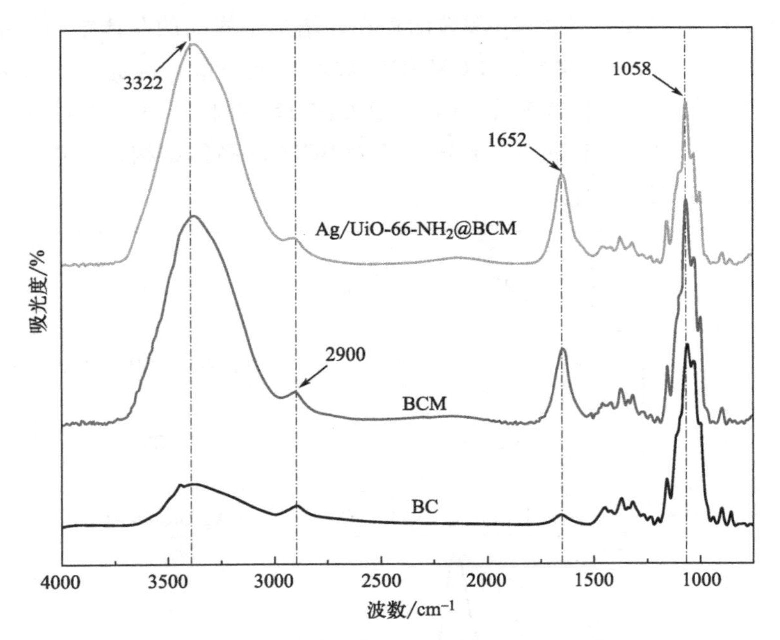

图 3-8 不同样品的红外光谱（FT-IR）图

3.6.5 热重测试分析

热重测试（TG）分析了 BC、BCM 和 $Ag/UiO\text{-}66\text{-}NH_2$@BCM 样品的热稳

定性能，如图 3-9 所示。TG 表明，在 100℃之前三者都存在表面的水分蒸发和一定量的降解，其中 BC 质量变化达到 96.66%，这是由于纤维素分子骨架的分解所导致的。与 BC 相比，BCM 的热稳定性略低，这可能是由于纤维素在溶解和再生过程中降解所致。观察 TG 曲线，Ag/UiO-66-NH_2 粒子的加入降低了膜的起始温度。此外，待热分解完成后，可见 Ag/UiO-66-NH_2@BCM 比 BCM 的剩余残留量多。结合 XRD 分析，可归因于 Ag/UiO-66-NH_2@BCM 粒子与纤维素高分子间存在一定的作用力，进而改变纤维素再生膜的应力分布。此外，纳米 Ag/UiO-66-NH_2 为稳定的热学材料，使得 Ag/UiO-66-NH_2@BCM 比 BCM 具有更好的热稳定性。

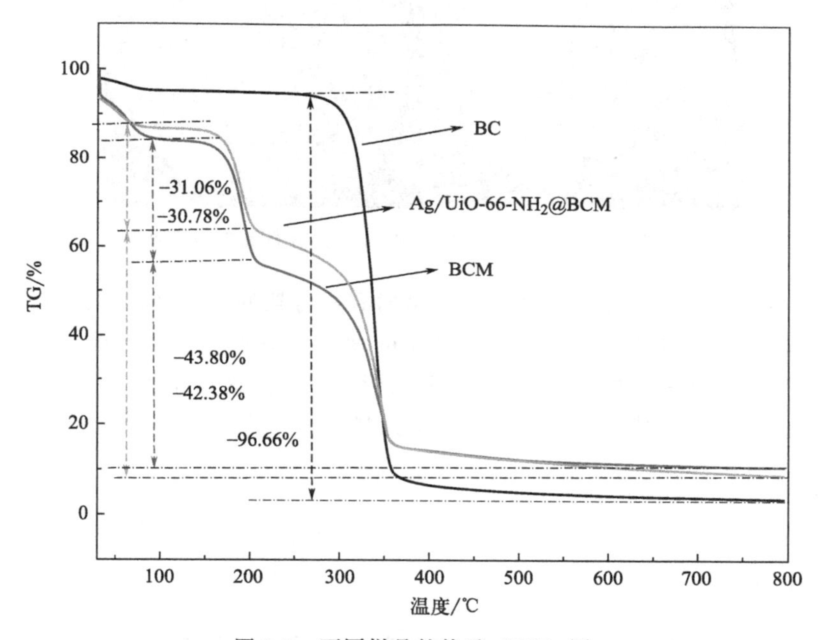

图 3-9　不同样品的热重（TG）图

3.6.6　抗菌性能分析

所制备的膜对大肠杆菌的抗菌性能评估结果如图 3-10 所示。在 M0 中观察到的细菌细胞数量没有明显减少，表明 BC 没有抗菌活性。M1～M3 的细菌细胞数量下降，说明 Ag/UiO-66-NH_2 具有良好的抑菌性能。据报道，Ag/UiO-66-NH_2 的抑菌机制复杂。一种想法是细菌吸收释放的银离子作为氧化剂破坏细胞壁的有机部分，导致微生物死亡。另一种想法是细菌表面吸收的 Ag/UiO-66-NH_2 晶体表面的活性金属位点会改变细胞的跨膜电位，或使细菌膜中的蛋白质

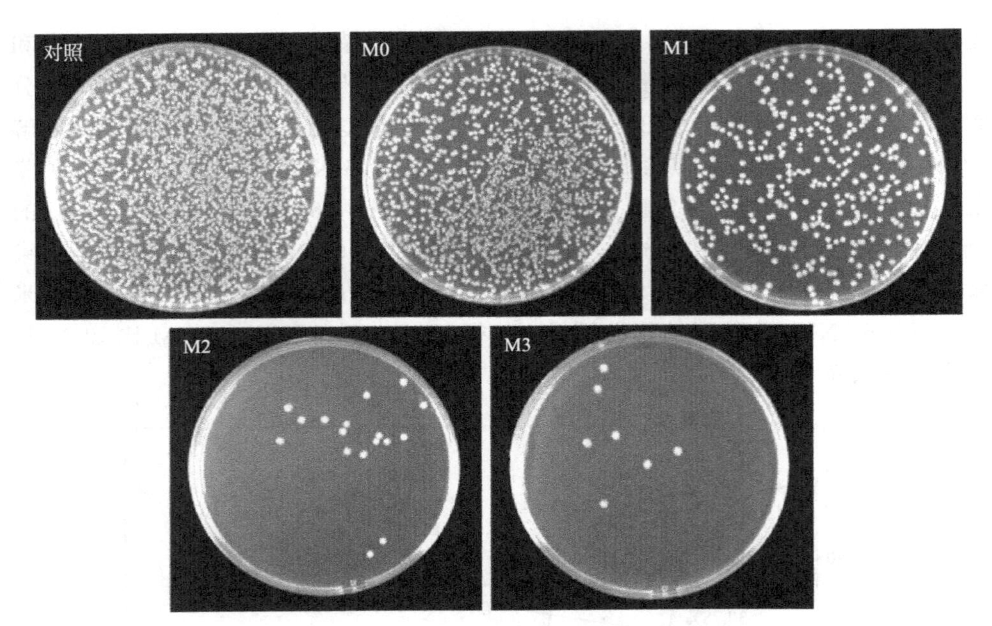

图 3-10　Ag/UiO-66-NH_2@BCM 对大肠杆菌的抗菌测试

和脂肪酸容易被氧化，导致细菌失活。金属有机骨架的晶体结构也是其抗菌活性较好的原因之一。随着 Ag/UiO-66-NH_2 的增加，琼脂平板上的菌落计数减少，而 M3 几乎没有细菌残留，抗菌率最高，达到 98%。这些结果证实了 Ag/UiO-66-NH_2@BCM 是一种潜在的体外生物杀灭材料。

3.7　小结

本章节采用相转化法制备纤维素超滤膜，并将之前制备成功的 Ag/UiO-66-NH_2 添加到 BC 铸膜液中共混，制备出了性能优良的复合超滤膜。与 Ag/UiO-66-NH_2 共混后，所有膜的超滤性能均有所改善，包括孔结构、渗透性和防污性能等。其中，M2 膜的性能最佳，其纯水通量提高到 541.12L/(m^2・h)，对 BSA 的截留率达到了 99.6%，FRR 值为 97.36%。

此外，该研究还发现与 Ag/UiO-66-NH_2 共混后的膜具有良好的抑菌性能，M3 膜的抑菌率最高可达 98%。这表明添加 Ag/UiO-66-NH_2 可以提高膜的抗菌性能，为其在生物医药等领域的应用提供了新的可能性。

总的来说，该研究表明了 Ag/UiO-66-NH_2 在纤维素超滤膜中的应用潜力，可以为超滤膜的改性和优化提供新思路和方法。此外，该研究的结果也为纤维素超滤膜在生物医药等领域的应用提供了技术支持和理论指导。

第4章

高碘酸盐氧化法对纤维素膜的表面改性

4.1 氧化纤维素膜的制备

在本实验中，使用2%高碘酸钠溶液将纤维素膜氧化，以产生双醛基团。具体而言，在40mL纯净水中加入适量的高碘酸钠（$NaIO_4$）溶液，并将纤维素膜浸泡其中，然后在室温、黑暗条件下进行氧化反应。反应进行的时间分别为2h、5h、7h、9h，然后我们使用去离子水彻底清洗了氧化膜。然后，将制备好的氧化膜进行修饰，以诱导表面亚胺基团的形成。使用质量分数为0、1%、2%、3%和4%二乙烯三胺（DETA）的水溶液进行修饰，修饰时间为12h。修饰后，我们使用去离子水彻底清洗膜几次，最后在去离子水中储存2h，以去除松散结合的DETA，从而得到了表面修饰完好的膜材料。

4.2 氧化纤维素膜的性能测试

在本实验中，使用终端过滤池对原始膜和改性膜的性能进行测试。实验在室温下进行，并使用了3bar（1bar＝0.1MPa）的压力。实验装置由氮气瓶、压力调节器、膜搅拌室和渗透管组成，具体的实验装置如图4-1所示。每个面积为12.56cm^2的膜样品被放入膜搅拌池中，并通过压力管与氮气罐相连接。为了减少浓度极化的影响，使用磁力搅拌器以400r/min的速度搅拌投料溶液。在实验过程中，渗透液会被收集在烧杯中，并通过天平进行称重。使用原子吸收法对进料和渗透液中的离子进行测定，以估算离子的截留率。通过这些测试，可以比较不同膜材料的分离性能和通量，以及评估它们在不同应用中的实用性和可行性。这些测试将有助于更好地了解膜材料的物理和化学性质，从而开发出更有效和可

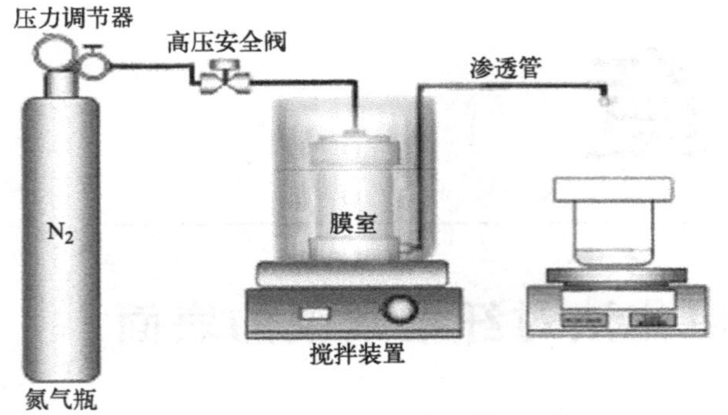

图 4-1 终端过滤系统

靠的膜材料，以满足不同应用的需求。

通过原子吸收法测定渗透液中离子的含量，估算了膜去除离子的效率。膜的截留率 R 定义为：

$$R=\left(1-\frac{C_{\mathrm{p}}}{C_{\mathrm{b}}}\right)\times 100\% \tag{4-1}$$

式中，C_{p} 为渗透流中的浓度；C_{b} 为进料流中的浓度。

4.3 氧化纤维素膜的表征

为了研究膜材料的成分和性质，实验中使用了多种仪器进行测试和分析。其中，表面成分的测定采用了傅里叶红外光谱仪（IFS48，Bruker，Germany），该仪器配备了 ATR 附件，能够在 4000～640cm^{-1} 范围内进行测试。使用了 Philips XL30 扫描电镜仪，配合薄窗 EDAX DX4 系统进行能量色散 X 射线显微分析，以分析膜的形态和膜上沉积的颗粒。使用 25kV 的显微镜观察了包金膜样品。元素分析方面，使用了 VarioEL 系列 II 元素分析仪，并使用原子吸收光谱法测定金属离子浓度。使用了岛津 AA-670 型原子吸收分光光度计，并以空气-乙炔火焰为原子发生器。在铅的分析中，选择了 217nm 的分析波长，并且铅的标准浓度范围为 0.3～25mg/L。每个样品的浓度都是根据校准曲线推导出来的。

4.4 结果与讨论

4.4.1 氧化纤维素膜的化学结构

采用傅里叶红外光谱法测定了膜的结构。图 4-2 显示了原始纤维素膜和氧化纤维素膜的 ATR-FTIR 光谱。在 3500～3000cm^{-1} 附近出现了明显的强宽频带，对应于再生纤维膜中羟基的 O-H 拉伸振动。在 2900cm^{-1} 处的吸收峰为 CH 拉伸振动。1640cm^{-1} 处的变形带证实了结合水的存在。1430cm^{-1} 和 1375cm^{-1} 处分别为 CH_2 对称弯曲吸收带和 CH 变形振动吸收带。大约 1160cm^{-1} 处（C—O 键的拉伸）和 1024cm^{-1} 处（涉及 C—O 拉伸的骨骼振动）的吸收带是糖结构的特征。894cm^{-1} 处的条带是—OH 的特征。668cm^{-1} 处的能带显示 C—OH 的平面外弯曲模式。氧化 RC 膜的 ATR-FTIR 光谱显示，在 1720cm^{-1} 左右出现了醛基的特征吸收峰，但肩峰并不强烈。对原始和包覆 RC 膜的光谱进行了比较，发现包覆 RC 膜的红外光谱与原始 RC 膜有很大的不同。在 DETA 改性膜的光谱中（图 4-2），3600～3300cm^{-1} 处的峰值是由于再生纤维膜中氨基的 NH_2 拉伸与 O—H 拉伸振动重叠。2912cm^{-1} 和 2840cm^{-1} 处的强吸收是由 CH_2 的不对称拉伸振动引起的。在 1625cm^{-1} 处的弱带为亚胺基团的 C═N 拉伸振动。1454cm^{-1} 处为—N—CH_2—基团中 C—H 的变形振动。光谱之间的差异表明，DETA 基团与再生的纤维素膜结合。表 4-1 给出了原始膜和涂层膜的元素分析结果。改性后 N/C 有所提高。改性膜中 N/C 的增加为 RC 膜的功能化提供了进一步的证据。

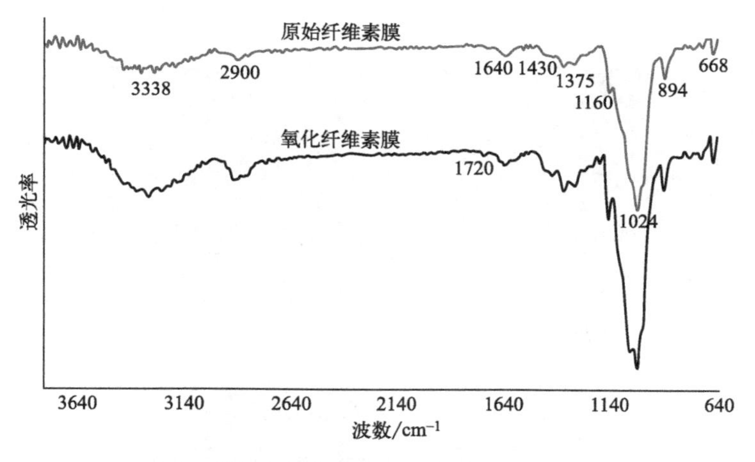

图 4-2　原始和氧化纤维素膜的 ATR-FTIR 光谱

表 4-1　膜的元素分析

样品	DETA 浓度/%	氧化时间/h	N/C
原膜	0	0	0
RC-DETA(1%)	1	7	0.014
RC-DETA(2%)	2	7	0.020
RC-DETA(3%)	3	7	0.031
RC-DETA(4%)	4	7	0.044

4.4.2 膜的形貌与结构

通过扫描电镜观察膜的形貌。表面图像和横截面图像分别如图 4-3 和图 4-4 所示。原始膜的表面结构经过改性，即高碘酸盐对膜的氧化作用，由原来较为均匀光滑的表面转变为粗糙的表面。这可以归因于再生纤维膜的高碘酸氧化引起的聚合物链的解聚。在之前发表的论文中，氧化膜表面产生的微断裂归因于降解效应。在横断面图像（图 4-4）中，高碘酸盐氧化聚合物链的降解较明显，氧化 9h 后，原膜致密皮层被完全破坏，膜结构恶化。

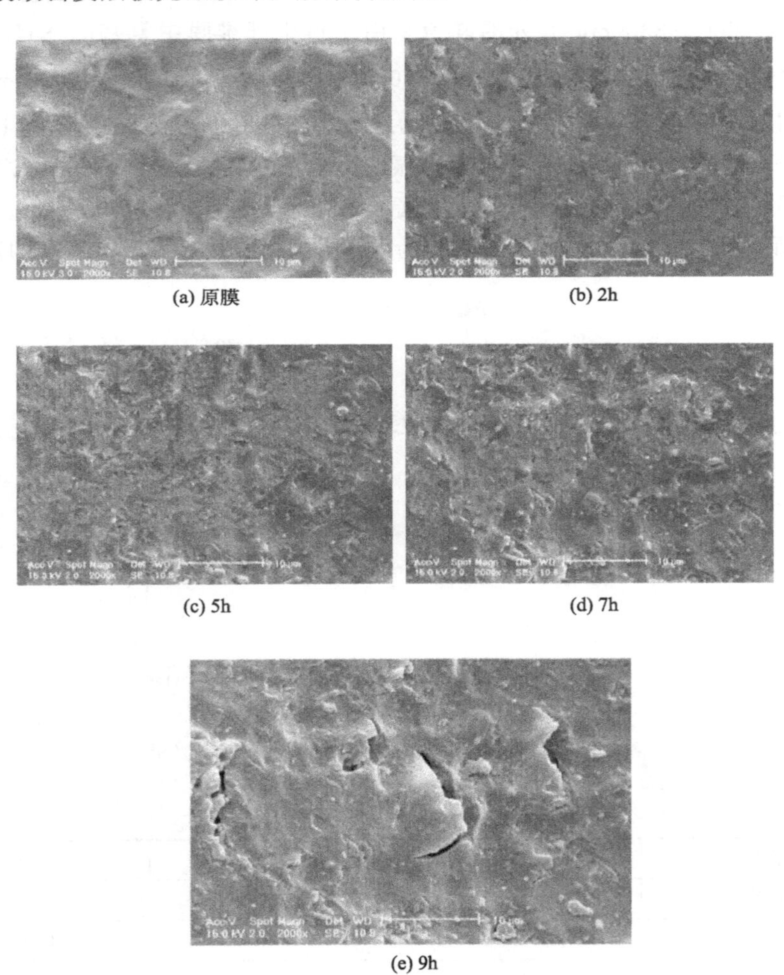

(a) 原膜　(b) 2h　(c) 5h　(d) 7h　(e) 9h

图 4-3　不同氧化时间下原始膜和氧化膜的表面扫描电镜图像

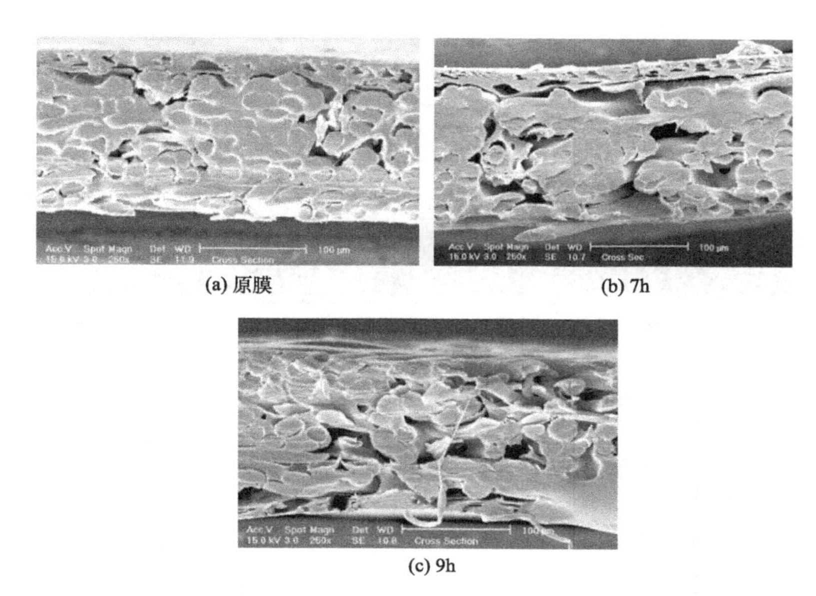

(a) 原膜　　(b) 7h　　(c) 9h

图 4-4　不同氧化时间下原始膜和氧化膜的截面扫描电镜图像

4.4.3　通过修饰改变选择性机制

可溶性金属离子具有比超滤膜孔的筛分作用小得多的水化尺寸。换句话说，离子通过膜，通常没有明显的滞留。然而，在超滤过程中，其他机制可能控制铅离子的保留。这种机制可能是铅离子通过与官能团的相互作用而固定在膜上。EDAX 光谱证实了改性膜上铅的存在。EDAX 分析显示，对含铅离子溶液进行超滤后，改性膜表面出现了 Pb(II) 信号（图 4-5）。这说明改性膜可能改变了膜的选择性机制。

4.4.4　控制影响膜性能的参数

$NaIO_4$ 氧化纤维素膜生成纤维素醛基作为共价配体固定的潜在结合位点。为了使 RC 膜的配体结合能力最大化，应延长 $NaIO_4$ 氧化反应的时间，以产生尽可能多的醛基。然而，氧化也会使聚合物链逐渐断裂，导致纤维素分子逐渐降解。RC 膜氧化 9h 后，膜的力学性能较差，不适合使用。因此，需要优化氧化时间，以获得高配体结合能力而不损害膜的完整性。这可以用膜的排异（截留）能力来说明，因为任何对膜完整性的破坏都会严重影响排异倾向。图 4-6 显示了氧化时间对截留率的影响。截留率随着氧化时间延长至 7h 而增加。9h 时观察到

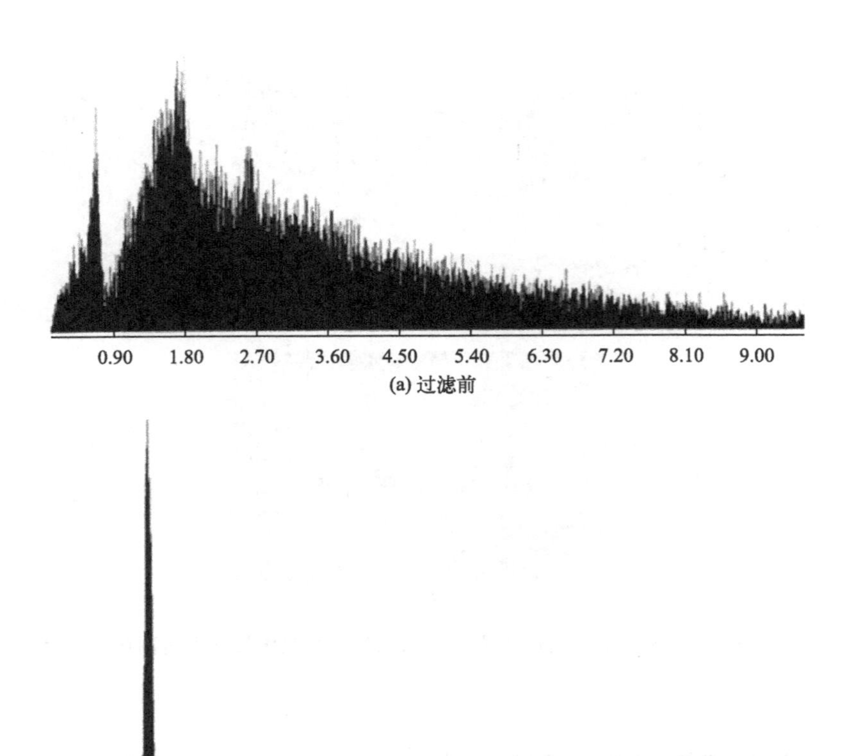

(a) 过滤前

(b) 过滤后

图 4-5 铅过滤前后改性膜的 EDAX 光谱（氧化时间＝7h，DETA 浓度＝4%，初始铅浓度＝10mg/L，pH＝5.8，T＝22℃）

截留率下降。截留率的改善是由于随着氧化时间的增加，共价配体的显著存在。然而，过高的氧化时间（9h）导致纤维素分子明显降解，导致膜结构形成缺陷［图 4-3(e) 和图 4-4(c)］。这种松散的结构为离子通过膜提供了通道，导致较高的通量（图 4-7）。考虑到离子排斥和通量，本章确定最佳氧化时间为 7h。在规定的氧化时间下，膜仍然足够坚固，易于处理，并具有适当的保留能力。

用含有 1%、2%、3%、4%和 5% DETA 的水溶液对制备的氧化膜进行改性，在膜表面诱导亚胺基团。金属结合的程度和过滤时的排斥程度取决于 DETA 的浓度。图 4-8 为 DETA 浓度对铅离子排斥的影响。原始膜最初对离子的高排斥是由于膜基质中有离子吸附的可用位置。然而，离子对吸附位点的填充

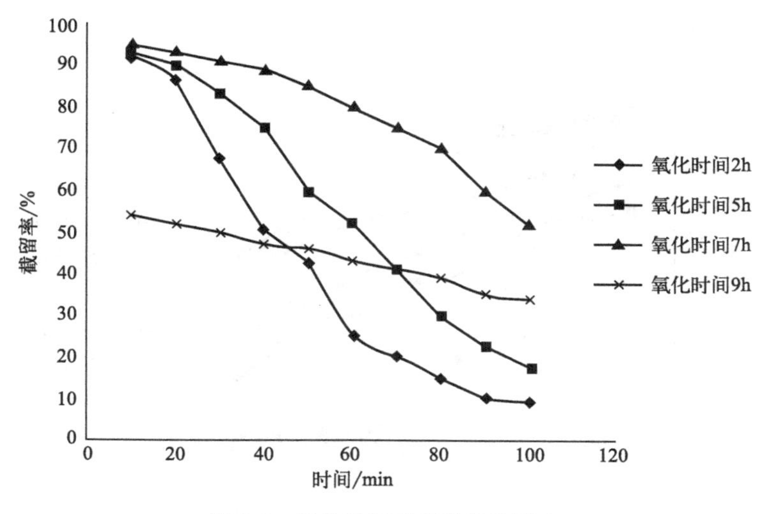

图 4-6　氧化时间对截留率的影响

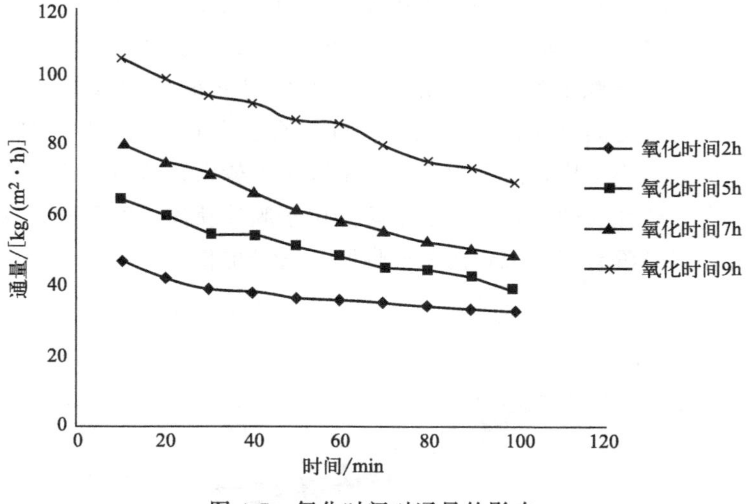

图 4-7　氧化时间对通量的影响

导致离子截留率急剧下降。随着 DETA 浓度的增加，离子排斥反应增强。这是由于随着 DETA 浓度的增加，结合金属离子的数量有所提高。与含有 4%（质量分数）DETA 的膜相比，5%DETA 对膜的改性并没有明显改变膜的性能，可能是因膜上已经没有多余的结合位点可用。原始膜对离子的排斥反应随着时间的推移而急剧下降。这是由于原始再生纤维素膜的官能团快速饱和所致。与改性膜相比，原始膜具有更少的官能团。

计算 Pb^{2+} 的总捕获量。改性（4% DETA）和原始膜的捕获容量分别约为

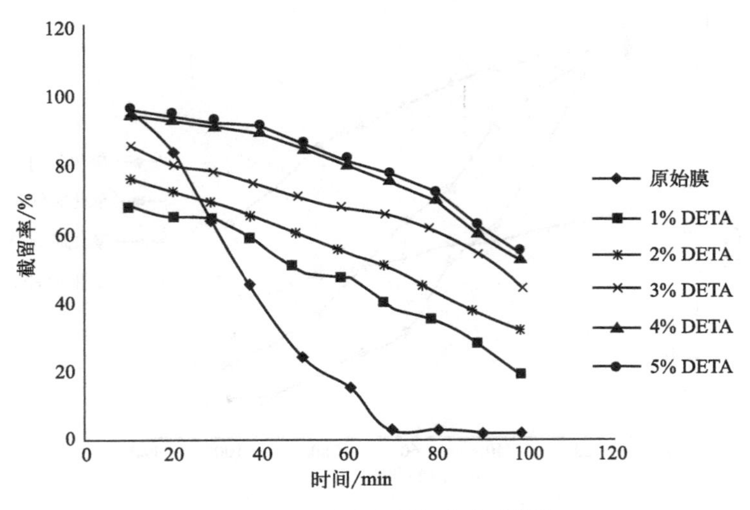

图 4-8 DETA 浓度对截留率的影响

$0.053eq/m^2$ 和 $0.011eq/m^2$。DETA 浓度对膜通量的影响如图 4-9 所示。在较高的测试浓度下，渗透通量略有下降，这可能是由于孔隙尺寸的减小。由于 DETA 分子扩散到孔隙中并锚定在孔壁上，孔隙可能被 DETA 分子填充。数据表明，在实验持续时间（100min）内，DETA 涂层膜的通量比原始膜高。此外，与相对稳定的原始膜相比，涂层膜的通量下降幅度较大，这可能说明改性膜有较高的污染倾向。改性膜的通量大幅度下降是由于膜捕获离子的积累，这引起了通过膜的阻力。对于没有明显沉积的未改性膜，通量更稳定。

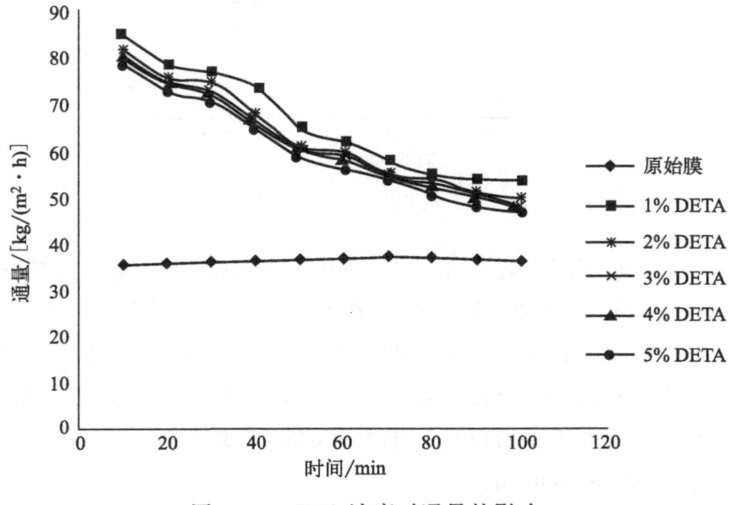

图 4-9 DETA 浓度对通量的影响

4.4.5 改变操作参数

制备了含 10～50mg/L 铅的溶液。图 4-10 显示了铅离子截留率随进料浓度的变化。随投料浓度的增加，性能呈下降趋势。这是由于提高进料中铅离子浓度，会使膜上离子团趋于饱和。此外，膜附近的离子浓度增加，溶液中未结合的金属离子通过膜，导致截留率降低。渗透通量随着进料浓度的增加而减小（图 4-11），这是由于孔隙中残留的铅离子数量增加所致。这降低了自由孔隙体积，导致通量下降。

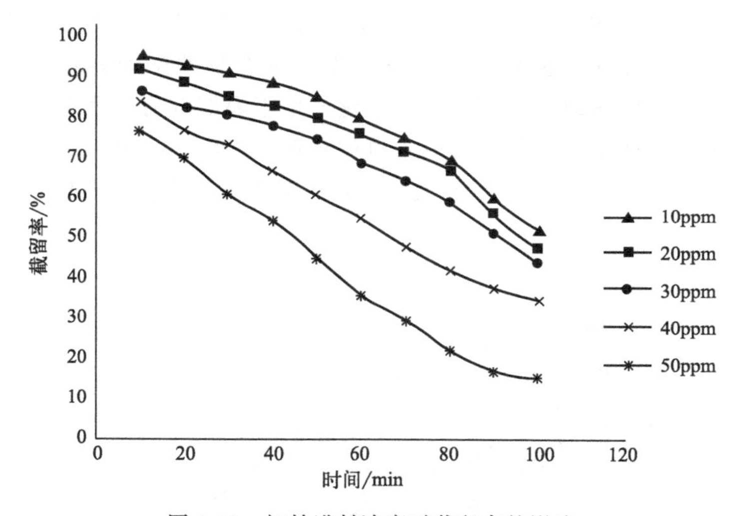

图 4-10　初始进料浓度对截留率的影响

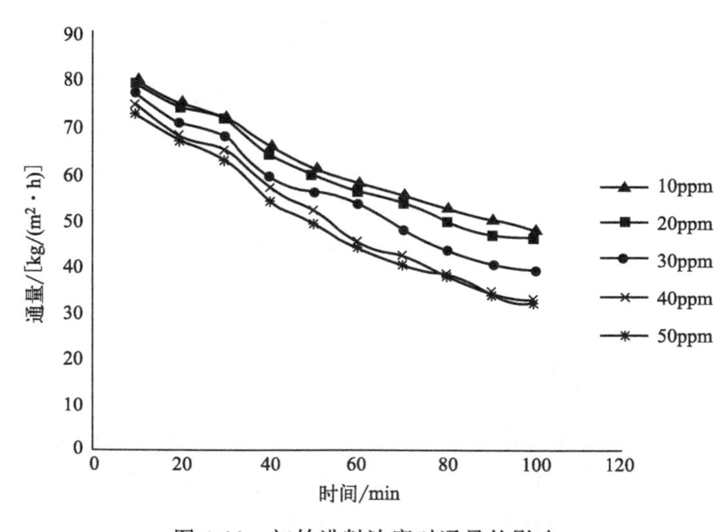

图 4-11　初始进料浓度对通量的影响

水溶液的 pH 值被认为是影响吸附剂对重金属吸附的最重要变量。部分原因是氢离子与吸附剂激烈竞争。为了研究 pH 值对 DETA 固定 RC 膜上铅离子吸附的影响，在不同 pH 值下进行了实验（图 4-12)。选择一个 pH 值范围以确保只有 Pb^{2+} 的存在，即其他物质包括 $Pb(OH)_2$ 不可用，根据溶度积常数（Ksp）和铅离子溶液浓度，得到了理想的 pH 值。这样做是为了确保只有 Pb^{2+} 被吸附。由于 H^+ 和 Pb^{2+} 对活性位点的竞争吸附，在较低的 pH 值下，金属离子的截留率较低。随着 pH 值的增加，截留率提高。DETA 中的氨基通过氮原子的自由电子对与金属离子形成稳定的配合物。因此，配合物的稳定性强烈依赖于 pH 值。在 pH 值较低时，大多数 DETA 基团被质子化，金属离子亲和性较差，配合物稳定性较低。通过 pH 值的提高，聚合物-金属配合物的亲和力和稳定性得到提高。此外，在低 pH 值时，表面基团质子化产生正表面电荷，因此对阳离子吸附是不利的。随着 pH 值的增加，表面的电位降低。相应地，金属离子与表面官能团之间的静电引力增大。测量渗透通量（图 4-13)，不同 pH 值的通量随时间变化不明显。

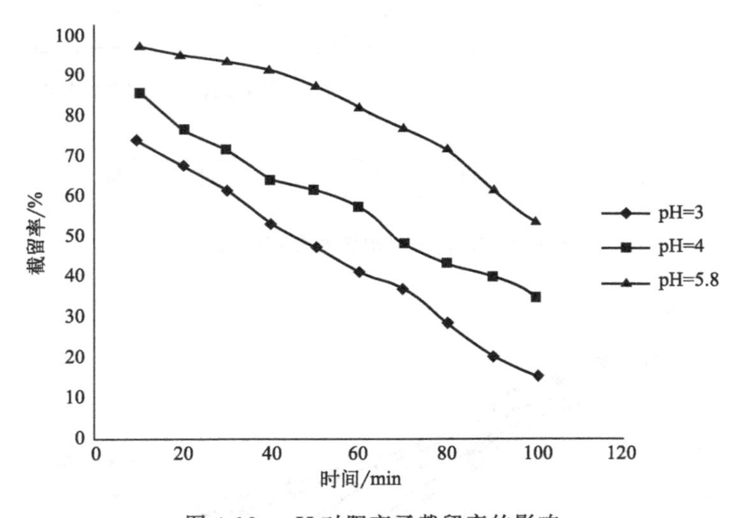

图 4-12　pH 对阳离子截留率的影响

4.4.6 纤维素膜的再生

络合作用是金属离子与配体分子之间的平衡反应。为了回收金属离子并进行再利用，研究了纤维素膜再生的可能性。这涉及先前被膜吸附的金属离子的解吸。DETA 的金属配合物在酸性介质中发生解离，质子与金属离子竞争提供氮

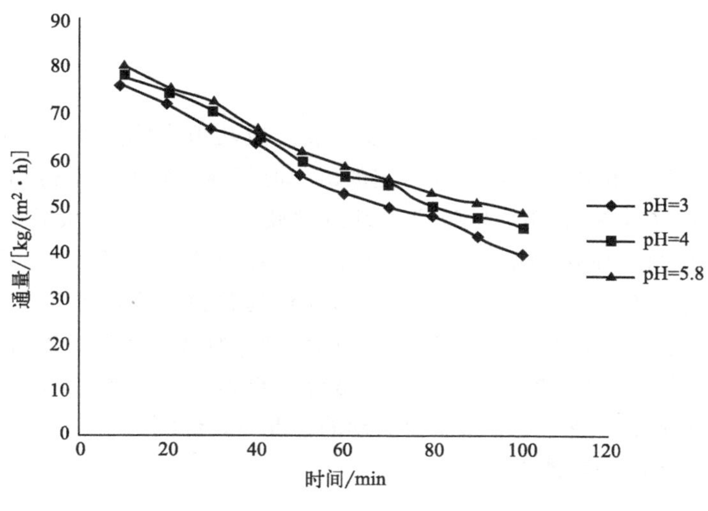

图 4-13 pH 对通量的影响

原子。采用 0.1mol/L HNO_3 溶液进行解吸试验。将加载了重金属离子的改性膜置于解吸介质中 10h。即使在本工作中进行了 4 次循环，解吸膜仍能吸附几乎相同数量的金属离子（图 4-14）。膜再生过程中通量没有变化。再生处理后膜的完整性得以保持。膜的高截留率证明了这一说法，因为膜的任何损伤都会导致离子潴留的显著下降（大约为零）。

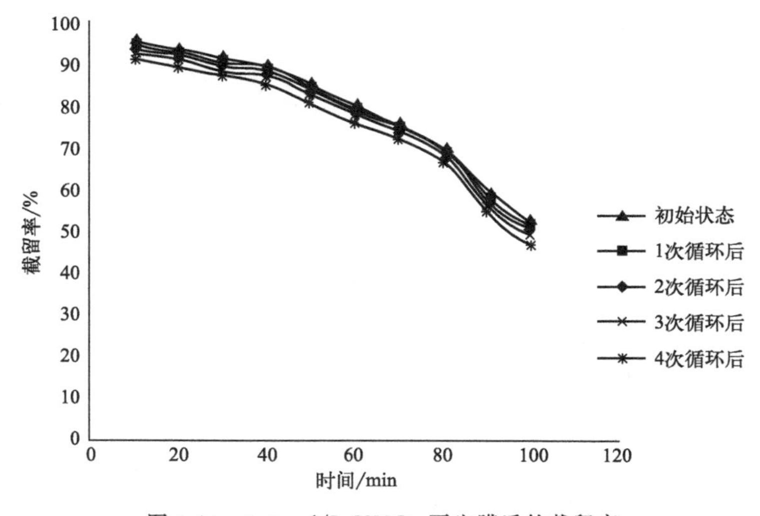

图 4-14 0.1mol/L HNO_3 再生膜后的截留率

4.5 小结

本章采用DETA包覆再生纤维素超滤膜，成功地去除了水溶液中的Pb^{2+}。通过研究，可以得出以下结论：在一定的氧化时间内，膜的通量得到了改善。较长的氧化时间（本例为9h）导致再生纤维素膜的显著降解，从而降低截留率。此外，随着DETA浓度的增加，金属离子的排斥反应得到了改善，因为其可获得更多的结合位点。高浓度DETA时渗透通量的轻微下降可能是由于渗透通道的阻塞造成的。随着进料中金属离子浓度的增加，废液通量和渗透通量减小。随着pH值的增加，Pb^{2+}的截留率提高。络合位点饱和需要精心的工艺设计，以尽量减少离子泄漏，特别是在pH值波动的情况下。经测试，膜再生4次后仍能保持对金属离子的去除能力。

第5章

TEMPO 氧化法对纤维素超滤膜的表面改性

5.1 氧化过程

氧化过程在混合反应器中进行，其中膜表面与溶液接触。在反应混合物中，主要是氧化剂 NaOCl 和一定量的四甲基哌啶氧化物（TEMPO）和 NaBr。在 25℃下进行氧化，pH 值保持在 10.8，定期添加少量 NaOH。在所需的暴露时间后，向反应混合物中加入乙醇，使残留的次氯酸盐发生反应，并用乙醇和纯水彻底冲洗膜，从而使反应淬灭。为了研究氧化对膜性能的影响，对膜片进行了不同的氧化暴露，其定义见式(5-1)。在低于 100mol·min/(L·m^2) 的氧化暴露中，NaBr 的量保持在 0.06mmol，TEMPO 的量保持在 0.004mmol，而在较高的氧化暴露中，则使用 0.008mmol TEMPO。溶液的总体积保持在 200mL，曝光量与处理后的有效过滤面积成比例。

$$E=\frac{n(\mathrm{NaOCl})t_{\mathrm{ox}}}{VA_{\mathrm{ox}}} \tag{5-1}$$

式中，E 为氧化剂暴露量 mol·min/(L·m^2)；n（NaOCl）为 NaOCl 的量，mol；V 为溶液体积，L，t_{ox} 为氧化时间，min；A_{ox} 为暴露的有效过滤面积，m^2。

5.2 渗透性和排斥反应研究

未经处理和改性的膜的过滤性能分别在横流过滤系统或 Amicon 耐溶剂搅拌式终端过滤器中进行评估。所有过滤均在温度控制的环境中进行，在各自高于目标的压力下进行20min的膜压实。在110L/(m^2·h)的平均通量下收集渗透样品。横流系统由四个平行的平板膜模块组成。流道宽度为0.02m，高度为0.001m，每个膜单元的有效过滤面积为0.00104m^2。在过滤过程中，横流速度保持在1.6m/s，对应3412左右的雷诺数。在终端过滤器中，有效过滤面积为0.0037m^2，使用磁力搅拌器在膜顶部产生湍流。纯水渗透性（PWP）由通量对跨膜压力的斜率得到：

$$J=\frac{V}{PAt} \tag{5-2}$$

式中，J为渗透率，L/(m^2·h·bar)；V为收集的渗透体积，L；P为施加的压力，bar；A为有效过滤面积，m^2；t为渗透时间，h。

以NaCl、$MgCl_2$和Na_2SO_4为模型化合物，对带电情况进行研究。实验结果表明，盐可被单独过滤（浓度从200mg/L到2000mg/L不等。使用带有温度补偿探头的多参数分析仪测量各盐溶液的浓度，以电导率表示）。此外，聚乙二醇（PEG）分子的摩尔质量为0.6kDa、1kDa、3kDa、4kDa和8kDa，以评估膜对静电中性化合物的排斥。聚乙二醇滤液组合溶液，总浓度为2000mg/L。用尺寸排除色谱法（SEC）分析PEG浓度。在SEC设置中，一个300mm×7.8mm的poly-gfc-p3000色谱柱（PVDF-HFPenomenex）连接到Agilent Technologies 1260 Infinity HPLC系统，该系统带有折射率检测器。去离子水被用作洗脱剂。不论化合物类型或检测方法，均按式(5-3)计算截留率。

$$R=\left(1-\frac{2c_{渗透}}{c_{进料}+c_{截留}}\right)\times 100\% \tag{5-3}$$

式中，R为截留率，%；c为各组分浓度，g/L。

此外，通过对截留率为90%的PEG的摩尔质量进行插值计算，确定了膜的截留分子量（MWCO）。

5.3 膜表面电荷

膜表面电荷描述为Zeta电位（ζ），由Zeta电位分析仪（Anton Paar）测定。在测量之前，用水彻底冲洗膜以去除任何痕量的防腐剂或杂质。然后，将样品安装在可调节间隙的单元上。样品之间的间隙设置为120μm，先用去离子水清洗，然后用1mmol/L KCl清洗，最后用KOH将电解质溶液的pH调整到8左右。测量序列包括HCl（0.05mol/L）自动滴定，在0.02MPa下冲洗160s，在0～0.02MPa之间进行电流测量20s。每个Zeta电位数据点是四个连续流动通道的平均值。自动滴定一直持续到pH为3，在测量过程中，将N_2气体吹入电解质溶液中，以避免溶解的 CO_2 引起的任何变化。最后，利用 Helmholtz-Smoluchowski 方程［式(5-4)］将不同 pH 值下的电流转换为 Zeta 电位。

$$\zeta = \frac{dI_{str} \cdot \eta \cdot L}{dp\varepsilon \cdot \varepsilon_0 A} \tag{5-4}$$

式中，ζ 为 Zeta 电位，V；I_{str} 为电流，A；p 为压力，bar；η 为电解质溶液的黏度，kg/(m·s)；ε_0 为真空介电常数，F/m；ε 为电解质的介电常数，F/m；L 为流动通道长度，m；A 为流动通道截面，m^2。

已知 Zeta 电位的绝对值不仅受膜表层的影响，还受通过支撑材料的电流泄漏的影响。将结果与来自不同生产批次的膜或具有不同复合结构的膜进行比较时，应记住这一现象。在目前的研究中，所研究的膜来自同一批次，因此假定在所有样品中复合结构相同。此外，绝对 Zeta 电位值可能包含一些系统误差，不应直接与其他结果进行比较。

5.4 表面羧基含量

采用甲苯胺蓝 O（TBO）染色程序，根据 Chollet 和 Mas 等人的实验方案，对 TEMPO 介导的膜表面产生的羧基数量进行定量。切取特定尺寸的膜样品，置于 300μL TBO 溶液中。溶液 pH 值此前已经使用 NaOH 调整到 10，以促进羧基的脱质子化，因此允许阳离子 TBO 黏附。膜样品浸没 2h 后，用 NaOH 溶液（pH＝10）冲洗，然后在 NaOH（500μL，pH＝10）中浸泡 2h，去除多余的游离染料。2h 后，除去碱性溶液，用乙酸（50%水，500μL）取代，诱导羧基质子化，TBO 脱附到乙酸基质中。1h 后，去除染色上清液，用 Jasco V-670 分光光度计分析乙酸中解吸染料的量，并将 650nm 的吸收信号与参比溶液的吸收信号进行比较。然后，基于染料-羧酸络合的关系计算单位有效膜过滤表面积内的羧基数目。

5.5 膜材料分析

利用 ATR-FTIR 和 PerkinElmer Frontier 光谱仪评估氧化处理对块状材料化学成分的影响。光谱分辨率为 $4cm^{-1}$，每次扫描重复 4 次。理论红外光束穿透深度基于所用 45°入射角和 ATR 金刚石和醋酸纤维素的折射率，使用 Thompson 给出的式(5-5) 计算。

$$d_p = \frac{\lambda}{2\pi n_1 \sqrt{\sin^2\theta - \left(\frac{n_2}{n_1}\right)^2}} \tag{5-5}$$

式中，d_p 为穿透深度，m；λ 为波长，m；θ 为入射角，(°)；n_1 为 ATR 金刚石折射率；n_2 为样品折射率。

为了研究纤维素颗粒晶体结构的变化，用 Bruker D8 Advance X 射线衍射仪记录了未经处理和 TEMPO 氧化后的 XRD（X 射线衍射）图。用 Cu 靶（λ＝0.1540nm）在 2θ＝10°～40°、25℃范围内扫描样品。

5.6 氧化溶解程度

使用安捷伦 HP 6890 气相色谱仪和 HP 7683 进样器，根据 Mikkonen 等人的方法，用气相色谱法研究 TEMPO 氧化过程中表面物质的溶解程度。色谱柱为 25m/0.20mm 宽孔毛细管柱，非极性相（HP-1，Agilent Technologies），膜厚 0.11μm。在分析之前，样品在无水盐酸-甲醇基质中在 105℃温度下孵育 3h。

5.7 结果与讨论

5.7.1 表面羧化作用

TBO 染色实验结果（图 5-1）显示，随着次氯酸盐暴露在膜表面的增加，表面羧基密度呈非线性增加的趋势。粗略地说，在小于 50mol·min/(L·m^2) 的暴露水平下，膜表面羧基含量对小的暴露增量相当敏感。另外，更高的暴露量对羟基氧化的影响逐渐减小，这表明由于高度转化，活性位点变得越来越少。

据报道，TEMPO 氧化每克纳米纤维素材料将引入超过 1mmol 的羧基。假设 1m^2 的 RC 膜含有约 16g 再生纤维素，这里得到的羧基含量最高为 0.1mmol/g。假设氧化主要发生在表面，所获得的较低羧基含量可以解释为“与纳米纤维素材料相比，RC 膜的比表面积较低”。

随着羧基化程度的提高，氧化暴露的增加导致膜表面负电荷的增强。图 5-2 给出了非线性增长的负 Zeta 电位在中性 pH 值下的氧化结果。这种单调的趋势可以简单地归因于表面的羧基密度增加，而羧基易于解离，故在中性 pH 值下产生明显的表面负电荷。

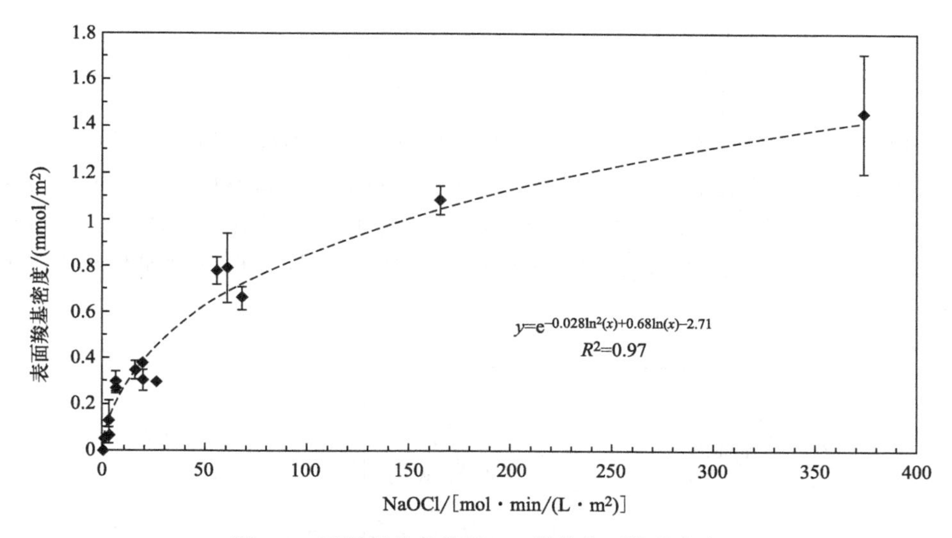

图 5-1 不同氧化条件下 RC 膜的表面羧基密度

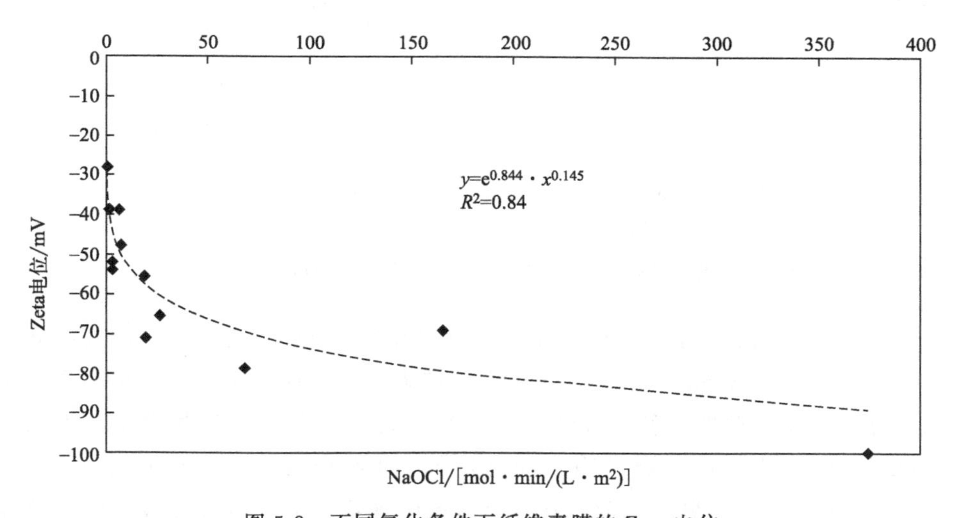

图 5-2 不同氧化条件下纤维素膜的 Zeta 电位

在大约 50mol・min/(L・m^2) 氧化剂暴露后，观察到的 Zeta 电位不再显著改变，这表明大部分可氧化羟基已经转化。然而，Zeta 电位趋势即使在最高暴露下也没有完全趋于平稳。在高暴露范围内，变化率逐渐减小但非零，再次表明由于转化率高，反应受到阻碍。此外，随着反应的进行，界面和最外层的膜表面材料可能在较高的暴露下缓慢降解，从而释放出表面上更多的可氧化位置。因此，观察到的非线性趋势很可能是快速推进的伯醇氧化和通过降解机制去除保护部分的相互作用。

5.7.2 膜基质的变化

由于 TEMPO 介导的氧化是一种表面处理方法，因此也检查了膜体基质中可能发生的化学变化。图 5-3 显示了未经处理的 RC 膜和不同氧化变体的 FT-IR 光谱。膜材料化学性质的差异似乎可以忽略不计，只有在 $3314cm^{-1}$—OH 拉伸、$1743cm^{-1}$ 和 $1645cm^{-1}$ C═O 拉伸、$1250cm^{-1}$ C—O 拉伸时发生了微小的变化。

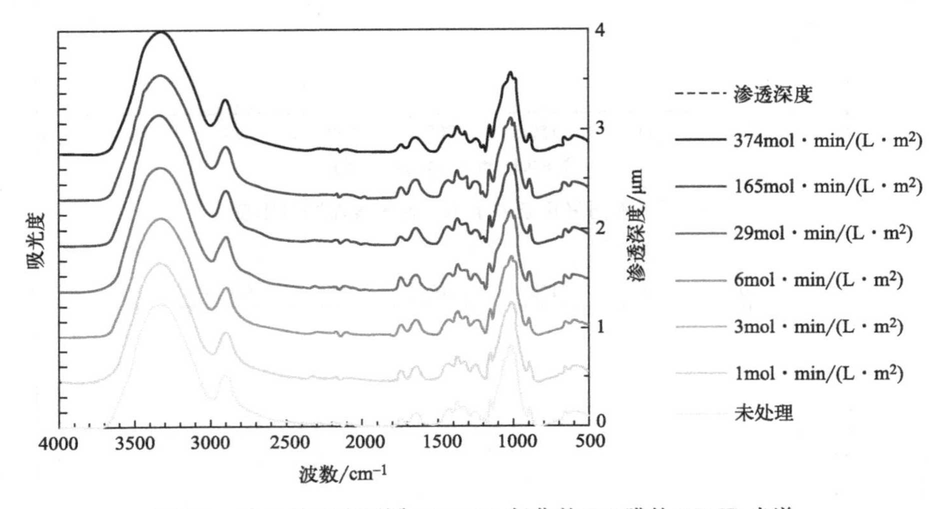

图 5-3 未经处理和不同 TEMPO 氧化的 RC 膜的 FT-IR 光谱

先前的研究认为，TEMPO 氧化在纤维素红外光谱中呈现出突出的新吸光度峰，即在 $1740\sim1730cm^{-1}$ 和 $1615cm^{-1}$ 区域附近，分别对应于质子化和去质子化（钠盐）羧基。此外，吸收水分和乙酰基都会干扰精确的羧基定量，水在约 $3300cm^{-1}$ 和 $1640cm^{-1}$ 处具有特征信号，而乙酰基部分在 $1750cm^{-1}$ 和 $1240cm^{-1}$ 处可以观察到。因此，在检测区域中观察到的轻微红外吸收信号差异可能归因于低程度的材料羧化，碱性条件下的轻度去乙酰化，甚至是从周围空气中吸收水分。

未经处理和氧化程度最高的膜的 X 射线衍射图（图 5-4）几乎相同，表明材料中结晶和非晶纤维素的比例保持在原始水平。就整个膜顶层基质而言，无法观察到明显的非晶态纤维素溶解。相对不变的基质组成，加上大大增加的负 Zeta 电位和羧基含量，表明 TEMPO 氧化特别有利于表面基团，而不会损害下面的材料。换句话说，氧化反应只到达聚合物的界面表面，这意味着可能的降解只发生在表面，从外部开始浸出物质。尽管相关分析无法检测到任何显著的变化，但需要记住的是，膜的性能受到孔内现象的严重影响，即使微小的变化也会改变过滤特性。

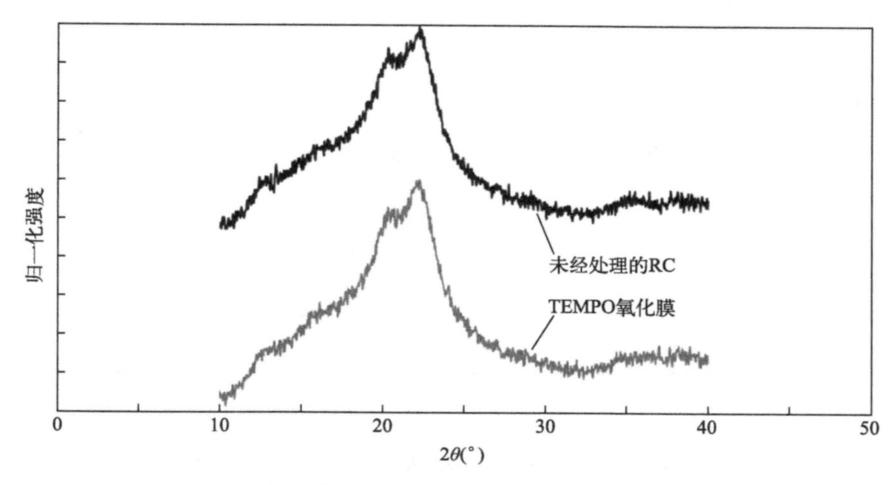

图 5-4 未经处理的 RC 和 TEMPO 氧化膜的 XRD 图

5.7.3 多孔结构的变化

通过跟踪纯水渗透率（PWP）和截留分子量（MWCO）的演变，研究了 TEMPO 介导的氧化对膜多孔结构的影响。氧化程度越深的膜的 PWP 和 MWCO 均呈现增加趋势，如图 5-5 所示。低剂量和高剂量之间的差异是相当明显的；低于 30mol · min/(L · m^2) 的 NaOCl 暴露最多使 PWP 增加三分之一，而最高暴露，即超过 100mol · min/(L · m^2) 时，可以使渗透率增加 200%以上。MWCO 值也有类似的变化趋势，在低氧化剂暴露下，MWCO 值的变化可以忽略不计，而在最高的 374mol · min/(L · m^2) NaOCl 暴露下，MWCO 值比原始值增加了近 200%。

渗透性的增加，即水阻力的降低，表明氧化处理在增强电荷作用的同时，提供了一种增强通量的改性。显然，正如 MWCO 值的增加所暗示的那样，通量的增强，或者说水阻力的降低，具体是由于物理孔隙的扩张。此外，在超过 50mol · min/(L · m^2) NaOCl 暴露下，膜表面羧化减慢，但开孔效应加速，这表明在最高的氧化剂暴露下，反应目标发生了某种转移。

已知高暴露的 TEMPO 氧化可将部分固体纤维素材料转化为水溶性聚葡萄糖醛酸形式。为了进一步检验关于开孔结构的发现，分析了氧化上清相中溶解聚合物的痕迹。图 5-6 显示了高暴露氧化上清液中碳水化合物含量的增加。计算出的材料表层纤维素的质量损失也显示在图中。

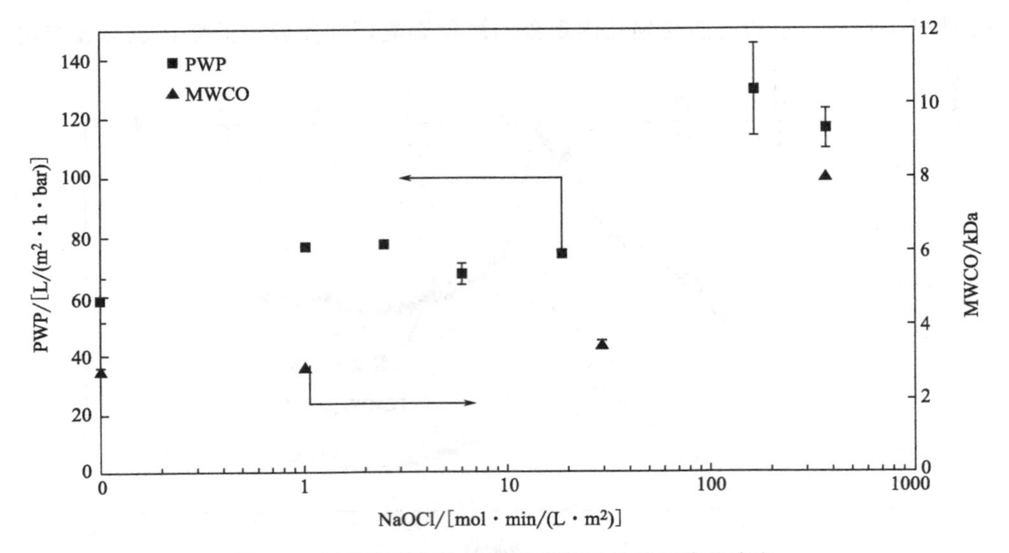

图 5-5 氧化膜的纯水渗透性和分子量临界值的演变

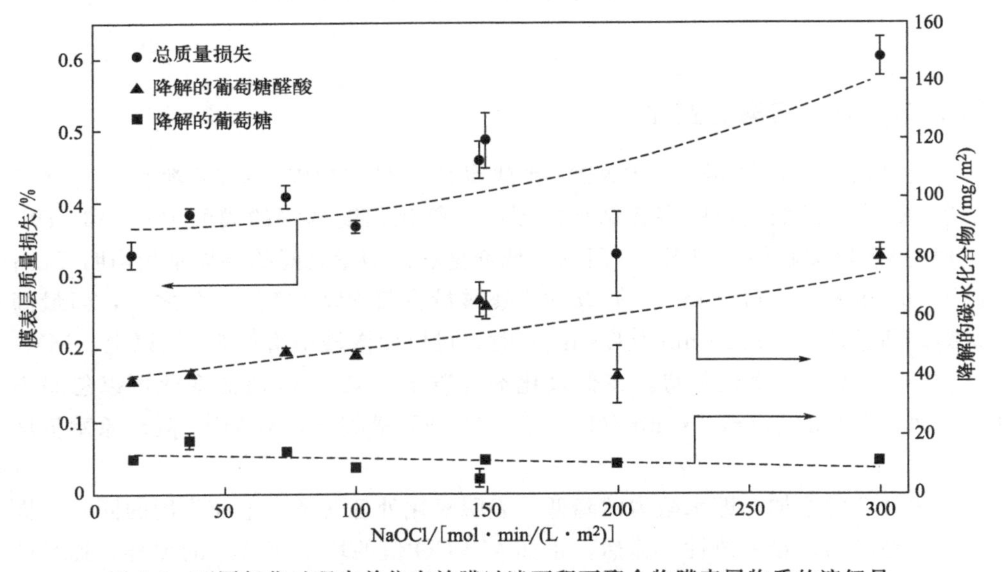

图 5-6 不同氧化过程中单位有效膜过滤面积下聚合物膜表层物质的溶解量

根据 Xiang 等人的说法，当纤维素聚合物的氧化度接近 100%时，它们就会变得可溶，也就是说，它们会转化为聚葡萄糖醛酸。这一说法似乎与我们的发现一致，因为气相色谱结果表明，大多数溶解物质确实以酸的形式存在。此外，随着总质量损失的增加，氧化程度随氧化剂暴露量的增加而增加。300mol·min/(L·m^2) 氧化剂暴露造成的质量损失大约是 15mol·min/(L·m^2) 氧化剂暴露造成的质量损失的两倍，这似乎与渗透性和截留分子量的增加有关。

在高暴露范围内，水阻力下降可能是由于表面和孔侧壁的物质氧化溶解。从表面分析、大块材料特性以及渗透率和 MWCO 的变化来看，高氧化剂暴露似乎确实会降解膜表面材料。在高氧化剂暴露后，表面材料氧化及其随之溶解的过程如图 5-7 所示。如果将孔侧壁视为该膜表面层的一部分，则该思想也可以应用于孔扩张。

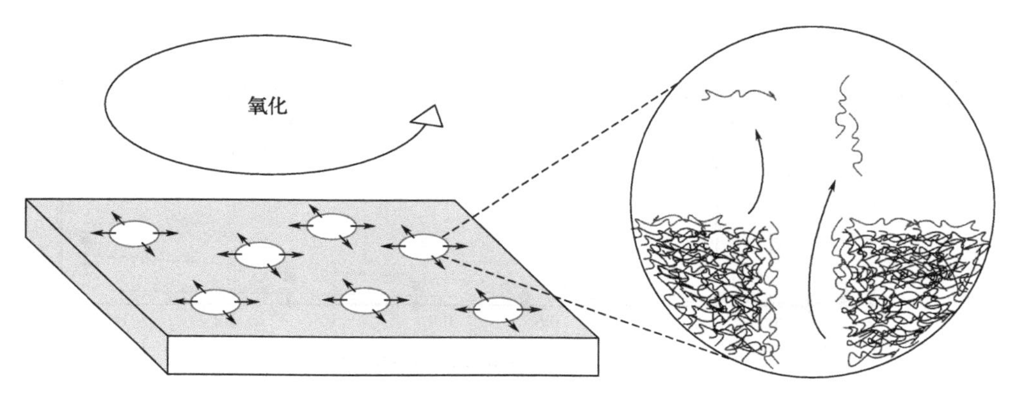

图 5-7 膜表面材料氧化和孔扩张的简化机理

由于较高的氧化剂负荷与较高的渗透性、增加的 MWCO 值相关，并导致纤维素表层的部分溶解，因此材料可能会损失一些力学性能。即使对于未经处理的商业膜来说，薄膜普遍较差的力学性能也是一个问题，这就是为什么这些膜被浇铸在耐用的聚丙烯支架上的原因。众所周知，聚丙烯支架耐次氯酸盐，至少在室温下是如此，没有观察到聚丙烯因接触氧化剂而降解的情况。此外，在我们的测量中，单个通量测量的压力依赖性保持稳定，表明膜材料的力学性能相对可靠。

5.7.4 脱盐

如上所述，相对于低氧化剂负荷，高暴露的 TEMPO 氧化不会显著改变表面电荷效应，而是会促进形成多孔结构。这种权衡为可行的氧化剂负荷设定了基本限制，因为就最佳的盐截留而言，即使表面电荷增加，孔径也应该足够小。

图 5-8 显示了表面羧基密度对 Na_2SO_4、$MgCl_2$ 和 NaCl 的截留率的影响。显然，Na_2SO_4 对表面电荷反应最大，而其他盐的截留可忽略不计。这一结果可归因于 Donnan 排斥效应，因为大的二价硫酸根阴离子被带负电的膜强烈排斥，而其他盐只具有小的一价阴离子，因此表面排斥较小。

有趣的是，膜对硫酸钠的排斥性似乎没有受到开放多孔结构的影响。例如，与原始膜相比，羧基表面密度为 1.45mmol/m^2 的荷电膜的 PWP 增加了 98%，MWCO 增加了 186%，但 Na_2SO_4 的截留率从初始值的 4%显著提高到 36%。

在本实验中，直接表面改性方法可以同时增加 Na_2SO_4 的吸附性和渗透性。

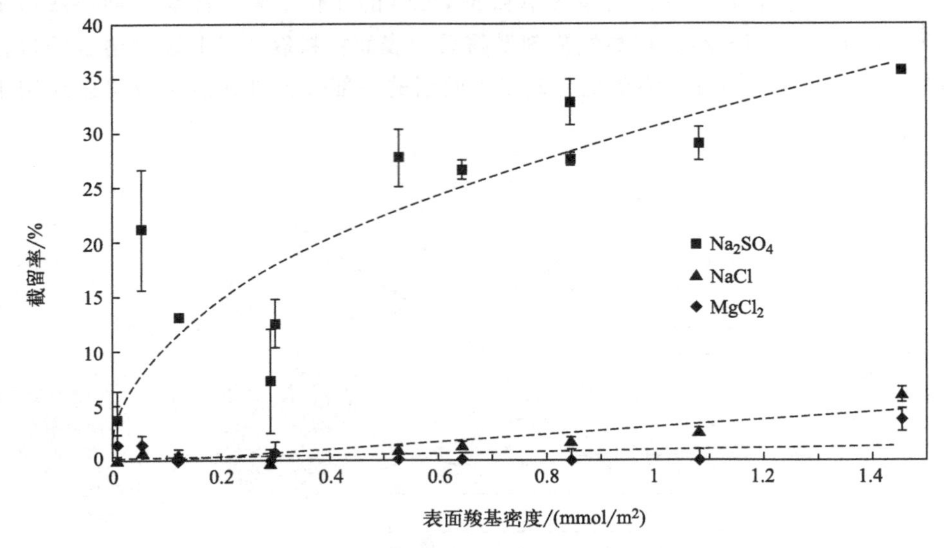

图 5-8 不同羧化膜的盐截留趋势

为了进一步证明静电斥力对盐的排斥作用起主导作用，研究了进料浓度的影响。由于离子强度对德拜长度的影响，较高的盐浓度使膜表面的电双层（EDL）更薄、更弱，从而减少了排斥。图 5-9 显示了进料浓度对未经处理的再生纤维素膜和 25mol·min/(L·m^2) 氧化替代膜的 Na_2SO_4 截留率的影响。结果清楚地表明，电荷修饰膜的排斥反应对浓度有很强的依赖性，而未经处理的膜即使在最低盐浓度下也没有明显的分离。

在这种情况下，结果可以完全归因于膜上不同的 EDL，因为尽管轻度氧化，开放多孔结构没有借助任何与尺寸相关的排斥机制。氧化膜具有更强的表面负电荷，形成一层厚而均匀的双电层，能够排斥溶解的离子。随着盐浓度的降低，形成的 EDL 变得更厚，从而增强了排斥性。在未氧化的膜上几乎看不到类似的效果。

带电荷的纳滤膜对盐排斥反应的浓度依赖性是众所周知的，文献中也报道了类似的结果。本章的实验结果表明，同样的现象也发生在更开放的超滤膜上，尽管在改性超滤膜上效果更为剧烈，但其分离完全基于静电排斥，而与离子化合物的尺寸无关。纳滤膜通常比本实验中的膜具有更高的截留率，并可耐受更高的进料浓度，但鉴于氧化超滤膜的高渗透性，在低浓度范围内提高截留率是很有希望的。

此外，硫酸盐进料浓度与废渣的关系（图 5-9）体现了应用的主要局限性和可能性。在多价盐去除方面，高电荷超滤膜仅限于低进料浓度。如果过滤继续保持较高的体积回收率，可以预期，随着进料浓度的增加，膜开始让更多的溶质通过。另一方面，由于高渗透性，存在多道次程序的可能性，这可能有助于在适当的处理时间内获得更高的渗透纯度。然而，改性超滤膜的主要吸引力可能在于降低所需的压力，并进一步降低使用低通量膜的过程的能量消耗。在多价离子稀溶液的情况下，UF 膜的高表面电荷伴随着开放的多孔结构，甚至可以为通常使用的严格的 NF 或 RO 工艺提供新的选择。

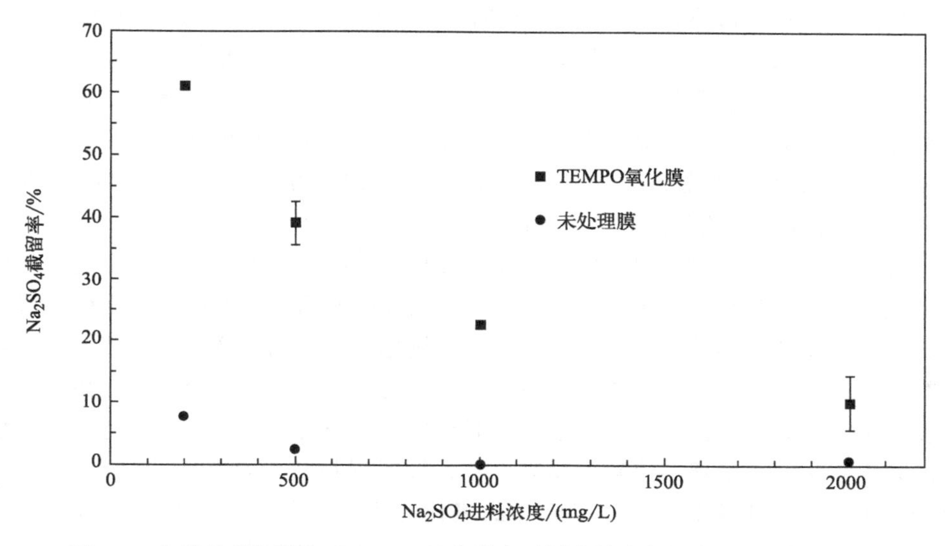

图 5-9 未经处理的膜和 TEMPO 氧化膜在不同进料浓度下的 Na_2SO_4 截留率

例如，在城市污水处理中充分去除磷酸盐是具有挑战性的，因为目前的技术难以去除低浓度残留物。相比之下，带电荷的超滤膜似乎在低浓度区域表现优异，其压力要求温和，截留率呈上升趋势。此外，一些相关的低浓度去除应用，如水软化，甚至更倾向于只部分去除小溶质，类似于本文介绍的硫酸盐。为此，高通量、低压力要求和选择性排斥膜，提供了新的和可行的选择。此外，带电荷的超滤膜在排斥更高摩尔质量的带电化合物（如染料或蛋白质）方面肯定会有一席之地。有了这些例子，同样的修饰过程可以潜在地应用于更多的膜。而电荷增强处理也可能提高纳滤膜或反渗透纤维素膜的除盐能力。另外，该处理为进一步的膜修饰提供了可能性，例如高电荷表面可能会附着更多的聚电解质。

5.8 小结

本章介绍了 TEMPO 介导的表面氧化对商业化生产的纤维素基超滤膜性能

的影响。通过设计氧化过程使其仅氧化超滤膜的表面，制备了一种介于传统纳米滤膜和超滤膜之间的交叉膜，并对膜体积和表面化学的影响进行了监测，评估了一般过滤性能的变化。通过 TBO 染色可以看出，有效过滤面积的羧基含量增加了 1.45mmol/m^2，而根据 FT-IR 和 XRD 结果，总体材料基本保持不变。随着表面羧基含量的增加，负 Zeta 电位随着氧化剂暴露的增加而非线性增加，中性 pH 下的最大 ζ 为－100mV，而未处理的膜为－30mV。

增加氧化剂负荷后，纯水渗透率和截留分子量变大。无论进行何种氧化处理，NaCl 和 $MgCl_2$ 的排斥反应都接近于零。也就是说，纤维素超滤膜的通量和多价阴离子排斥在氧化处理的同时增加。通过降低进料浓度，TEMPO 氧化膜的硫酸盐截留率进一步得到显著提高，而未经处理的膜对进料浓度变化的响应可以忽略不计。当进料浓度为 200mg/L 时，未经处理的膜对 Na_2SO_4 的截留率为 8%，而轻微的表面氧化使截留率提高了 61%。

氧化处理似乎对膜有双重影响。在低氧化剂暴露条件下，反应主要通过氧化容易接近的伯羟基来影响表观表面电荷。在较高的暴露下，电荷增强变得不那么明显，而重点转移到孔隙打开上。在高暴露氧化后的氧化溶液中检测到更多的葡萄糖醛酸单位。这些结果表明，在最高的氧化剂负荷下，膜表面的聚合物链已经高度氧化，并开始断链，以显示新的可氧化位点。随着氧化的继续，这种类似浸出的效果会进一步发展，溶解界面聚合物，同时保持核心材料的化学性质不变。对于纤维素膜，低暴露 TEMPO 介导的氧化提供了一种选择性和易于执行的方法，可以在活性表面上添加可解离的、带负电荷的羧基部分，而不会过度损害结构完整性。此外，考虑到在一定压力范围内通量性能和截留量是稳定的，可以得出氧化不会降低纤维素膜的力学性能，至少不会影响过滤性能。最重要的是，超滤膜的渗透性和硫酸盐截留率可以同时提高。

第6章

纤维素纳滤膜

6.1 纤维素纳滤膜的制备方法

（1）纤维素溶解。将一定量的*N*-甲基吗啡-*N*-氧化物（NMMO）溶解在去离子水中配成含水率为13.3%的NMMO水溶液，置于烧瓶中，加入少量的抗氧化剂（没食子酸丙酯），加热升温至一定温度，然后加入一定量的纤维素（BC），快速搅拌，纤维素逐渐溶解，最终混合物逐渐变成均匀的黏稠的溶液。

（2）纤维素膜（BCM）的制备。纤维素膜采用沉浸凝胶法制备。将上述BC/NMMO混合溶液真空脱泡后，涂覆在无纺布上刮制成膜，将其迅速浸入去离子水中凝固，待充分凝固后得到厚度为200μm左右（通过调节刮刀的高度控制），且有多孔网络结构的非对称膜。将该膜用去离子水洗去膜中残留的NMMO溶剂，自然干燥后得到BCM备用。

（3）纤维素纳滤膜（BC-NFM）的制备。以致密的BCM为原始膜（水通量为0），通过碱水解和羧甲基化进行改性，制备纤维素纳滤膜。其反应过程如图6-1所示。具体包括氢氧化钠水解和氯乙酸羧甲基化两个过程。

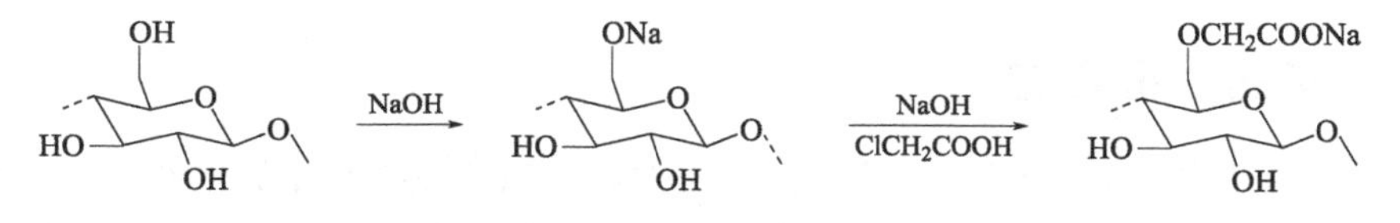

图6-1 BCM的水解和羧甲基化

首先，用去离子水配制1mol/L NaOH溶液。将BCM浸入30℃的碱液中水解30min，反应完成后用去离子水浸泡洗去未反应的NaOH溶液，获得水解BCM。

其次，用去离子水配一定浓度氯乙酸/NaOH溶液（$n_{NaOH}:n_{氯乙酸}=2.5:1$）。取出上述水解膜，将其浸入一定温度的氯乙酸/NaOH溶液中进行羧甲基化反应一定时间，反应完成后用去离子水浸泡洗去膜表面未反应的氯乙酸/NaOH 溶液，获得 BC-NFM。

6.2 纤维素/壳聚糖抗菌纳滤膜制备方法

(1) 纤维素/壳聚糖 (BC/CS) 溶解。将一定量的 NMMO 溶解在去离子水中配成含水率为 13.3%的 NMMO 水溶液，置于烧瓶中，加入少量的抗氧化剂 (没食子酸丙酯)，加热升温至 110℃，然后加入 6% (质量分数) 的 BC 和 CS (原料质量比分别为 BC/CS=4∶1，6∶1，8∶1，10∶1)，抽真空快速搅拌，BC 和 CS 逐渐溶解，最终混合物逐渐变成均匀的黏稠的溶液。

(2) 纤维素/壳聚糖膜 (BC/CSM) 的制备。BC/CSM 采用沉浸凝胶法制备。制备方法同“6.1”中纤维素膜的制备。

(3) 纤维素/壳聚糖纳滤膜 (BC/CS-NFM) 的制备。以致密的 BC/CSM 为原始膜 (水通量为 0)，通过碱水解 (NaOH 浓度 1mol/L，反应温度 30℃，反应时间 30min) 和羧甲基化 [氯乙酸浓度 3% (质量浓度)，溶液温度 60℃，反应时间 1h] 进行改性，制备 BC/CS-NFM。

纤维素/壳聚糖抗菌纳滤膜制备过程如图 6-2 所示。

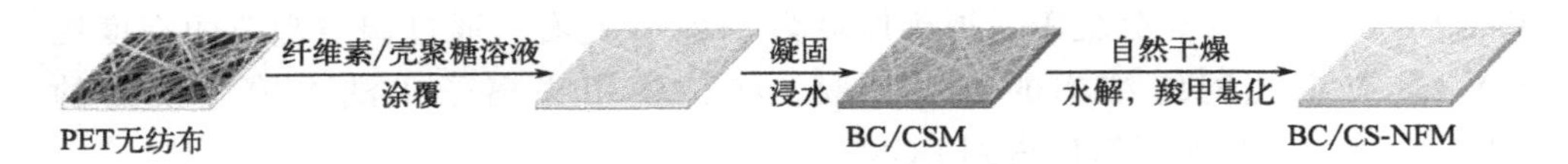

图 6-2 纤维素/壳聚糖纳滤膜制备流程

6.3 膜的表征方法

(1) 利用乌氏黏度计分别测定 BC、BCM 和 BC/CS-NFM 的特性黏度，再按照 GB/T 1548 计算 BC、BCM 和 BC/CS-NFM 的聚合度 (DP)。采用旋转流变仪的锥板模式，测定纤维素铸膜液在不同温度和不同剪切速率下的流变性能。

(2) 将 BCM、BC-NFM 和 BC/CS-NFM 材料试样置于液氮中淬火 1min，取出试样迅速脆断，然后放入冷冻干燥机干燥。将干燥后的膜片置于高真空蒸发器中，分别在膜表面和断面喷金预处理，然后放入场发射扫描电子显微镜 (FE-SEM) 中进行表面和断面微观形貌观测。

(3) 分别将干燥后 BC、BCM、BC-NFM 和 BC/CS-NFM 切成粉末，与 KBr

粉末进行混合研磨，压片，然后放入傅里叶转换红外光谱仪（Thermo Nicolet 380）进行红外扫描，扫描范围 4000～500cm^{-1}。

（4）将干燥后 BC、BCM、BC-NFM 和 BC/CS-NFM 切成粉末，采用 X 射线衍射仪（MiniFlex-2）通过反射法进行 X 射线衍射测量（Cu 靶，λ 为 1.54Å，40kV，30mA，2θ 角度范围 5°～60°）。

（5）分别称量 2～3mg 的 BC、BCM、BC-NFM 和 BC/CS-NFM，放入热重-差热联用分析仪（STA449F3）测定样品的质量随温度的变化。测试条件如下：样品放入氧化铝坩埚中，在 20mL/min 的氮气流量下从 30℃至 600℃测量，升温速率为 10℃/min。每秒钟对 TG-DTA 数据进行采集。

6.4 纳滤膜性能评价方法

剪切直径为 8cm 的膜片，将其置于膜性能评价装置中，如图 6-3 所示。在一定操作压力下测试膜对溶液的分离性能。在每次测试前，纳滤膜要在一定操作压力下预压至少 30min，确保通量的稳定性。

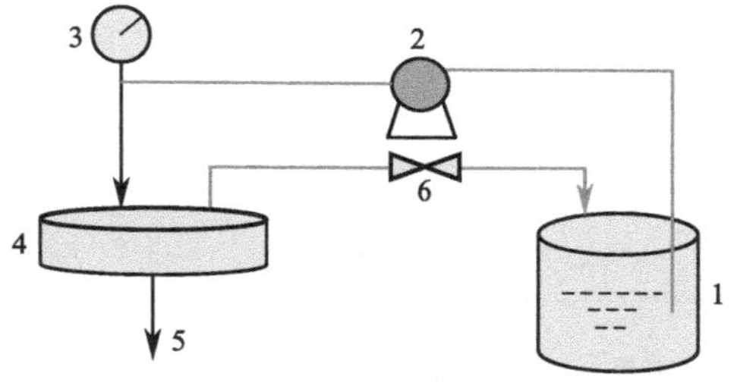

图 6-3　膜性能评价装置

1—进料容器；2—泵；3—压力表；4—膜分离单元；5—过滤液；6—阀门

6.4.1 水通量测定

纤维素纳滤膜的透过性能以水通量表示，测量一定时间内透过膜的水的体积，水通量按式(2-2) 计算。

6.4.2 无机盐截留率测定

分别配制 500mg/L NaCl 水溶液和 500mg/L Na_2SO_4 水溶液对纳滤膜分离性能进行评价。实验中无机盐浓度采用电导率法来测定，纳滤膜对无机盐的截留率按式(2-3) 计算。

6.4.3 染料截留率测定

分别选用甲基橙和甲基蓝两种染料对纳滤膜分离性能进行评价。两种染料分子特性如表 6-1 所示。

表 6-1 染料分子特性

染料	分子结构	M_w/Da	λ_{max}/nm
甲基蓝		799.80	591
甲基橙	$(H_3C)_2-N-C_6H_4-N=N-C_6H_4-SO_3Na$	327.33	504

分别配制标准浓度为 0mg/L、10mg/L、20mg/L、30mg/L、40mg/L、50mg/L、60mg/L 的甲基橙和甲基蓝染料水溶液，以去离子水为参比，对水溶液进行全波长扫描，并在最大波长处测定其吸光度值，从而绘制浓度与吸光度的标准曲线，如图 6-4 和图 6-5 所示。

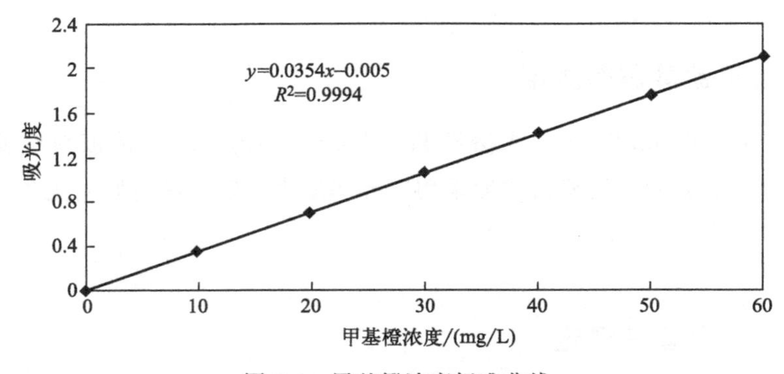

图 6-4 甲基橙浓度标准曲线

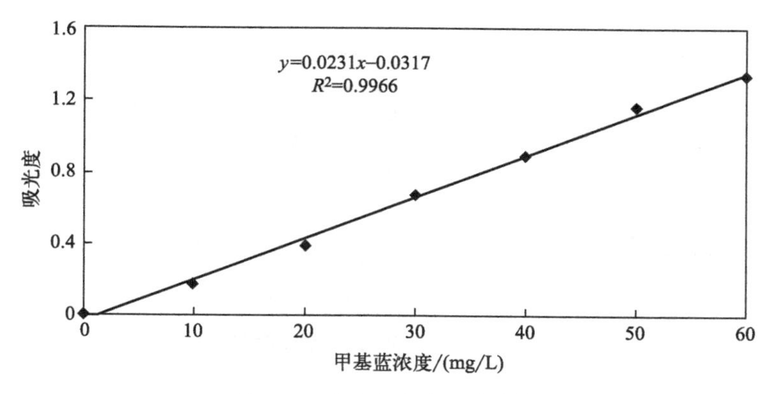

图 6-5　甲基蓝浓度标准曲线

利用紫外分光光度计在染料的最大吸收波长处测定初始染料溶液和透过溶液的吸光度，根据标准曲线浓度与吸光度的关系，计算纤维素纳滤膜对染料的截留率。

纳滤膜的分离性能可用截留溶质的分子量来评价。截留分子量（MWCO）是膜对中性有机溶质的截留率为 90%时所对应的溶质分子量。选择不同分子量的 PEG（M_w 分别为 400Da、600Da、800Da、1000Da 和 2000Da）为测试溶质，来表征纤维素纳滤膜的 MWCO。

本实验采用 $BaCl_2$ 法测定不同分子量的 PEG 浓度，其原理是 PEG 与 I_2 发生显色反应，并加入 $BaCl_2$ 使其能与 I_2 形成稳定的显色络合物。使用紫外分光光度计在不同 PEG 分子量的最大吸收波长处测定初始 PEG 溶液和透过溶液的吸光度，根据标准曲线浓度与吸光度的关系，纳滤膜对 PEG 的截留率按式(2-3)计算：

分别配制标准浓度为 0mg/L、4mg/L、8mg/L、12mg/L、16mg/L、20mg/L 的不同分子量 PEG 水溶液，静置显色 10min，用空白试剂做参比，对 PEG 溶液进行全波长扫描，并在最大波长处测定溶液的吸光度，从而绘制浓度与吸光度的标准曲线如图 6-6 至图 6-10 所示。

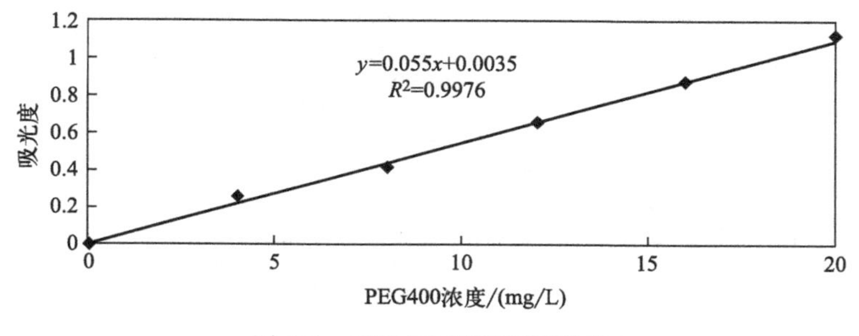

图 6-6　PEG400 浓度标准曲线

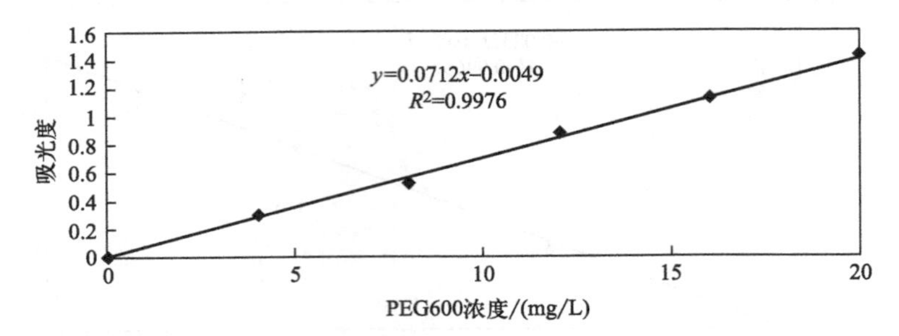

图 6-7 PEG600 浓度标准曲线

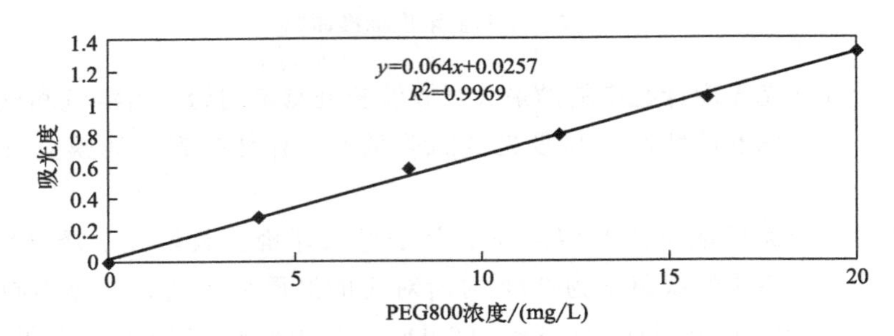

图 6-8 PEG800 浓度标准曲线

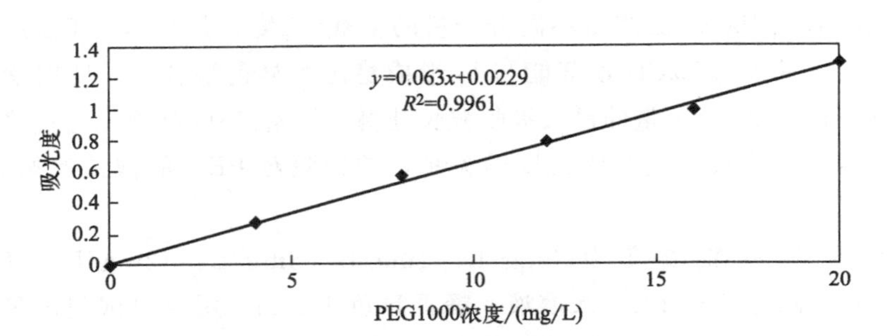

图 6-9 PEG1000 浓度标准曲线

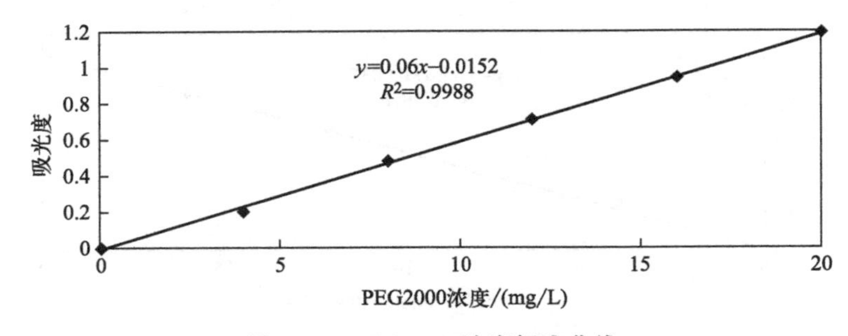

图 6-10 PEG2000 浓度标准曲线

在计算膜的结构参数时，通常采用 PEG 作为中性溶质体系进行膜的透过实验，PEG 不会污染膜污染，且其浓度检测简单方便，因此研究选其作为表征纳滤膜分离性能的通用物质。首先测定纤维素纳滤膜对不同分子量 PEG 溶液的截留率，根据绘制的截留曲线获得 MWCO，然后利用 Stokes-Einstein 公式计算出 Stokes 半径。

$$r=16.73\times10^{-3}\times M_{\mathrm{w}}^{0.557} \tag{6-1}$$

式中，r 为 Stokes 半径，nm；M_{w} 为 PEG 的分子量，Da。

6.5 结果与讨论

6.5.1 纤维素的溶解与成膜机理

NMMO 溶剂可以溶解一定范围质量分数的 BC。当溶解温度一定时，纤维素的溶解量会影响铸膜液的流动性能，即铸膜液黏度为主要影响因素，黏度过高或过低都不适合用流延法制膜，而且纤维素的溶解量还会影响膜的力学性能。

表 6-2 列出了纤维素溶解量对铸膜液流动性能和成膜后力学性能影响。当纤维素溶解量低于 3%（质量分数）时，铸膜液黏度低，容易在玻璃板上流失，膜厚难以控制，且膜的拉伸强度较低；当纤维素溶解量高于 7%时，由于铸膜液黏度大，在玻璃板上流动性能差，刮膜过程铸膜液温度降低易形成凝胶状。因此，以下实验选用 BC 的溶解量为 6%。

表 6-2 纤维素溶解量对膜性能影响

纤维素溶解量/%	溶解温度/℃	铸膜液状态	膜拉伸强度/MPa
3	110	流动性高，可以流延	15
5	110	流动性较高，可以流延	38
6	110	流动性好，可以流延	83
7	110	流动性差，流延困难	112

考察溶解温度对 BC 溶解性能的影响，结果如表 6-3 所示，实验结果可以看出，随着溶解温度的升高，溶解时间就缩短，BCM 的聚合度下降，表明 NMMO 溶解过程中 BC 会降解。综合考虑各方面因素，选择 BC 的溶解温度为 110℃。

铸膜液凝胶过程成膜机理为：瞬时相分离（瞬时液-液分层），即铸膜液浸入凝固浴水中后立即成膜。溶剂 NMMO 和非溶剂水的交换速率小于铸膜液发生相分离的速率，铸膜液浸入凝固浴水中后立即开始分相过程，这种分相机理可获得多孔网络结构的非对称膜。

表 6-3 温度对 BC 在 NMMO 水溶液中溶解的影响

溶剂	溶解量 /%	溶解温度 /℃	溶解时间 /min	聚合度差值
NMMO	6	90	50	243
NMMO	6	100	42	236
NMMO	6	110	33	205
NMMO	6	120	25	224

6.5.2 铸膜液的流变性能分析

研究不同铸膜液的温度、不同原料组成比例和流变行为之间的关系，对进一步研究 BC/CS 共混体系的制膜工艺具有指导意义。

(1) 不同温度对流变性能的影响。图 6-11 和图 6-12 分别是纤维素铸膜液在不同温度下的 η_a-γ 曲线和 τ-γ 曲线（η_a 是表观黏度，γ 是剪切速率、τ 是剪切应力）。从 η_a-γ 曲线可以得到不同温度条件下，铸膜液的表观黏度均随着剪切速率数值的增加而下降，是典型的切力变稀现象。在低温或低剪切速率下纤维素铸膜液的黏度较大，这是由于纤维素大分子链相互靠近并卷缩，大分子链互相缠结在一起，流体运动受阻。在高温或高剪切速率时，纤维素大分子链间的作用力较

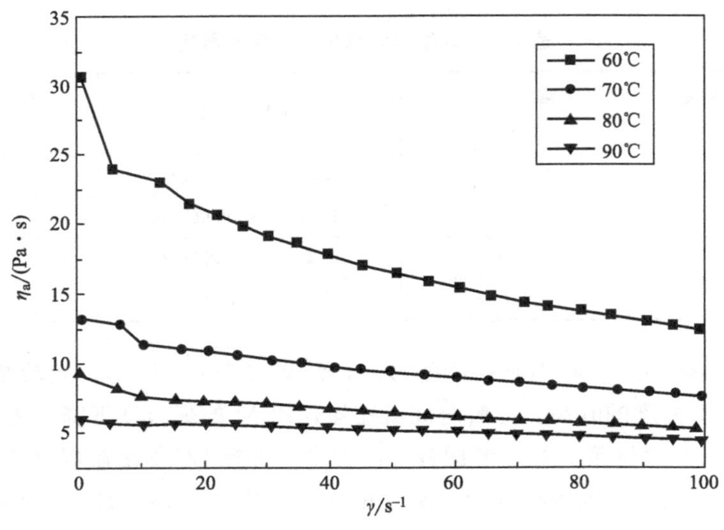

图 6-11 不同温度下 BC 铸膜液的 η_a-γ 曲线

小，有利于大分子运动，发生部分解缠，缠结点同时会被打开和重建，同时铸膜液体积膨胀，分子间空隙变大，增加了溶液的流动能力，流动阻力也减小。从 τ-γ 曲线可以得到不同温度条件下，铸膜液的剪切应力均随着剪切速率值的增大而变大，在同一剪切速率条件下，剪切应力随着温度的升高而降低，铸膜液的流动性能提高。实验结果显示当铸膜液表观黏度约为 7Pa・s，剪切应力为 300Pa，溶液的流动性能较好，在此条件下铸膜液的温度为 80℃，因此可设置该环境温度进行涂膜。

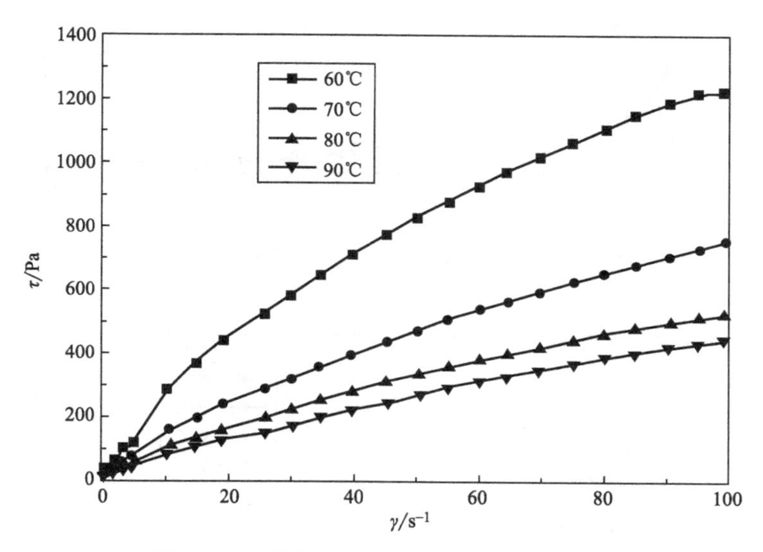

图 6-12　不同温度下 BC 铸膜液的 τ-γ 曲线

图 6-13 和图 6-14 分别是 BC/CS 铸膜液在不同温度下的 η_a-γ 曲线和 τ-γ 曲线。从 η_a-γ 曲线可以得到不同温度条件下，BC/CS 铸膜液的表观黏度均随着剪切速率值的增大而下降，是典型的切力变稀现象。在同一剪切速率下，随着温度升高，分子链活动能力加强，氢键作用和缠结度减弱，铸膜液黏度下降。在同一温度条件下，随着 γ 值的增大，大分子链段逐渐趋向于进入同一流速的流层，不同流速铸膜液层的平行分布就导致了大分子在流动方向上的取向，流动阻力将减小。当 γ 值大于 $60s^{-1}$ 时，由于铸膜液中高聚物大分子链间的缠结点都被打开，改变 γ 值不能改变铸膜液的黏度。从 τ-γ 曲线可知，相同 γ 值条件下，τ 随着温度的升高而减小，铸膜液的阻力也变小。

BC/CS 铸膜液根据经验方程“幂律定律”可求得非牛顿指数（n），式(6-2) 计算：

$$\lg\tau = \lg K + n\lg\gamma \tag{6-2}$$

式中，K 为黏度系数；n 为非牛顿指数（曲线斜率）。图 6-15 中所有 BC/CS

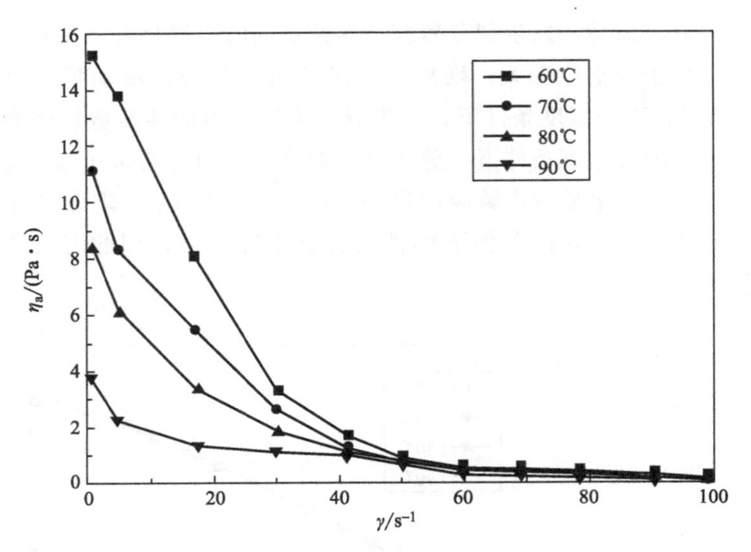

图 6-13　不同温度下 BC/CS 铸膜液的 η_a-γ 曲线

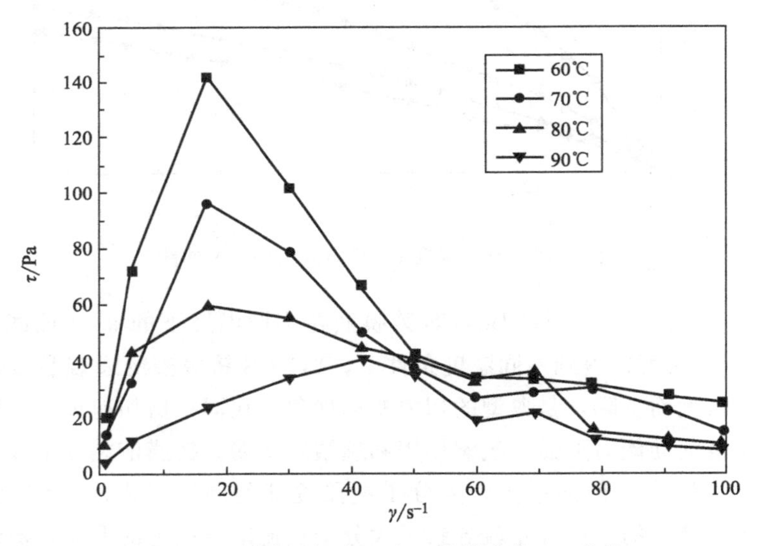

图 6-14　不同温度下 BC/CS 铸膜液的 τ-γ 曲线

铸膜液的 n 值（0.611～0.764）均小于 1，表明 BC/CS 铸膜液属于非牛顿流体，且随着温度升高 n 值减小，说明铸膜液的黏度越高，非牛顿性越明显。

（2）不同原料组分对流变性能的影响。图 6-16 和图 6-17 是不同原料组分 BC/CS 铸膜液的 η_a-γ 曲线和 τ-γ 曲线。由 η_a-γ 曲线可知，BC/CS 铸膜液的表观黏度随着剪切速率的增大而不断下降，属于切力变稀现象。随着壳聚糖比例的增大，铸膜液的黏度变小。铸膜液中的 BC 和 CS 大分子链间的穿插和缠结度很高，

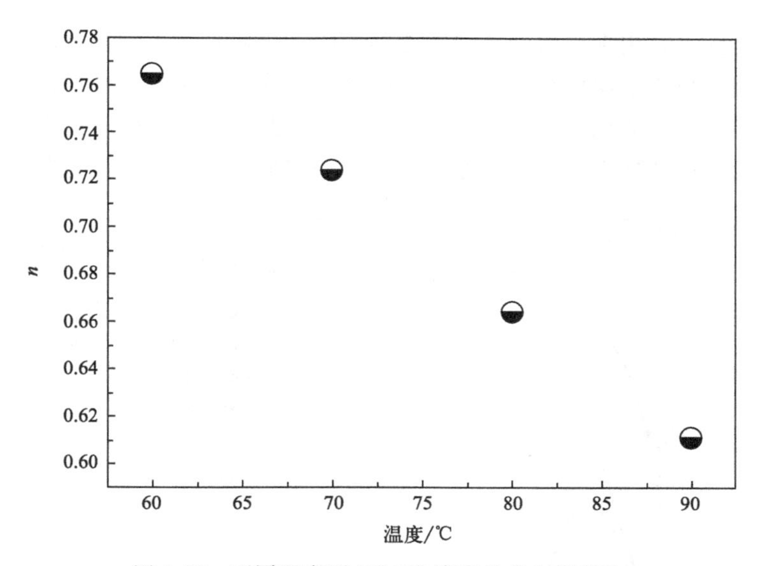

图 6-15　不同温度下 BC/CS 溶液的非牛顿指数

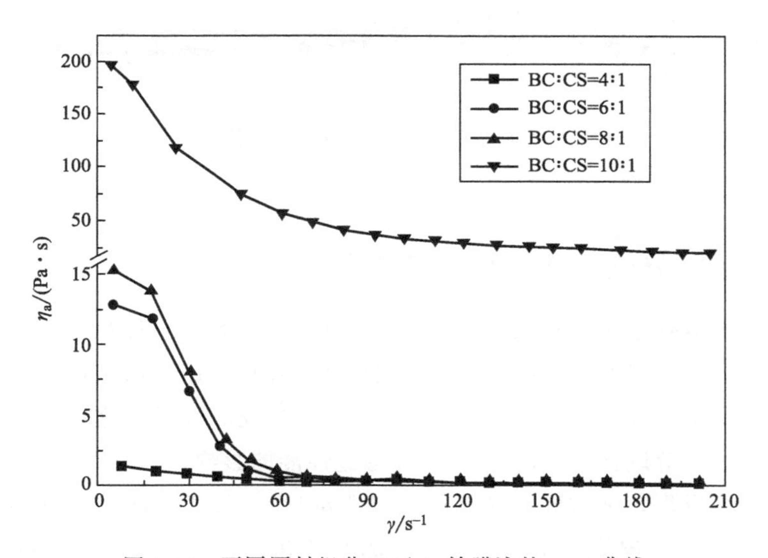

图 6-16　不同原料组分 BC/CS 铸膜液的 η_a-γ 曲线

由于温度变化或外力作用导致分子链缠结点处于不断的解体与重建的动态平衡过程中。随着 γ 的变大，BC 分子链之间、CS 分子链之间以及 BC 与 CS 分子链之间的缠结点逐渐被解开，由于解缠点解体速度大于重建速度，缠结点的溶解度下降，相应的动态平衡就移动；同时，强烈的剪切力使得大分子链段承受的应力来不及松弛，大分子链段发生沿流动方向上的高度取向，链段取向效应使大分子链在流层间传递动量的能力减弱，大分子链间的缠结和氢键作用趋于消失，因此流动阻力随之减小，表现为溶液表观黏度的下降。当剪切速率超过 $80s^{-1}$ 时，大分子链已达到了最佳取向位置，各铸膜液的流动曲线趋于一致，铸膜液的表观黏度不再随剪切速率的变化而变化。由铸膜液的 τ-γ 曲线可知，随着壳聚糖比例的增大，剪切应力逐渐减小。当剪切速率增大到一定值后，剪切应力也趋于恒定。

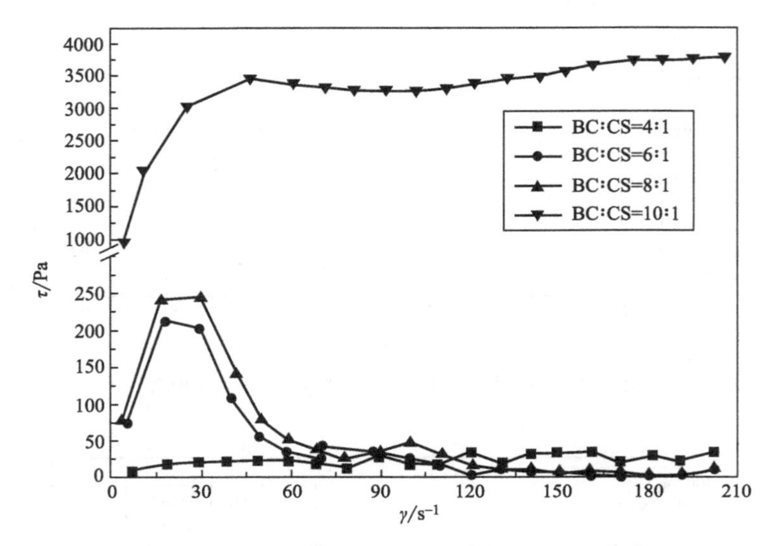

图 6-17　不同原料组分 BC/CS 铸膜液的 τ-γ 曲线

6.5.3　羧甲基化改性制备纤维素纳滤膜

纤维素的碱化是羧甲基化反应的基础。在碱化过程中，纤维素结晶结构破坏的程度越大，则生成的活性中心越多，羧甲基化反应就越容易进行。该反应机理为 S_N2 亲核取代，可用于研究 BCM 进行羧甲基化反应过程中氯乙酸浓度、反应时间、反应温度等改性条件对 BC-NFM 透过性能的影响。

实验研究发现，NaOH 溶液浓度超过 1mol/L，反应时间超过 30min，反应温度高于 30℃后，由于水解程度剧烈，膜易软化，膜的拉伸强度下降。因此本实验固定 BCM 的水解条件：1mol/L NaOH 溶液，水解反应时间 30min，水解反应温度 30℃，该条件下获得的水解 BCM 无水通量，因为该过程 BCM 发生了剥皮反应。

(1) 氯乙酸浓度对膜的透过性能影响。本部分实验固定水解膜羧甲基化反应过程的条件：反应时间 1h，反应温度 60℃。不同氯乙酸浓度对膜的透过性能影响如图 6-18 所示。

由图 6-18 可见，随着氯乙酸浓度的增加，BC-NFM 对 NaCl 和 Na_2SO_4 的截

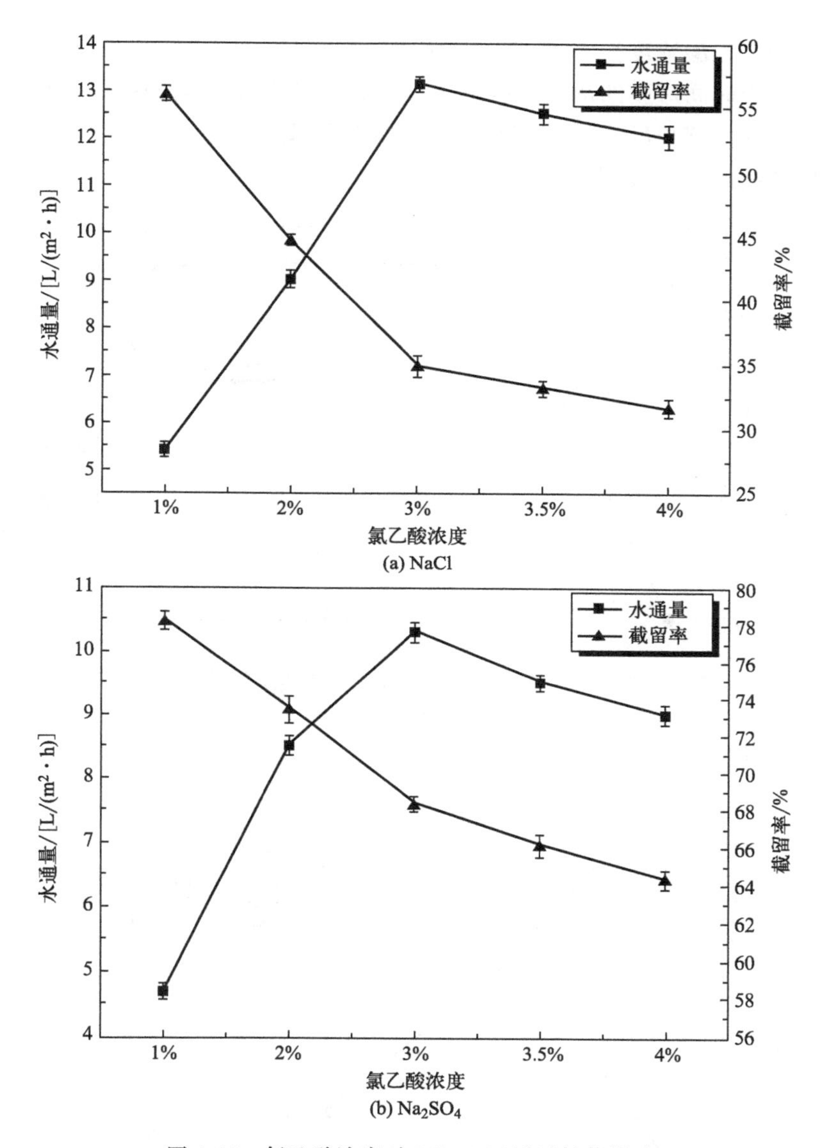

图 6-18　氯乙酸浓度对 BC-NFM 透过性能影响

留率降低，但 BC-NFM 的水通量增大。从结果可以推测经过羧甲基化改性后的 BCM 膜内部结构形成了纳米级别的孔洞，并具有一定截留无机盐离子的性能。当氯乙酸浓度为 3%（质量浓度）时，纳滤膜的水通量达到最大值，NaCl 溶液的水通量为 13.12L/(m^2·h)，截留率为 34.9%；Na_2SO_4 溶液的水通量为 10.32L/(m^2·h)，截留率为 68.4%。当氯乙酸浓度超过 3%（质量浓度）时，纳滤膜的水通量开始降低，这可能是由于溶液酸性增强从而使羧甲基化反应效率降低，反应受到抑制，影响纤维素纳滤膜的透过性能。由实验可得膜的羧甲基化反应最佳的氯乙酸浓度为3%（质量浓度）。

（2）反应时间对膜的透过性能影响。本部分实验固定水解膜羧甲基化反应过程的条件：氯乙酸浓度3%（质量浓度），反应温度60℃。不同改性时间对膜的透过性能影响如图6-19所示。

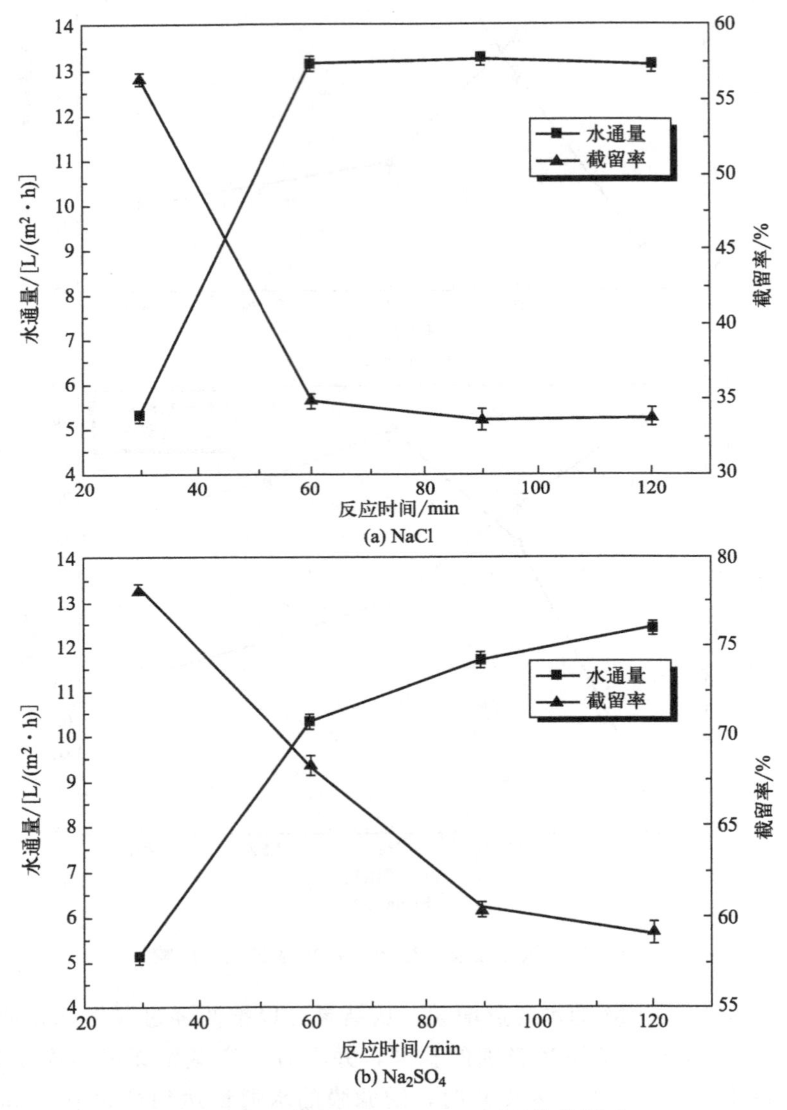

图6-19 反应时间对BC-NFM透过性能影响

由图6-19可见，随着羧甲基化反应时间的增加，BC-NFM对NaCl和Na_2SO_4溶液的水通量提高，截留率降低。这是由于羧甲基化反应使膜表面部分羟基转变为亲水性较强的羧甲基，提高了水通量。当反应时间超过60min后，水通量和截留率均变化较小，基本趋于稳定，这是由于膜的羧甲基化反应结束。由实验可得膜的羧甲基化反应最佳时间为 1h。

（3）反应温度对膜的透过性能影响。本部分实验固定水解膜羧甲基化反应过程的条件：氯乙酸浓度 3%（质量浓度），反应时间 1h。不同反应温度对膜的透过性能影响如图 6-20 所示。

从图 6-20 结果得知，随着反应温度的升高，BC-NFM 的水通量逐渐变大，对 NaCl 和 Na_2SO_4 的截留率逐渐降低，当反应温度超过 60℃，截留率下降很

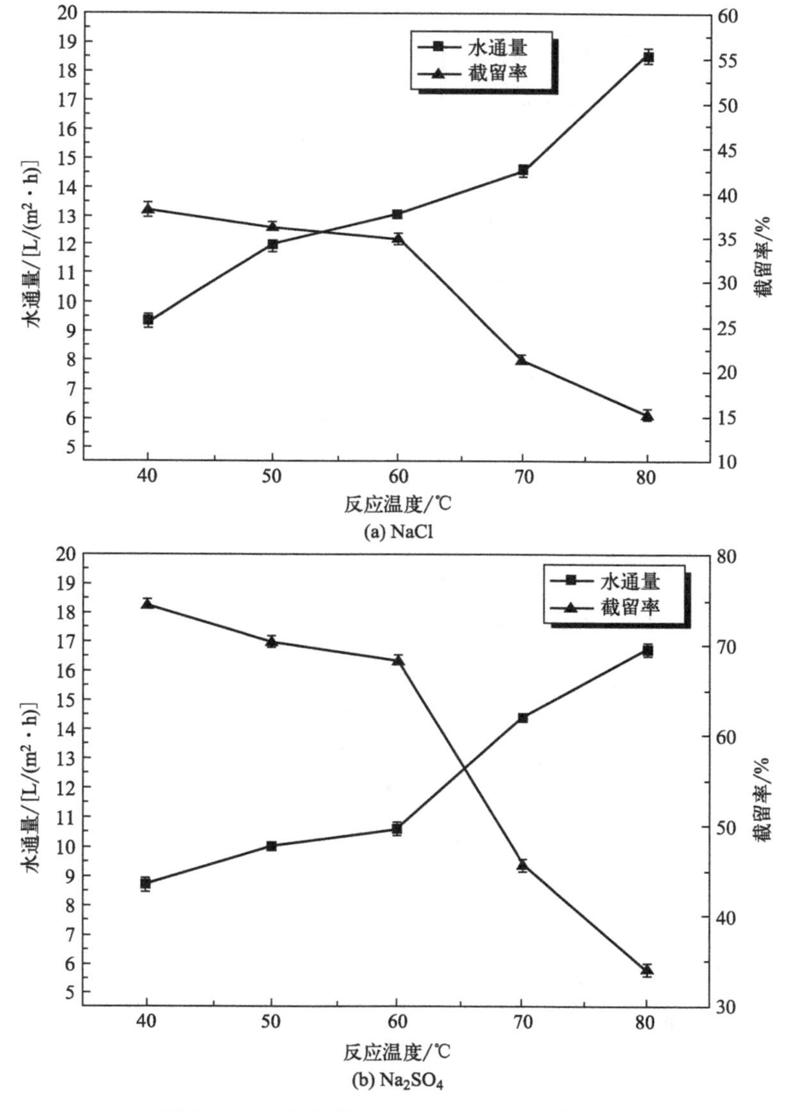

图 6-20 反应温度对 BC-NFM 透过性能影响

快。该现象主要是由于随着反应温度的升高，溶液向膜内部扩散速率加快，有利于纤维素的溶胀，提高了羧甲基化反应。但温度过高容易使纤维素分子链发生降解反应，破坏其结构，使膜孔隙变大，甚至出现裂纹，影响了对无机盐的截留率。由实验可得膜的羧甲基化反应最佳温度为60℃。

（4）操作压力对BC-NFM透过性能影响。本部分实验固定水解膜羧甲基化反应过程的条件：氯乙酸浓度3%（质量浓度），反应温度60℃，反应时间1h。纳滤膜分离过程中，不同操作压力对BC-NFM的透过性能影响如图6-21所示。

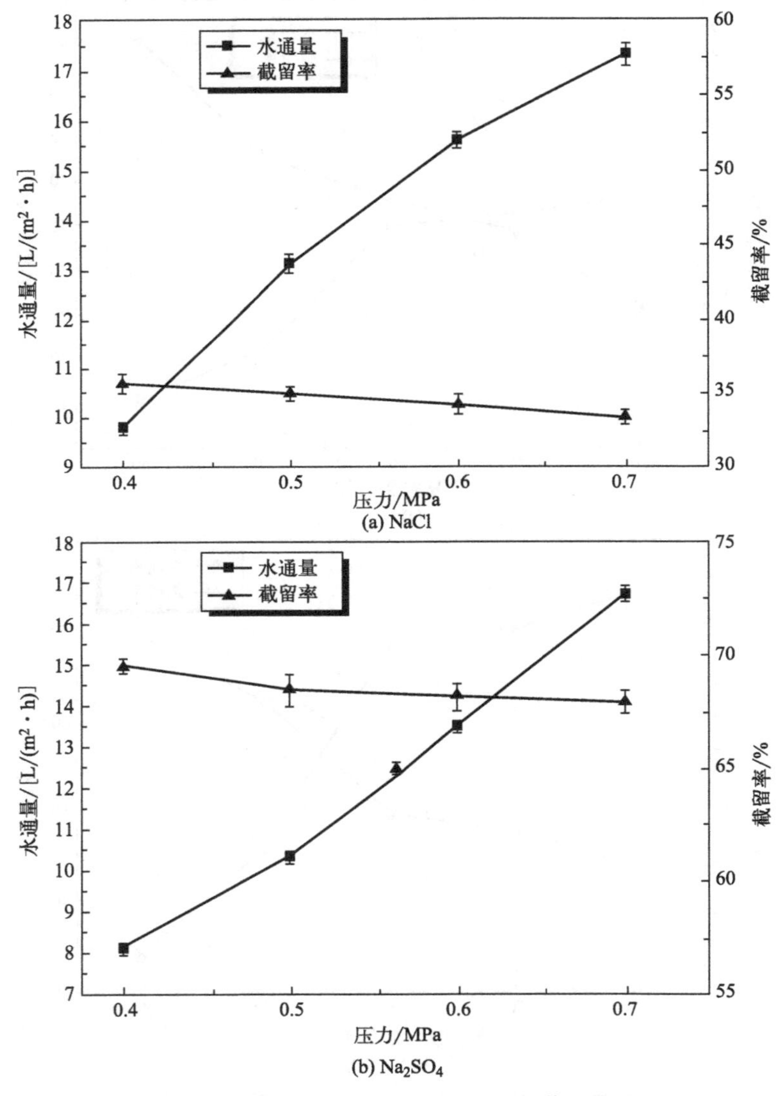

图6-21 操作压力对BC-NFM透过性能的影响

从图 6-21 得知，随着操作压力的增大，BC-NFM 的水通量变大，但对 NaCl 和 Na_2SO_4 的截留率基本保持不变。这种现象与其他的商品纳滤膜一样，表明 BC-NFM 在不同操作压力条件下具有较好的分离性能。

由上述实验结果可知，纤维素纳滤膜制备最佳改性工艺参数为：NaOH 溶液溶度 1mol/L，水解反应时间 30min，水解反应温度 30℃；氯乙酸溶液浓度 3%（质量浓度），反应温度 60℃，反应时间 1h。在操作压力为 0.5MPa 时，最佳改性工艺参数下制备的 BC-NFM 对浓度 500mg/L NaCl 和 Na_2SO_4 水溶液的截留率分别为 34.9%和 68.4%，水通量分别为 13.12L/(m^2 · h) 和 10.32L/(m^2 · h)。

6.5.4 纳滤膜对染料的截留性能

纳滤技术具有很高的选择分离特性，由于其对染料废水的高截留特性，可以实现对染料废水的浓缩以及资源化利用。本实验选择了甲基橙和甲基蓝两种染料对制备的纤维素纳滤膜进行截留性能测试。最佳改性工艺参数下制备的 BC-NFM 对甲基橙和甲基蓝的截留率和水通量如图 6-22 所示。结果显示对甲基橙水溶液截留率为 93.0%，水通量为 12.31L/(m^2 · h)；对甲基蓝水溶液的截留率为 98.9%，水通量为 10.12L/(m^2 · h)。BC-NFM 对这两种染料都有很高的截留率，其对染料的分离效果受筛分效应和 Donnan 效应共同作用，染料的分子量越大，所带负电荷就越强，膜对染料的截留效果就越好。

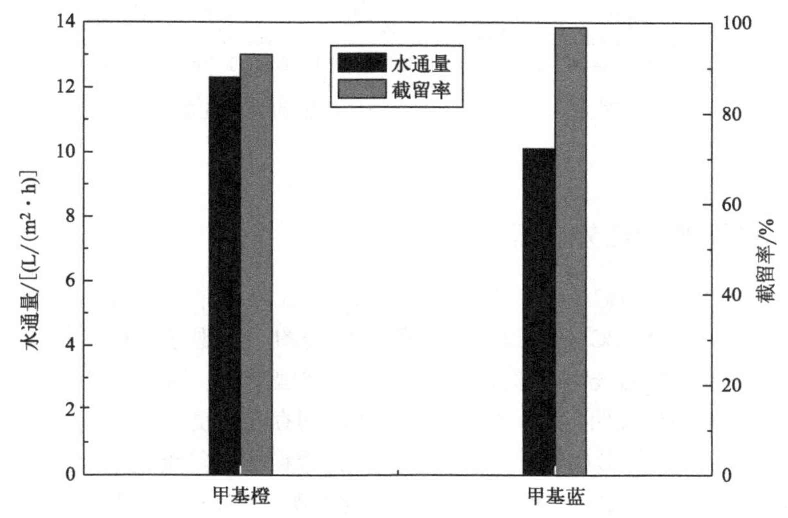

图 6-22 BC-NFM 对染料的截留率和水通量（测试条件：100mg/L 甲基橙或甲基蓝水溶液为初始液，操作压力为 0.5MPa，室温）

6.5.5 纳滤膜力学性能分析

图 6-23 为 BC/CS 不同混合比例纳滤膜的拉伸强度。结果显示，纯纤维素纳滤膜的拉伸强度最大，可达到 80.3MPa。对比 BC/CS 不同混合比例的纳滤膜可知，随着壳聚糖添加量的增大，纳滤膜的拉伸强度下降，主要由于本身壳聚糖大分子的力学性能较差，且大分子主链上的六元环结构不容易发生内旋转，再加上壳聚糖溶解后分子间键结合力也减弱。在纤维素/壳聚糖共混中，纤维素是外力的主要承受者，赋予共混膜韧性，降低其脆性，纤维素/壳聚糖纳滤膜的力学性能主要由纤维素决定。

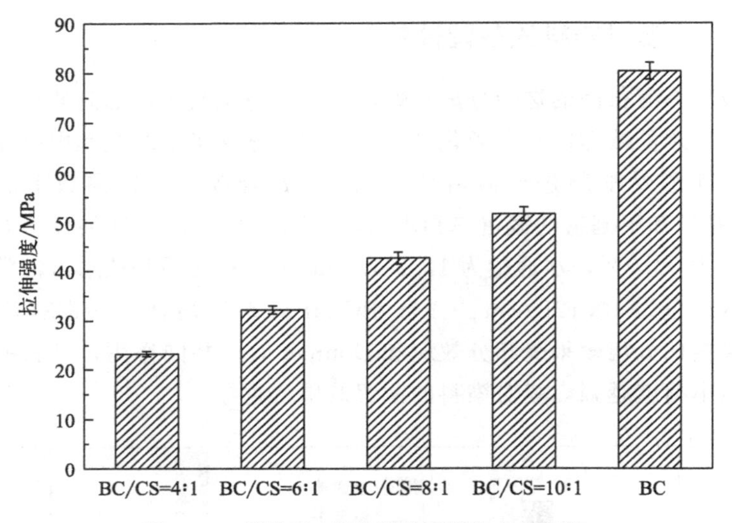

图 6-23　纤维素/壳聚糖纳滤膜的力学性能

6.5.6 纳滤膜的红外分析

BC、CS、BCM、BC/CSM 和 BC/CS-NFM 的红外光谱分析如图 6-24 和表 6-4 所示。对比 BC、CS、BCM 和 BC/CSM 的红外谱图，发现它们的结构相类似，这说明纤维素和壳聚糖在溶解和凝固过程只发生物理变化。BC/CSM 中 C═O 的伸缩振动吸收峰的变化说明不仅—NH 与—OH 之间存在氢键，而且 C═O 中的氧与—NH 和—OH 上的氢形成氢键，即纤维素与壳聚糖通过氢键连接，说明两者之间相容性较好。CS、BC/CSM 和 BC/CS-NFM 均出现—NH 的弯曲振动峰，这是壳聚糖的结构，由于—NH 基团的存在使得壳聚糖具有抗菌性。BC/CS-NFM 中出现羧甲基的 C═O，说明在水解和羧甲基化过程纤维素中部分羟基被羧甲基取代。

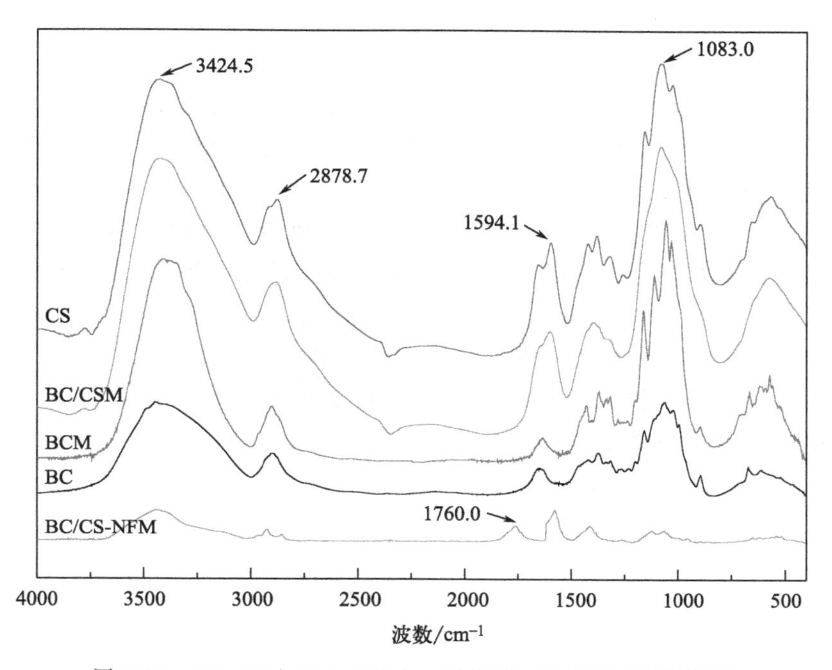

图 6-24　CS、BC/CSM、BCM、BC 和 BC/CS-NFM 红外光谱

表 6-4　样品的红外吸收峰（cm^{-1}）

样品	A	B	C	D	E	F	G	H	I
BC	3445.8	2902.2	1648.2	—	—	1424.4	1380.1	11571	1046.7
BCM	3420.5	2901.3	1650.3	—	—	1429.9	1375.5	1164.9	1042.5
CS	3424.5	2878.7	1656.8	—	1594.1	1423.4	1381.9	1159.2	1083.0
BC/CSM	3425.5	2885.4	1656.3	—	1597.0	1423.6	1398.3	1158.3	1080.1
BC/CS-NFM	3439.2	2924.2	—	1760.0	1577.6	1414.5	1385.3	1122.3	1068.3

表 6-4 中，A 为—OH 拉伸；B 为—CH 拉伸；C 为 C═O 伸缩（酰胺Ⅰ），并且在非晶态区域中吸收水；D 为羧基的 O；E 为—NH 弯曲（酰胺Ⅱ）；F 为—CH 弯曲振动；G 为—CH_3 弯曲振动；H 为 C—O—C 锥环骨架振动；I 为 C—O 拉伸的振动。

6.5.7　纤维素纳滤膜的 XRD 分析

BC、CS、BCM、BC/CSM 和 BC/CS-NFM 的 XRD 衍射图如图 6-25 所示。

BC 在 $2\theta=15.4°$、22.6°、34.2°有三个衍射峰，分别属于纤维素的（101）、（002）、（040）晶面。BCM 和 BC-NFM 在 $2\theta=22.7°$只有一个衍射峰，这是由于羧甲基化改性主要发生在无定形区，并未对晶区产生较大的影响。BC 在溶解与再生过程中分子间的氢键被打开，破坏了纤维素Ⅰ的结晶结构，使纤维素晶体结构从Ⅰ型向Ⅱ型转变。BCM、BC-NFM 与 BC 相比，BCM 与 BC-NFM 的衍射峰强度明显减弱，其中 BC 的结晶度为 71.2%，BCM 的结晶度为 62.3%，BC-NFM 的结晶度为 60.1%。CS 在 $2\theta=10.6°$，20.1°有两个衍射峰，分别属于壳聚糖的（020）和（100）晶面，结晶度为 64.3%。BC/CS-NFM 在 $2\theta=12.9°$，22.3°有两个衍射峰，结晶度为 66.8%，其结晶度介于 BC 和 CS 之间，这可能是由于两者在溶解和再生过程中 CS 和 BC 之间氢键的重建。共混膜的结晶结构是由纤维素和壳聚糖两者之间共同作用形成的。

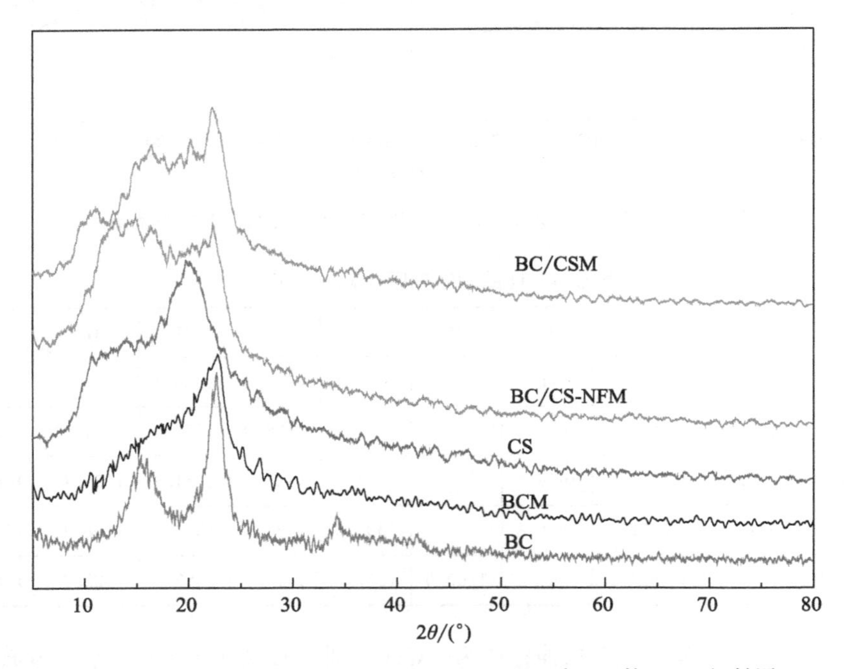

图 6-25 BC/CSM、BC/CS-NFM、CS、BCM 和 BC 的 XRD 衍射图

6.5.8 纤维素纳滤膜的微观形貌分析

BCM 和 BC-NFM 的表面和断面微观形貌如图 6-26 所示。从图 6-26(a) 可知，BCM 表面光滑并且致密，表面未发现微孔结构。从图 6-26(b) 可知，BCM 的断面结构也很致密。BCM 通过改性后获得的 BC-NFM，从图 6-26(c) 和 (d)

可知，BC-NFM 表面出现很明显的孔洞，断面呈现海绵状结构。扫描电镜结果显示水解和羧甲基化改性能够改变 BCM 的微观结构，使其具备纳滤级别的功能。

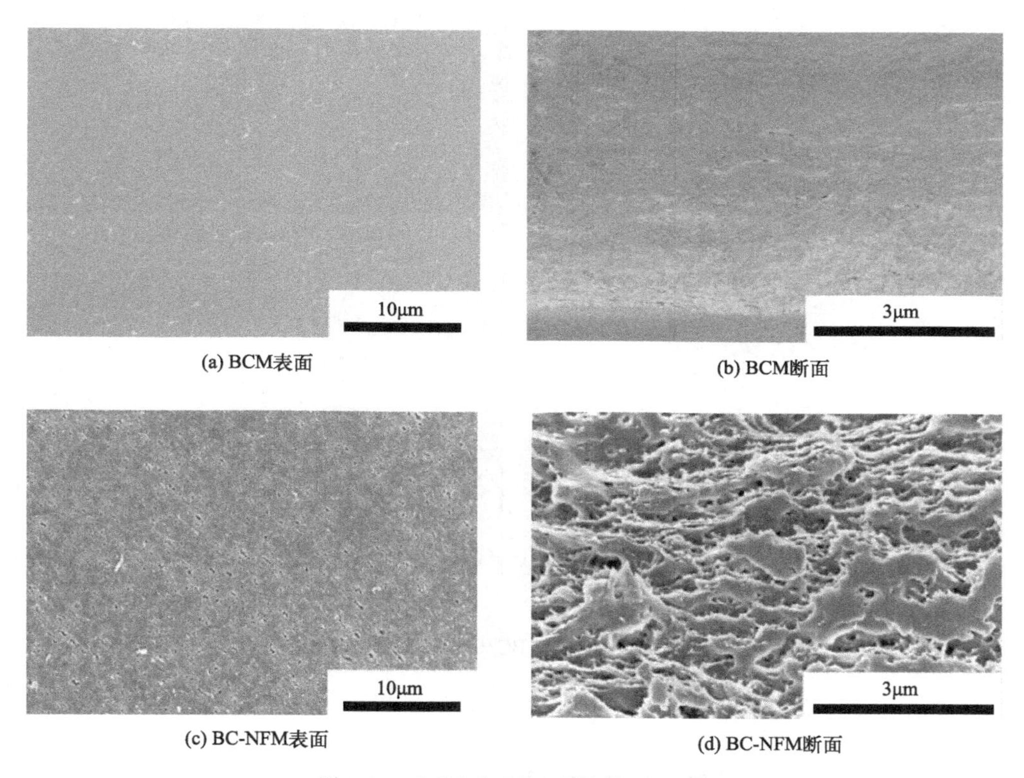

(a) BCM表面

(b) BCM断面

(c) BC-NFM表面

(d) BC-NFM断面

图 6-26　BCM 和 BC-NFM 的 SEM 图

图 6-27 为 BC/CSM 和 BC/CS-NFM 的表面与断面微观形貌图。从图 6-27(a) 观察发现，BC/CSM 表面光滑并且致密，未发现表面有孔洞结构。图 6-27(c) 显示 BC/CSM 的断面结构粗糙致密。未改性前出现膜呈现致密的微观形貌主要是由于 BC/CSM 分子间强大原子间和氢键作用力。BC/CSM 通过改性获得的 BC/CS-NFM，图 6-27(b) 显示 BC/CS-NFM 的表面出现孔洞。图 6-27(d) 显示 BC/CS-NFM 的断面结构呈现海绵状结构。电镜扫描分析结果表明水解和羧甲基化改性对膜表面和断面结构影响较大。这主要由于在碱水解和氯乙酸羧甲基化改性过程中，碱化及醚化反应破坏了纤维素大分子中的氢键结构，使其晶格发生不同程度的溶胀和拆散，纤维素的形态和超分子结构发生不可逆的变化。同时大量的水溶液进入纤维素膜内部，发生剧烈溶胀，造成其横截面膨胀和纵向收缩，造成纤维素/壳聚糖膜出现开裂和孔洞，便能够形成有效的通道。

(a) BC/CSM表面电镜扫描图

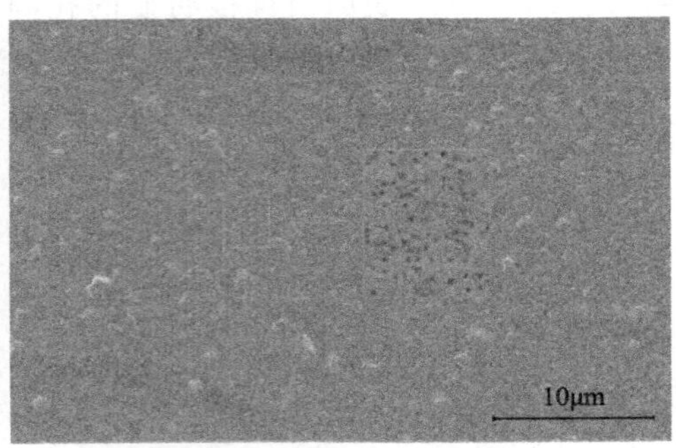

(b) BC/CS-NFM表面电镜扫描图

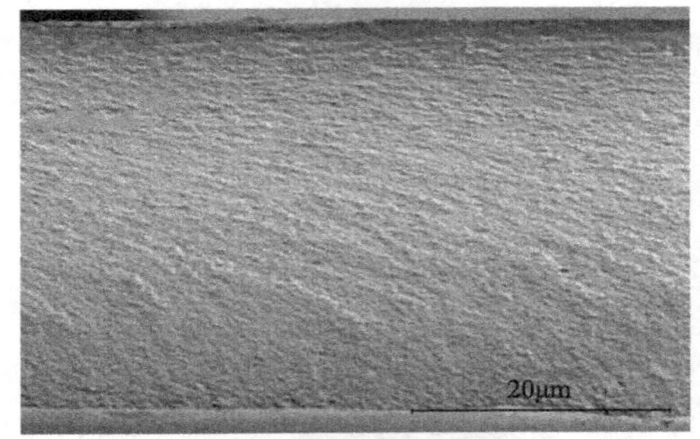

(c) BC/CSM断面电镜扫描图

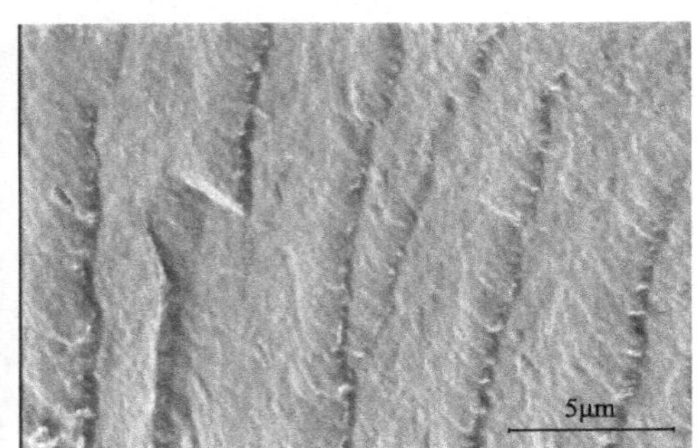

(d) BC/CS-NFM断面电镜扫描图

图 6-27 BC/CSM 和 BC/CS-NFM 的 SEM 图

6.5.9 纤维素纳滤膜的热稳定分析

BC、BCM 和 BC-NFM 的 TG 和 DTG 测试结果如图 6-28 所示。从图 6-28(a) 可知，BC、BCM 和 BC-NFM 的起始分解温度分别为 298.4℃，271.3℃和 248.2℃，从图 6-28(b) 可知，对应的最大分解温度分别是 347.8℃，338.2℃和 321.5℃，属于 BC、BCM 和 BC-NFM 的脱水和热降解过程。从获得 TG 数据可知，在 350℃前样品残余量顺序 BC>BCM>BC-NFM，在 350℃后样品残余量顺序 BC-NFM>BCM>BC。BCM 的热稳定性比 BC 低，主要由于溶解过程纤维素间的氢键被打开，而凝固成膜后氢键没有完全连接上，再生后纤维素的聚合度下降，都会影响 BCM 的热稳定性。BC-NFM 的热稳定性比 BCM 低，主要由于羧甲基键的结合力比氢键的结合力弱。

BC 与 CS，不同混合比例 BC/CS-NFM(BC/CS=4∶1，6∶1，8∶1，10∶1) 的 TG 和 DTG 测试结果如图 6-29 和表 6-5 所示。结果表明纤维素的热的稳定性比壳聚糖要好。不同比例 BC/CS-NFM 的起始分解温度从 255.4℃到 269.3℃，

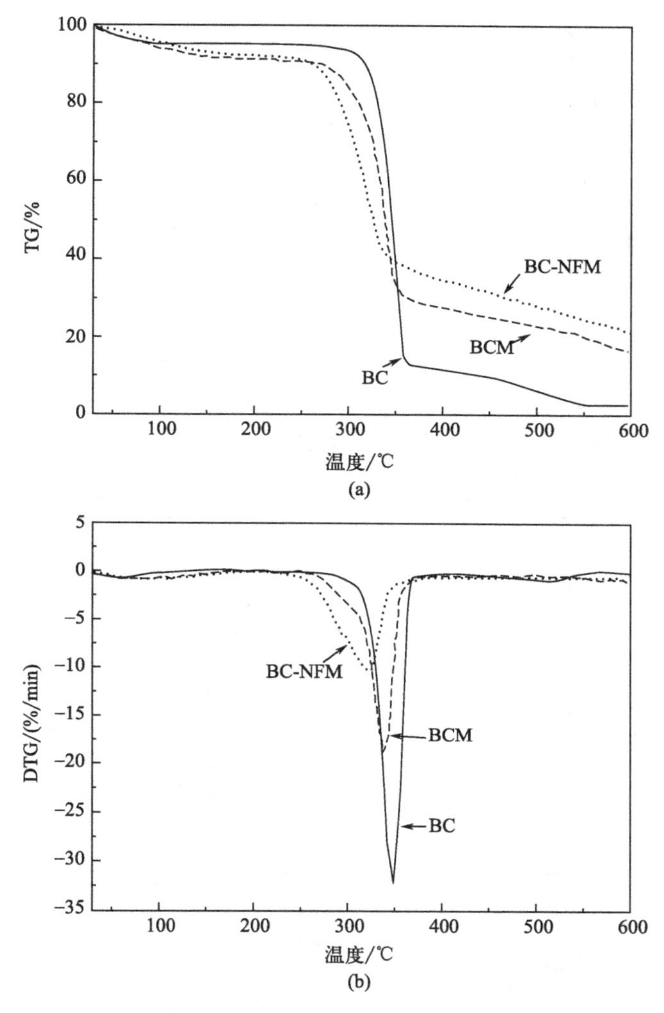

图 6-28 BC，BCM 和 BC-NFM 的 TG 与 DTG

对应的最大分解率温度从 333.0℃到 335.4℃，属于脱水和热降解过程。BC/CS-NFM 热的稳定性比壳聚糖要好，但比纤维素要差，说明纤维素和壳聚糖分子间的氢键被 NMMO 水合物溶解时破坏，经过凝固再生过程重新形成了纤维素和壳聚糖分子内的氢键，结合力减弱，从而影响他们的热稳定性。不同混合比例膜的热温度变化范围很小，这主要是由于纤维素和壳聚糖的化学结构相类似造成。

BC/CS-NFM 的残余量随着添加 CS 比例增加而增加，说明 CS 的含量对 BC/CS-NFM 的热稳定也有影响。CS 添加比例的增大，纤维素和壳聚糖混合膜中的氨基含量也随着增加，同时氨基与纤维素上的羟基产生更强的分子间相互作用。

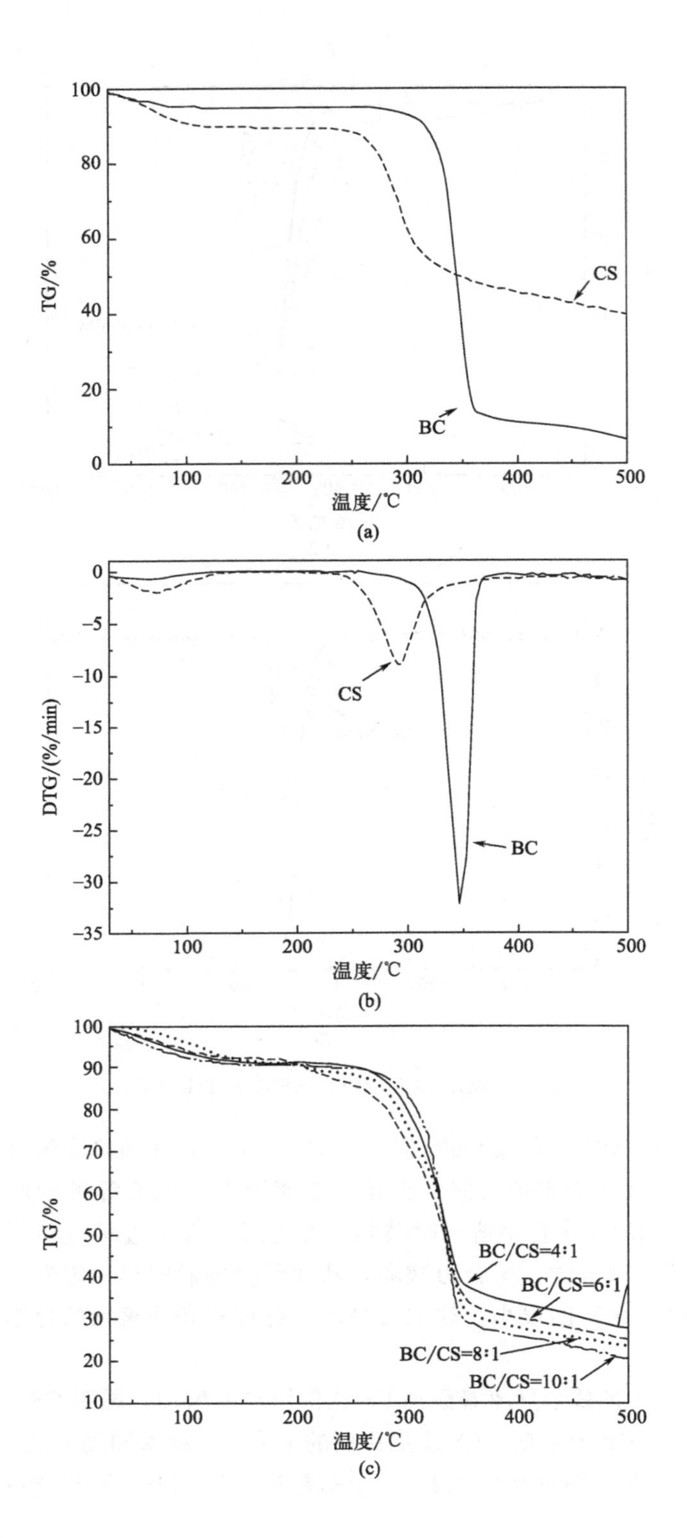
100
80
60
40
20
0
TG/%
CS
BC
100
200
300
400
500
温度/℃
(a)
0
-5
-10
-15
-20
-25
-30
-35
DTG/(%/min)
CS
BC
100
200
300
400
500
温度/℃
(b)
100
90
80
70
60
50
40
30
20
10
TG/%
BC/CS=4∶1
BC/CS=6∶1
BC/CS=8∶1
BC/CS=10∶1
100
200
300
400
500
温度/℃
(c)

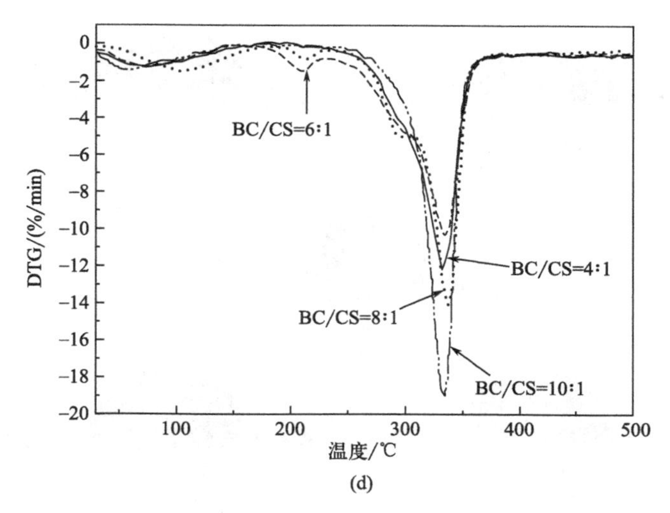

图 6-29　BC 与 CS、BC/CS-NFM 的 TG 和 DTG

表 6-5　TG 和 DTG 曲线的特征值

样品	起始分解温度/℃	最大分解率温度/℃	残余量/%
BC	303.0	347.9	6.58
CS	245.4	293.3	39.91
BC/CS=4∶1	269.3	333.0	27.72
BC/CS=6∶1	263.1	335.5	25.30
BC/CS=8∶1	257.2	338.0	23.77
BC/CS=10∶1	255.4	335.4	20.55

6.5.10　纳滤膜的亲水性能分析

图 6-30 为 BC 与 CS 不同混合比例的纳滤膜的接触角测量图，结果显示，纯纤维素纳滤膜的接触角最大，随着壳聚糖添加量的增大纳滤膜的接触角变小，即纳滤膜的亲水性增强。可能由于纤维素和壳聚糖在 NMMO 溶液中溶解时分子间的氢键被破坏，凝固再生过程重新形成了 BC-CS 氢键，内部的结构疏松，使得纳滤膜的亲水性变强。

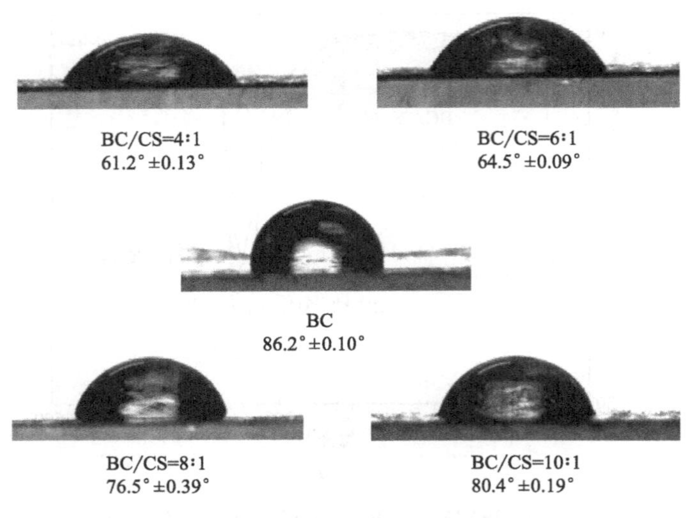

图 6-30　BC-NFM 与 BC/CS-NFM 的接触角图

6.5.11　纳滤膜抗菌性能分析

纳滤膜对大肠杆菌的抗菌性能通过纸片扩散法检测。评估膜的抗菌性能主要通过抑菌圈的大小来确定抗菌能力的强弱。图 6-31(a) 结果显示，在 BC 纳滤膜周围未出现抑菌圈，图 6-31(b) 结果显示，BC/CS 纳滤膜周围均出现抑菌圈，说明共混纳滤膜有抗菌剂存在。

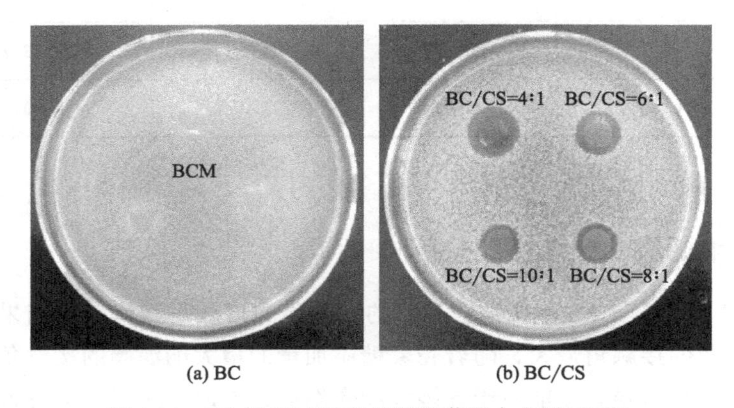

图 6-31　BC 与 BC/CS 纳滤膜抑菌圈大小测试图片

从图 6-31(b) 可知，抑菌圈的大小随着壳聚糖含量的增加而变大，结果证明壳聚糖有抗菌活性，也说明 NMMO 溶液溶解 CS 和羧甲基化改性过程没有破坏 CS 的抑菌性。

实验结果说明，随着壳聚糖含量增加可以提高 BC/CS-NFM 的抗菌性能，但由于考虑随着壳聚糖含量增加膜的拉伸强度下降，因此综合考虑 BC/CS-NFM 的力学性能与抗菌性能，后续制膜材料采用 BC/CS＝6∶1。

6.5.12 纳滤膜的透过和截留性能

实验对不同混合比例的 BC/CS-NFM(BC/CS＝4∶1、6∶1、8∶1、10∶1) 分别在 5 种水溶液（NaCl、Na_2SO_4、$MgSO_4$、甲基橙和甲基蓝）中进行了过滤性能测试。水通量和截留率如表 6-6 所示。结果显示，通过水解和羧甲基化改性后获得的纳滤膜对无机盐溶液和染料溶液具有较大的水通量和截留率。不同混合比例的 BC/CS-NFM 对同一种溶液的水通量和截留率变化不显著。BC/CS-NFM 对二价离子的截留率明显高于一价离子，截留大分子能力比小分子要高。通过水解和羧甲基化改性后提高纳滤膜的透过性能主要是由于膜内部结构变得疏松和表面亲水性提高，这与前面的电镜分析结果一致。Tan 等研究制备的聚乙烯亚胺/磺化聚醚砜（PEI/SPES），在操作压力 0.4MPa 室温条件下，PEI/SPES 复合纳滤膜的水通量为 5.8L/(m^2·h)，对 Na_2SO_4 和 NaCl 的截留率分别为 29% 和 18%，与 PEI/SPES 复合纳滤膜相比，BC/CS-NFM 显示较好的透过和截留特性。

6.5.13 纳滤膜的孔径及其截留溶质的分子量

由于 PEG 水溶液对膜材料的相互作用影响小，所以选择 PEG(M_w＝400Da、600Da、800Da、1000Da 和 2000Da）水溶液测定 BC-NFM 孔径及其截留溶质的分子量。BC-NFM 对不同分子量 PEG 的截留曲线如图 6-32 所示。由上述 MWCO 的定义可知，该纤维素纳滤膜的截留分子量为 678Da。由式(6-1) 可计算出，纤维素纳滤膜的 Stokes 半径约为 0.63nm。

不同混合比例的 BC/CS-NFM 的 MWCO 和孔径通过对 PEG 溶液的截留进行测试。测得的 MWCO 和孔径结果如表 6-7 所示。结果表明不同混合比例的 BC/CS 截留分子量和孔径影响不大，BC/CS-NFM 达到纳滤分离效果。

综上分析，BC/CS-NFM 显示较好的脱盐和染料去除的纳滤性能，可应用于饮用水净化、海水脱盐、污水处理等。因此，未来 BC/CS-NFM 可生物降解膜可取代石油类非生物降解膜，应用于实际的水处理领域。

表 6-6 BC/CS-NFM 对无机盐和染料的过滤性能

BC/CS-NFM	$NaCl$[b] 水溶液		Na_2SO_4[b] 水溶液		$MgSO_4$[b] 水溶液		甲基橙[b] 水溶液		甲基蓝[b] 水溶液	
	水通量[a] /[L/(m^2·h)]	截留率 /%	水通量[a] /[L/(m^2·h)]	截留率 /%	水通量[a] /[L/(m^2·h)]	截留率 /%	水通量[a] /[L/(m^2·h)]	截留率 /%	水通量[a] /[L/(m^2·h)]	截留率 /%
BC/CS=4∶1	13.63	34.21	12.27	67.58	12.56	66.29	13.76	92.19	12.50	98.68
BC/CS=6∶1	13.51	34.42	12.12	67.71	12.43	66.83	13.64	92.37	12.37	98.79
BC/CS=8∶1	13.49	34.53	12.03	67.98	11.87	67.12	13.59	92.46	12.23	98.81
BC/CS=10∶1	13.21	34.87	11.78	68.23	11.66	67.56	13.26	92.68	12.19	98.83
BC	13.12	34.93	10.32	68.42	11.24	67.95	12.31	93.02	10.12	98.91

注：[a]室温下 0.5MPa 的盐或染料水溶液；[b]室温下 0.5MPa 含 500mg/L 盐或 100mg/L 染料的去离子水。

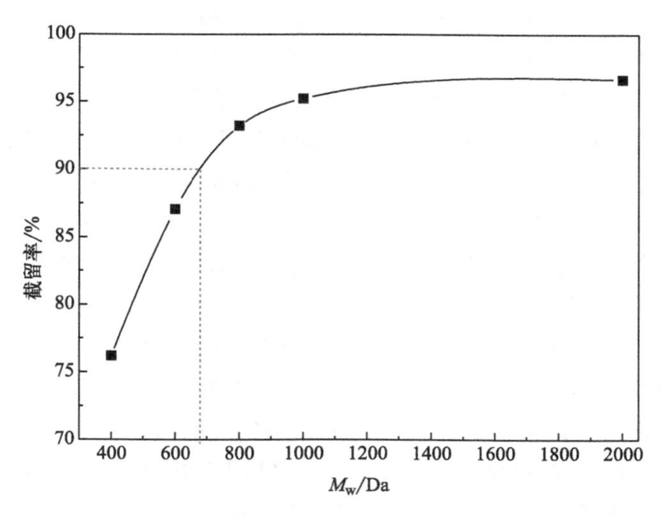

图 6-32 BC-NFM 对 PEG 截留曲线

（测试条件：100mg/L PEG 水溶液为初始液，操作压力 0.5MPa，室温）

表 6-7 不同混合比例的 BC/CS-NFM 截留分子量和孔径

BC/CS-NFM	MWCO/Da	孔径/nm
BC/CS=4:1	785	0.68
BC/CS=6:1	716	0.65
BC/CS=8:1	702	0.64
BC/CS=10:1	689	0.62

6.6 小结

（1）采用 NMMO 水合物溶解竹溶解浆（BC）获得纤维素铸膜液。溶解条件为：NMMO 为溶剂，溶解温度 110℃，BC 溶解量为 6%，溶解时间 33min。刮膜的环境温度设置为 80℃，采用去离子水作为凝固浴，洗净残余溶剂后，自然干燥得到纤维素膜（BCM）。同时，将壳聚糖（CS）与竹纤维素同时溶于 NMMO 溶剂中，制备出 BC/CS/NMMO 铸膜液，对铸膜液的流变性能进行分析。随着剪切速率的增加，铸膜液的表观黏度逐渐下降，在同一剪切速率下，随着温度升高，分子链活动能力加强，氢键作用和缠结度减弱，铸膜液表观黏度也下降。BC/CS 铸膜液的 n 值（0.611～0.764）均小于 1，表明 BC/CS 铸膜液属于非牛顿流体，且随着温度升高 n 值减小，说明铸膜液的黏度越高，非牛顿性越明显。由铸膜液的 τ-γ 曲线可知，随着壳聚糖比例的增大，剪切应力逐渐减小。当剪切速率增大到一定值后，剪切应力也趋于恒定。

(2) 铸膜液成膜机理为瞬时相分离（瞬时液-液分层），即铸膜液浸入凝固浴水中后立即成膜。溶剂 NMMO 和非溶剂水的交换速率小于铸膜液发生相分离的速率，铸膜液浸入凝固浴水中后立即开始分相过程，这种分相机理可获得多孔网络结构的非对称膜。随着壳聚糖添加量的增大，纤维素/壳聚糖纳滤膜的拉伸强度下降，在纤维素/壳聚糖共混中，纤维素是外力的主要承受者，赋予共混膜韧性，降低其脆性，纤维素/壳聚糖纳滤膜的力学性能主要由纤维素决定。

(3) BCM 进行水解和羧甲基化改性获得纤维素纳滤膜（BC-NFM）。在碱化过程中，纤维素结晶结构破坏的程度越大，则生成的活性中心（$Cell \cdot O^{-}Na^{+}$）越多，羧甲基化反应就越容易进行，该反应机理为 S_N2 亲核取代。羧甲基化改性最佳条件为：氯乙酸浓度 3%（质量浓度），溶液温度 60℃，反应时间 1h。在操作压力为 0.5MPa 时，BC-NFM 对浓度 500mg/L NaCl 水溶液的截留率为 34.9%，水通量为 13.12L/($m^2 \cdot h$)；对浓度为 500mg/L Na_2SO_4 水溶液的截留率为 68.4%，水通量为 10.32L/($m^2 \cdot h$)；对浓度 100mg/L 甲基橙水溶液的截留率为 93.0%，水通量为 12.31L/($m^2 \cdot h$)；对浓度 100mg/L 甲基蓝水溶液的截留率为 98.9%，水通量为 10.12L/($m^2 \cdot h$)。BC-NFM 截留溶质的分子量为 678Da，纤维素纳滤膜的 Stokes 半径约为 0.63nm。BC/CS-NFM 具有较好的纳滤功能，当混合比例 BC/CS=6∶1，操作压力为 0.5MPa 时，纳滤膜对 NaCl 溶液的水通量为 13.51L/($m^2 \cdot h$)，截留率为 34.42%，对 Na_2SO_4 溶液的水通量为 12.12L/($m^2 \cdot h$)，截留率为 67.71%，对 $MgSO_4$ 溶液的水通量为 12.43L/($m^2 \cdot h$)，截留率为 66.83%，对甲基橙溶液的水通量为 13.64L/($m^2 \cdot h$)，截留率为 92.37%，对甲基蓝溶液的水通量为 12.37L/($m^2 \cdot h$)，截留率为 98.79%。BC/CS-NFM 截留的分子量为 716Da，纳滤膜的 Stokes 半径约为 0.65nm。

(4) NMMO 溶剂溶解纤维素和相转化整个过程只有物理变化无化学变化，说明 NMMO 水合物是纤维素的非衍生化溶剂。BC-NFM 红外谱图中出现了 1752.6cm^{-1} 为羧甲基中 C=O 吸收峰，说明 BCM 通过碱的水解和氯乙酸羧甲基化反应后纤维素中部分的羟基基团被羧甲基基团取代。纤维素和壳聚糖在溶解和凝固过程只发生物理变化，分析分红谱图发现纤维素和壳聚糖的化学结构相类似；CS、BC/CSM 和 BC/CS-NFM 均出现抗菌性基团—NH 的弯曲振动峰，这是壳聚糖的结构。BC/CS-NFM 中出现羧甲基的 C=O，说明在水解和羧甲基化过程纤维素中部分羟基被羧甲基取代。

(5) BC 在溶解与再生过程中分子间的氢键被打开，破坏了纤维素Ⅰ的结晶结构，使纤维素晶体结构从Ⅰ型向Ⅱ型转变。BCM 和 BC-NFM 都只出现一个衍射峰，说明纤维素膜的羧甲基化改性主要发生在无定形区，并未对晶区产生较大的影响。BCM、BC-NFM 与 BC 相比，BCM 与 BC-NFM 的衍射峰强度明显减弱，BC 的结晶度为 71.2%，BCM 的结晶度为 62.3%，BC-NFM 的结晶度为 60.1%。BC/CS-NFM 的结晶度介于 BC 和 CS 之间，这可能是由于两者在溶解和再生过程中 CS 和 BC 之间氢键的重建，共混膜的结晶结构是由纤维素和壳聚糖两者之间共同作用形成的。

（6）BCM 表面光滑并且致密，表面未发现微孔结构。BCM 的断面结构也很致密。BC-NFM 表面出现很明显的孔洞，断面呈现海绵状结构。BC/CSM 表面光滑并且致密，断面结构粗糙致密；BC/CS-NFM 表面出现孔洞，BC/CS-NFM 断面结构呈现海绵状结构。

（7）热的稳定性排序为 BC>BCM>BC-NFM>BC/CS-NFM>CS。

（8）纯纤维素纳滤膜的接触角最大，随着壳聚糖添加量的增大纳滤膜的接触角变小，即纳滤膜的亲水性增强。随着壳聚糖含量增加可以提高 BC/CS-NFM 的抗菌性能，综合考虑 BC/CS-NFM 的力学性能与抗菌性能，后续制膜材料采用 BC/CS=6∶1。

第7章

醋酸纤维素纳滤膜

7.1 醋酸纤维素纳滤膜的制备

在以乳酸甲酯为基础的铸膜液中，不同浓度的醋酸纤维素（CA）（8.0%～20.0%，质量分数）可以制备成不同性能的膜。

在膜的制备过程中，醋酸纤维素的浓度、助溶剂浓度以及蒸发时间如表 7-1 所示。所有的膜都是通过非溶剂（水）诱导转化得到的。使用的助溶剂为 2-甲基四氢呋喃（2-MeTHF），其质量分数为 10%～50%［助溶剂的质量除以溶剂体系（即溶剂＋助溶剂）的质量］。蒸发时间是指膜在非溶剂浴中浸泡之前，在空气中暴露的时间。所有醋酸纤维素溶液均在室温（22℃）下磁力搅拌 24h 以上，然后以 1m/min 的速度在浸渍乳酸甲酯的聚丙烯/聚乙烯无纺布支架（Novatexx 2413）上铸膜，湿膜厚度 250μm。操作人员大约有 5s 的时间将浇铸膜从浇铸机移动到含有水的凝固浴中，之后等待 30s，将所有膜在过滤前都储存在蒸馏水中。在醋酸纤维素为 10.0%和 20.0%的情况下，在凝固浴浸泡之前，用或不用额外蒸发的方式（E）可以制备不同的膜。

表 7-1 膜的主要制备条件

膜	醋酸纤维素浓度（质量分数）/%	助溶剂浓度（质量分数）/%	蒸发时间/s
CA8	8.0		5
CA10	10.0		5
CA12.5	12.5		5
CA15	15.0		5
CA17.5	17.5		5
CA20	20.0		5

续表

膜	醋酸纤维素浓度(质量分数)/%	助溶剂浓度(质量分数)/%	蒸发时间/s
CA10/10	10.0	10	5
CA10/10E	10.0	10	30
CA10/30	10.0	30	5
CA10/30E	10.0	30	30
CA10/50	10.0	50	5
CA10/50E	10.0	50	30
CA20/10	20.0	10	5
CA20/10E	20.0	10	30
CA20/30	20.0	30	5
CA20/30E	20.0	30	30
CA20/50	20.0	50	5
CA20/50E	20.0	50	30

7.2 黏度测量

黏度测量是在旋转流变仪（Anton Paar MCR301）上进行的。样品温度控制在23.0℃。对于低黏性样品（≤10Pa·s），使用直径50mm，1°锥板；而对于高黏性样品，使用直径25mm，2°锥板。在稳定剪切流中，将黏度作为剪切速率的函数进行探测，使用RheoPlus软件（Anton Paar GmbH）进行数据采集和分析。所有溶液都观察到“牛顿平台”，因此，零切黏度取前五个数据点的平均值（剪切速率$0.01s^{-1}$～$0.11s^{-1}$）。

7.3 浊点测定

醋酸纤维素溶液的浊点是通过目测透明醋酸纤维素溶液的持续浑浊度变化来确定的。用蒸馏水作为非溶剂在连续搅拌下滴定，搅拌1h以上。当醋酸纤维素样品的浑浊度不再消失时，醋酸纤维素溶液达到浊点，此时称量样品溶液的质量，该质量减去加入蒸馏水之前的溶液质量即非溶剂的加入量。

7.4 膜形态表征

使用 SEM 对膜形态进行表征。在使用 SEM 前，先将膜样品在液氮中破碎，在每个样品上沉积约 10nm 的 Au/Pd 合金导电层，以减少电子束下的电荷。使用 JSM-6010LV 型扫描电子显微镜（JEOL）获得各膜的截面图像。

7.5 过滤性能

为了评估膜的性能，在一个装置中使用了终端过滤，该装置允许在 3～18bar 的压力范围内同时过滤 16 个膜样品。将膜片放置在仪器中，使用 O 形环密封，有效面积为 $0.000172m^2$。

7.6 结果与讨论

7.6.1 铸膜液中醋酸纤维素的浓度

正如早期研究所预测的那样，随着铸膜液中醋酸纤维素浓度的增加（从 8% 增加到 20%），罗丹明 B（RB）染料截留率增加（从 31.1%增加到 99.5%），而渗透率降低 [从 $31.8L/(m^2 \cdot h \cdot bar)$ 降低到 $2.4L/(m^2 \cdot h \cdot bar)$]，如图 7-1 所示。铸膜液中较高的醋酸纤维素浓度可以使膜更致密，从而能够提供更高的截留率。

由图 7-1 可见，若需制备 NF 膜，则铸膜液中醋酸纤维素的质量分数应达到 12.5%～15%。

随后，在 $MgSO_4/H_2O$ 进料中也测试了具有 95%RB 截留率的膜，如图 7-2 所示。CA15、CA17.5 和 CA20 这三种膜对 $MgSO_4$ 的截留率约为 80%，并且随着铸膜液中醋酸纤维素浓度的增加，水通量显著下降。这与相关文献报道基本一致。

根据文献报道，醋酸纤维素的浓度较低会导致膜具有手指状大孔洞的多孔结

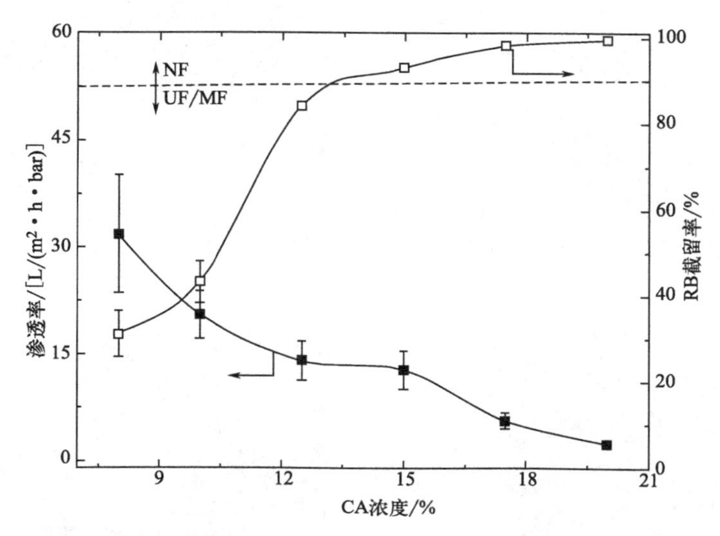

图 7-1 铸膜液中醋酸纤维素浓度对水进料中 RB 的渗透率和截留率的影响

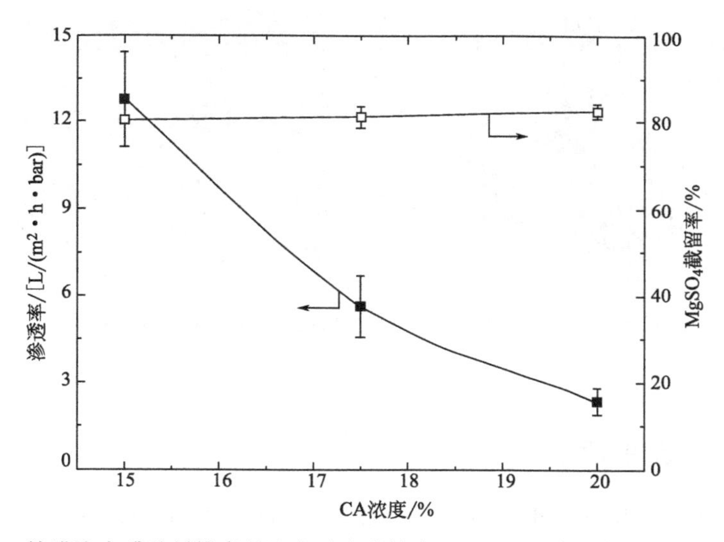

图 7-2 铸膜液中醋酸纤维素的浓度对水进料中 $MgSO_4$ 的渗透率和截留率的影响

构，如图 7-3 所示。随着醋酸纤维素浓度的增加，不仅膜基质的孔隙率明显降低，而且铸膜液中醋酸纤维素浓度的改变也会影响大孔洞的数量。铸膜液的黏度随醋酸纤维素浓度的增加而增加，而高黏度的铸膜液在相变过程遵循延迟脱混路线，这使得膜具有更致密的海绵状结构或更少的大空隙。

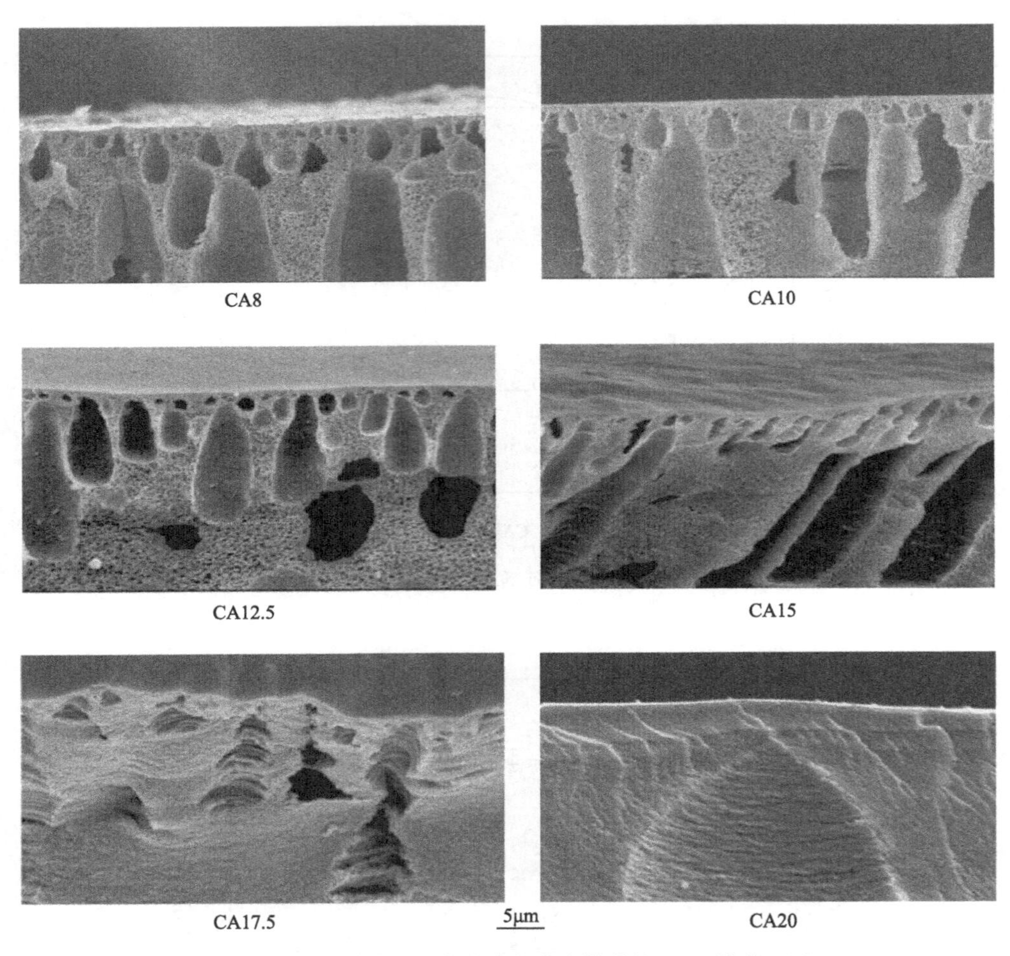

图 7-3　不同醋酸纤维素浓度的溶液铸膜的 SEM 横截面图

7.6.2　助溶剂的添加

已知在铸膜液中加入助溶剂会显著影响膜的性能和形态。在这项工作中，使用低沸点的 2-MeTHF 作为助溶剂来提高膜的选择性，从而获得具有更高截留率的醋酸纤维素膜。在铸膜液中，助溶剂的质量分数从 10%到 50%不等。在 RB/H_2O 进料条件下，CA10 系列膜的助溶剂对膜性能的影响如图 7-4 所示。CA20 系列膜的助溶剂对膜性能的影响如图 7-5 所示，其中，CA20 系列膜对 RB 截留率的影响如图 7-5(a) 所示，CA20 系列膜对 $MgSO_4$ 截留率的影响如图 7-5(b) 所示。

对于 CA10 系列膜（图 7-4），在铸膜液中加入助溶剂后，RB 截留率开始增

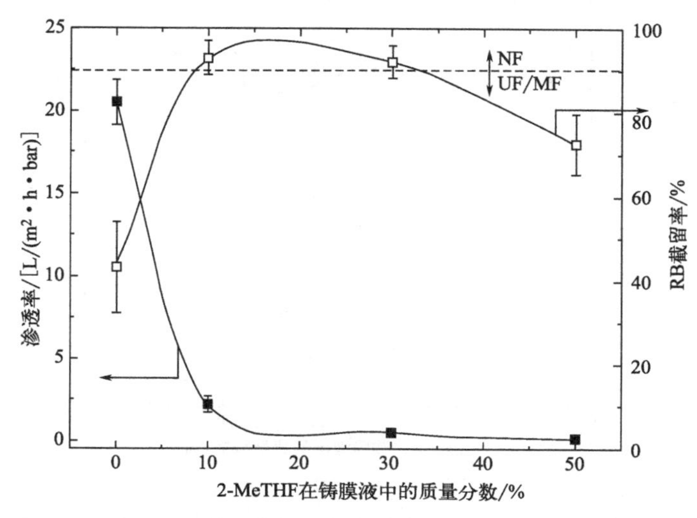

图 7-4 铸膜液中 2-MeTHF 的质量分数对无蒸发制备的 CA10 系列膜性能的影响

加，但随着添加量的增加，又出现下降；而渗透率开始显著下降，然后趋于平稳。CA10/50 膜的 RB 截留率可能是一个异常值。对于 CA20 系列膜（图 7-5），添加助溶剂对截留率的影响要小得多，在全范围内几乎完全截留 RB，而 $MgSO_4$ 的截留率为 80%～90%。CA20 系列膜的渗透率本来就很低，加入助溶剂进一步显著降低了渗透率。

由此可见，CA10/10 和 CA10/30 膜适用于滤膜，其渗透率在 3.5～1.3L/

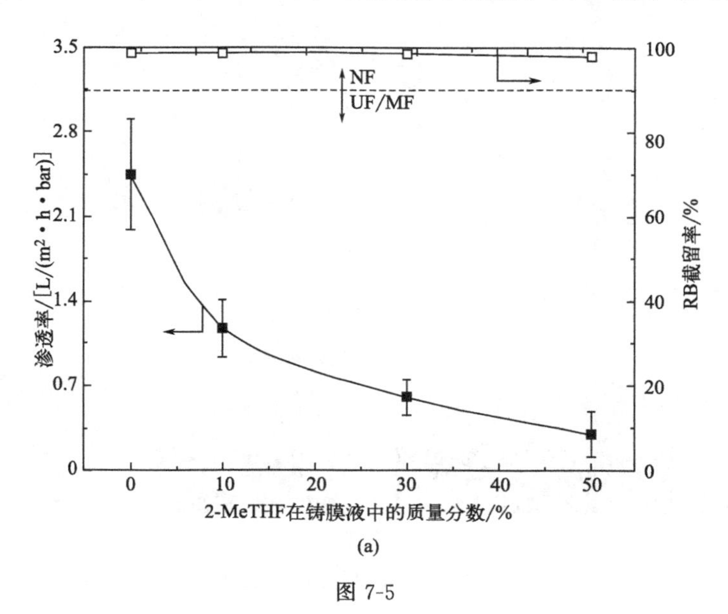

(a)

图 7-5

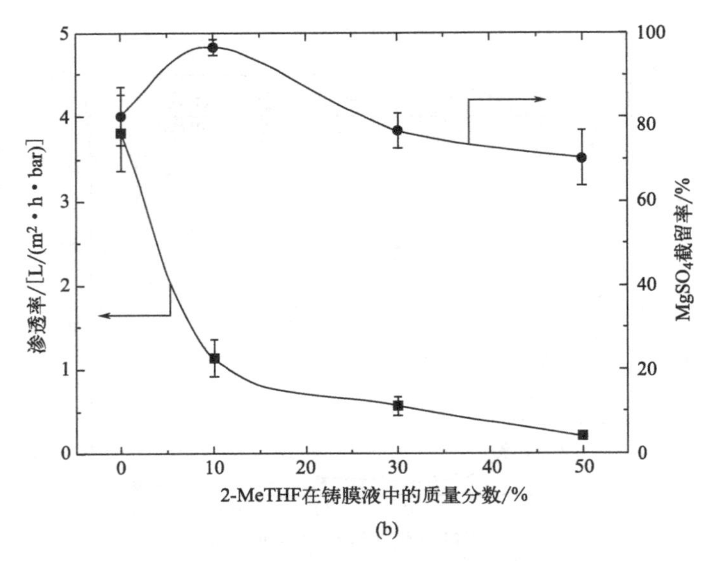

图 7-5 铸膜液中 2-MeTHF 质量分数对无蒸发制备的 CA20 系列膜性能的影响

$(m^2 \cdot h \cdot bar)$，RB 截留率为 92%。在 CA20 膜系列中，最佳膜为 CA20/10，其 $MgSO_4$ 截留率为 92.9%，渗透率约为 1.2L/$(m^2 \cdot h \cdot bar)$。

在铸膜液中加入助溶剂也显著改变了膜的形态。在 CA10 系列膜中，获得了具有细长大孔结构的膜，在 30%助溶剂下变为圆形，在 50%助溶剂下再次变为海绵状结构，如图 7-6 所示。

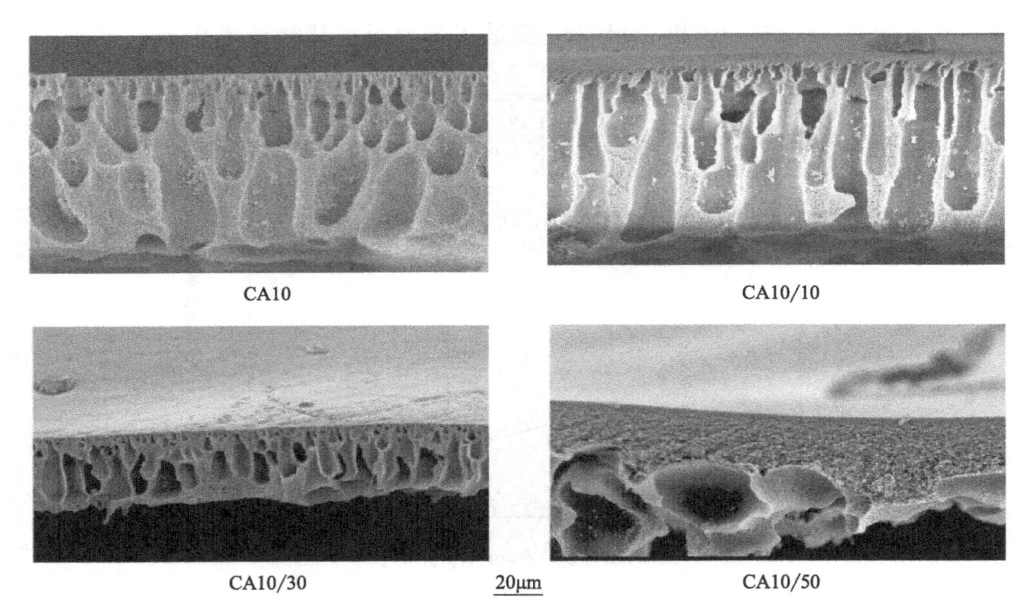

图 7-6 不同助溶剂质量分数制备的 CA10 系列膜的 SEM 图

与 CA10 系列膜相比，CA20 系列膜总体上膜密度更大，大空隙更少。随着助溶剂质量分数的增加，膜形态发生变化，延长的大孔洞再次转变为圆形结构，如图 7-7 所示。值得注意的是，在 CA10 系列膜和 CA20 系列膜中，当助溶剂质量分数从 30%增加到 50%时，形态上的剧烈变化并没有显著影响膜性能。因此，对于这种类型的膜，膜性能和基于 SEM 的形态学之间没有明确的联系。

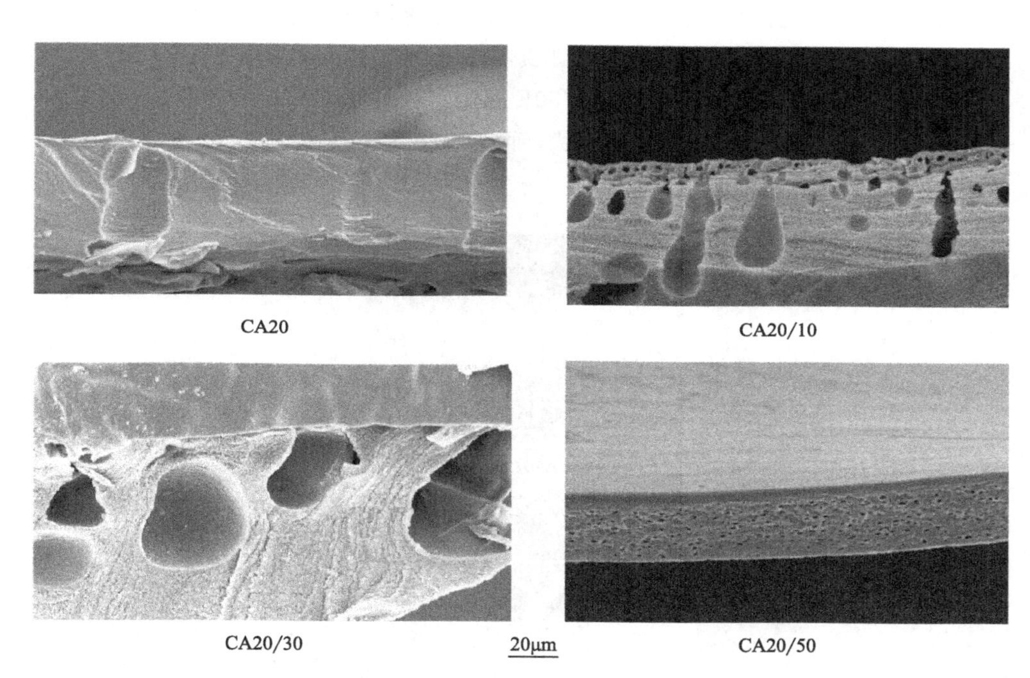

图 7-7　不同助溶剂质量分数制备的 CA20 系列膜的 SEM 图

因为 2-MeTHF 与醋酸纤维素的相互作用距离大于与乳酸甲酯的相互作用距离，这使其成为醋酸纤维素的较差溶剂。由于 2-MeTHF 与醋酸纤维素的相互作用较差，当铸膜液中 2-MeTHF 的质量分数增加时，脱混过程减慢，形成海绵状结构的膜。乳酸甲酯易溶于水，而 2-MeTHF 的溶解度有限。2-MeTHF 与水的相互作用较差，有利于延迟脱混。

7.6.3　凝固前的蒸发时间

当铸膜液中至少有一种溶剂挥发时，通常采用蒸发步骤以获得更致密的膜表面。在制膜过程中，铸膜液的蒸发作用使铸膜液的上表面形成了致密层，而在仍为液体的深层膜区与凝固浴之间形成了阻力屏障，导致溶剂和非溶剂的交换变慢，从而延迟了脱混，使膜进一步致密化。通过引入蒸发步骤制备的所有膜，在凝固浴中浸泡前保持 30s 的蒸发时间。预计在加入蒸发步骤后，膜的排斥会增加，渗透率会降低。事实上，CA10 系列膜和 CA20 系列膜的导电性都在下降。在开始下降之前，所有的废液都先达到最大值（在 10%的助溶剂下）。CA10/10E 是性能最好的 CA10 系列膜，其 RB 截留率为 94.3%，渗透率约为 3.5L/(m^2 · h · bar)。CA20 系列膜获得了较高的 RB 截留率。

在铸膜液浸入凝固浴之前引入蒸发步骤会显著影响膜的形态，导致多孔结构减少。在 CA10 系列膜中，CA10/10E 具有细长的大孔洞结构，CA10/30E 具有泪状大孔洞，而这些大孔洞在 CA10/50E 膜中消失；在 CA20 系列膜中，CA20/10E 和 CA20/30E 基本呈圆形大孔状，而 CA20/50E 呈海绵状结构，如图 7-8 所示。

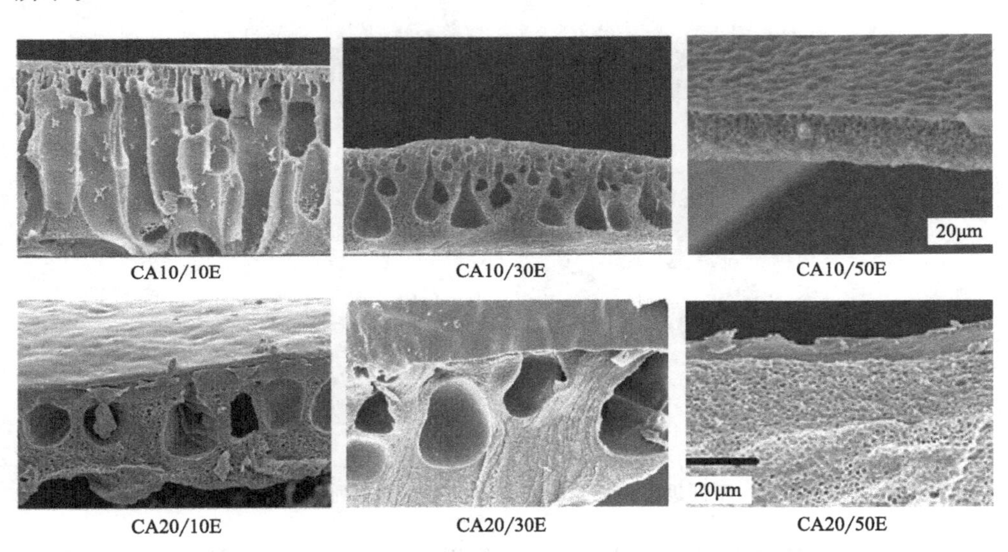

图 7-8　蒸发制备的 CA10 系列膜和 CA20 系列膜的 SEM 横截面图

7.6.4 相变的动力学研究

为了更好地了解所研究参数对膜形态和性能的影响，本部分从动力学方面对非溶剂致相分离法过程进行了研究。动力学与溶剂和非溶剂的交换速率以及醋酸纤维素的固化速率有关。根据扩散分子的大小和介质的黏度，人们可以区分两种不同类型的脱混。文献没有定义瞬时或延迟脱混的确切时间跨度。瞬时脱混通常形成多孔的表层，延迟脱混通常形成致密的表层。醋酸纤维素的质量分数对铸膜液黏度的影响如图 7-9 所示，2-MeTHF 质量分数对 CA10 系列膜和 CA20 系列膜黏度的影响如图 7-10 所示。

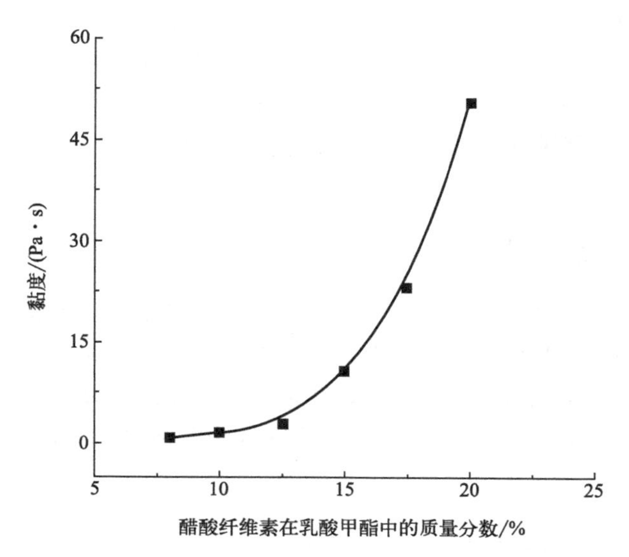

图 7-9　醋酸纤维素质量分数对铸膜液黏度的影响

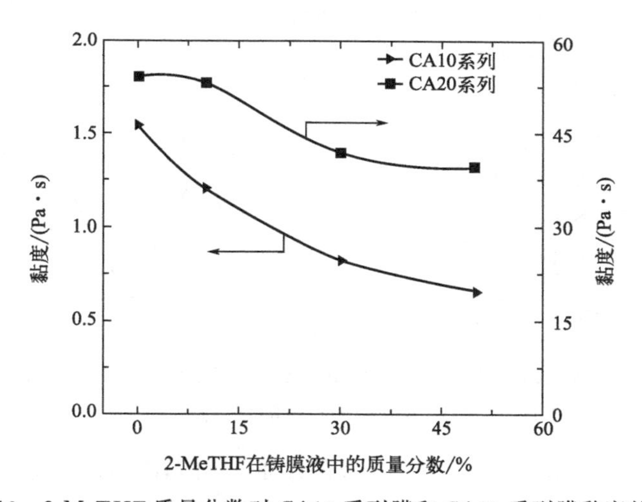

图 7-10　2-MeTHF 质量分数对 CA10 系列膜和 CA20 系列膜黏度的影响

正如预期的那样，较高的醋酸纤维素质量分数增加了铸膜液的黏度（图 7-9），因为溶液中醋酸纤维素链的缠结更强烈。具有最小缠结链的掺杂对于制备无缺陷膜是必不可少的。高黏度减慢了凝固浴中溶剂和非溶剂的交换。这通常会抑制大孔洞的形成，并形成更致密的膜结构。从图 7-1 和图 7-2 中可以看出，当以更黏稠的溶液中浇铸时，由于这组膜的致密化，渗透率明显下降。铸膜液黏度的增加可以降低非溶剂在铸膜中渗透的能力，从而减少了图 7-3 中巨孔的数量。但在所研究的醋酸纤维素质量分数的范围内，这些膜未达到海绵状结构。铸膜液的黏度随着助溶剂的加入而降低（图 7-10），可能是因为 2-MeTHF 的黏度比乳酸甲酯低，也可能是因为溶剂和助溶剂对醋酸纤维素链的溶剂化效果不同。对于助溶剂质量分数的变化，铸膜液黏度的剧烈变化并不与性能的较大变化一致，例如 CA10 与 CA10/10。因此，更深入地研究热力学是必要的。

7.6.5 相变的热力学研究

表征这些热力学的一个直接方法是通过确定云点曲线，形成相图中完全稳定状态和亚稳状态或不稳定状态的成分之间的边界。在实际的近似中，云点曲线与双节曲线重合，双节曲线表示处于不同相但彼此平衡的成分。醋酸纤维素溶解于乳酸甲酯或乳酸甲酯/2-MeTHF 的混合物（水为非溶剂）中的析出点如图 7-11 所示。

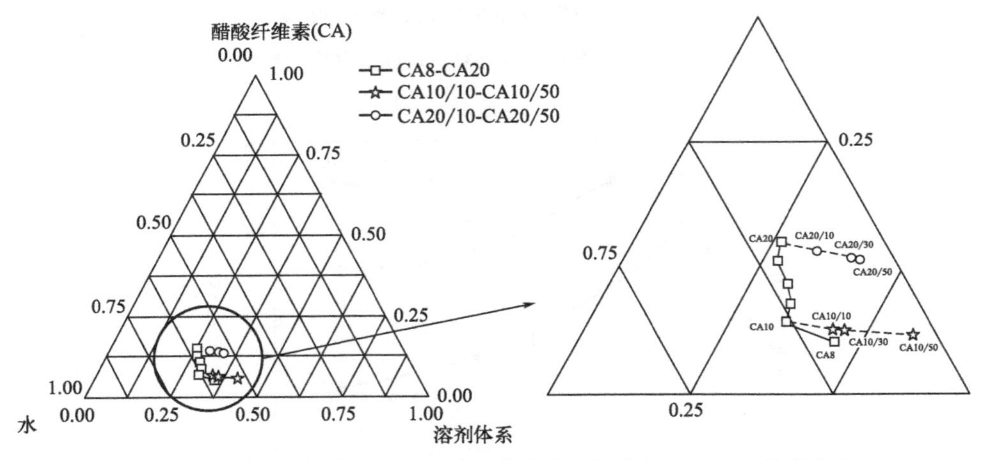

图 7-11　醋酸纤维素溶解于乳酸甲酯或乳酸甲酯/2-MeTHF 的混合物（水为非溶剂）中的析出点

随着铸膜液中醋酸纤维素质量分数的增加，引起浑浊度的非溶剂需要减少，因为相应的云点在图 7-11 中更靠左。CA8 和 CA10 在热力学稳定性方面存在较大差异。然而，这种差异并没有反映在膜性能和形态上。因此，动力学和热力学的结合决定了这些醋酸纤维素膜的性能和形态。当 2-MeTHF 存在于铸膜液中时，铸膜液需要更多的水来沉淀。因此，当助溶剂存在时，铸膜液在热力学上更稳定。延迟脱混的效果达到预期，膜的性能确实反映了一个渗透率较低的结构，与扫描电子显微镜观察到的形态一致。

7.7 小结

本章以乳酸甲酯为溶剂，采用非溶剂致相分离法制备了醋酸纤维素膜。筛选了各种转相参数，将膜的截留率调整到 NF 范围。随着铸膜液中醋酸纤维素质量分数的增加，RB 截留率从 31.1%提高到 99.5%，渗透率从 32.0L/(m^2·h·bar) 降低到 2.4L/(m^2·h·bar)。CA15～CA20 已经达到 NF 标准，RB 截留率在 90%以上，渗透率在 2.4～12.8L/(m^2·h·bar)。当 2-MeTHF 添加量为 10%时，获得了总体最佳的膜（CA10/10 和 CA20/10），具有较高的渗透率［分别为 3.5L/(m^2·h·bar) 和 1.1L/(m^2·h·bar)］和较高的截留率（分别约为 92.8%和 99.8%）。蒸发步骤进一步提高了膜的选择性，CA10/10E 的 RB 截留率为 95%，渗透率为 3.5L/(m^2·h·bar)；CA20/10E 的 RB 截留率几乎为 100%，$MgSO_4$ 截留率为 96.5%，渗透率分别为 1.1L/(m^2·h·bar) 和 1.2L/(m^2·h·bar)。铸膜液中 2-MeTHF 质量分数高于 10%会导致 CA20 系列膜的渗透率下降。因此，醋酸纤维素和乳酸甲酯的使用为制备良好的纳滤膜提供了可能。

第8章

界面聚合法制备醋酸聚酰胺纤维素薄膜复合纳滤膜

8.1 微孔醋酸纤维素载体制备

薄膜复合材料（TFC）膜的微孔衬底是由CA聚合物制备的，其广泛用于聚合物膜的制备。将CA（15%）溶于丙酮-甲酰胺（2∶1，体积比）溶液，在25℃搅拌24h，直至聚合物完全溶解。然后，用设定在200μm的浇铸刀将溶液浇铸在玻璃板上。然后玻璃板在4℃的水凝浴中浸泡1h。最后，为了去除剩余的溶剂，将得到的膜浸入60℃的蒸馏水浴中。

8.2 薄膜纳滤复合膜的制备

以微孔醋酸纤维素超滤膜（CA UF）为载体，采用界面聚合（IP）法制备了TFC膜。支撑膜被粘在玻璃板上，留下最上面的表面用于反应。最初，在室温下，将膜浸入几种浓度的甲基丙烯酸环己酯（CHMA）水溶液（0.2%、0.5%、1%、2%，质量分数）中2min。将预浸膜从水溶液中取出，垂直放置1min，以排出膜表面多余的单体。然后，所有的膜在己烷和1,3,5-苯三甲酰氯（TMC）单体（0.1%，质量分数）的有机相中浸泡1min，直到达到完全的界面聚合。单体CHMA和TMC在膜表面发生反应，从而产生聚酰胺（PA）层。最后，将膜在空气中干燥30min以蒸发有机溶剂。在进行表征测试之前，将得到的TFC膜在纯水中储存过夜。制备的TFC膜见表8-1。

表8-1 复合膜的制备

复合膜	CHMA/%
CA UF	0

续表

复合膜	CHMA/%
TFC-0.2	0.2
TFC-0.5	0.5
TFC-1	1
TFC-2	2

8.3 表征仪器和方法

利用扫描电子显微镜（蔡司 EVO MA 100）研究了 CHMA 浓度对膜表面和截面形貌的影响。观察前在膜样品上撒金。利用 IR(Affinity-1) 的傅里叶变换红外光谱仪对基底层和 TFC 膜（TFC-2）的化学结构进行了研究。测量在 4000～450cm^{-1} 的波数范围内进行。使用 Attension Theta 光学张力计（Biolin Scientific）评估膜的表面润湿性。采用超纯水滴（5μL）测定。对每个样品进行至少五次测量，并记录平均值。孔隙率（ε）定义为膜内空隙体积与整个膜体积之比，采用重量法测定。将干燥的膜称重，然后在煤油中浸泡 24h，然后将多余的煤油除去，再次称重。孔隙率由式（8-1）确定：

$$\varepsilon(\%)=\frac{(W_w-W_d)/\rho_k}{\frac{W_w-W_d}{\rho_k}+\frac{W_d}{\rho_p}}\times 100\% \tag{8-1}$$

式中，W_w 和 W_d 分别为膜的湿重和干重；ρ_p 为聚合物密度，1.28g/cm^3；ρ_k 为煤油密度，0.82g/cm^3。

制备膜的吸水率：

$$M(\%)=\frac{(M_w-M_d)}{M_d}\times 100\% \tag{8-2}$$

式中，M 为膜的吸水率；M_w 和 M_d 分别是膜样本的湿重和干重。

8.4 水通量和截留率

用蒸馏水对纯水进行膜渗透。使用浓度为 20mg/L 的钠盐（NaCl，Na_2SO_4）水溶液和浓度为 10mg/L、20mg/L、50mg/L 和 100mg/L 的染料（刚果红和孔雀石绿）水溶液来评价膜的性能。在所有情况下，采用不锈钢池

(Millipore) 测定膜的性能，其总容积为 350mL，有效膜面积为 38.54cm^2。在测量之前，将膜在 16bar 下压实 1h。在 9bar 的压力下，测定了纯水通量、盐和染料的截留率。以 NaOH(0.1mol/L) 和 HCl(0.1mol/L) 为溶液，在 pH2～12 的变化对染料截留率的影响，以单位面积膜在特定时间的渗透体积为渗透通量：

$$J=\frac{V}{A\Delta t} \tag{8-3}$$

式中，J 是渗透通量，L/(m^2·h)；V 为渗透体积，L；A 为膜面积，m^2；Δt 为操作时间，h。

盐和染料的截留率计算如下：

$$R(\%)=\left(1-\frac{C_p}{C_f}\right)\times 100\% \tag{8-4}$$

式中，C_f 和 C_p 分别为进料溶液和渗透溶液的浓度。使用 UV Perkin-Elmer Lambda 25 分光光度计测量过滤前后的染料浓度。

8.5 结果与讨论

8.5.1 SEM 形貌表征

图 8-1 显示了作为底物的 CA UF 膜的形貌（横截面，表面和底部），以及 CHMA 含量最低（0.2%）和最高（2%）的 TFC 膜（分别为 TFC-0.2 和 TFC-2）。CA UF 膜表现出典型的反相技术的不对称结构，这在文献中也有报道。此外，CA UF 具有相对光滑和无缺陷的表面（图 8-1），而是在底部出现了一些孔隙，基板的横截面图像显示具有指状结构的大孔隙。

PA 层沉积在 CA UF 衬底上后，TFC 膜（TFC-0.2 和 TFC-2）表面变得更致密，结构变得更粗糙。尤其是 TFC-2 的表面较为粗糙，呈现出由聚酰胺薄膜常见结构（“脊谷”结构）产生的结节状形态。这种粗糙的结构可以归结为 IP 反应过程中的应力和干燥过程中的膨胀。首先，饱和 CHMA 的支撑体与 TMC 接触。在这里，胺单体通过己烷扩散到界面，然后与 TMC 发生反应。而当 TFC 在空气中干燥时，溶剂从膜顶表面蒸发，导致表面不均匀。TFC 膜的横截面图像显示，与 CA UF 底物相比，当 CHMA 浓度增加时，TFC 膜的选择层厚度增加，孔的大小变得更紧，并转变为死端形式。其中，当 CHMA 浓度从 0.2%增加到 2%时，更多的单体物种沉积在膜表面。因此，在 IP 过程中，更多的 CHMA 可以与 TMC 反应，从而增加膜的厚度，这也有望提高纳滤研究中的选

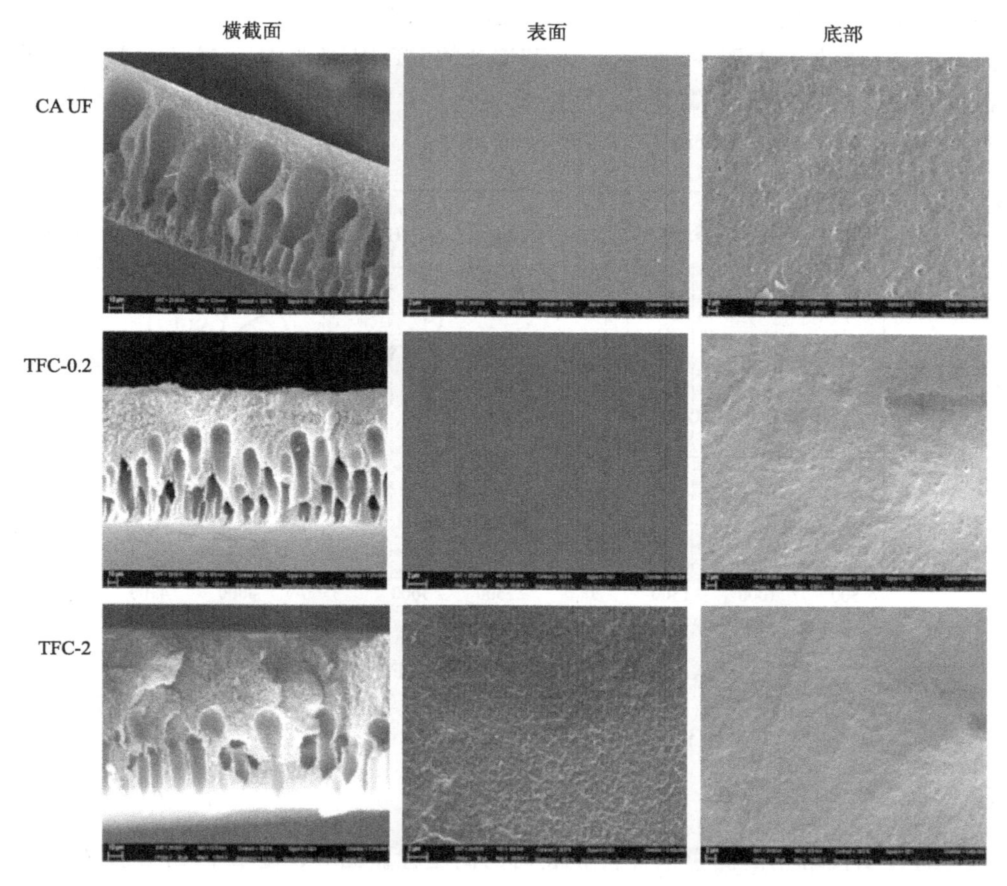

图 8-1 CA UF 载体、TFC-0.2 和 TFC-2 复合聚酰胺膜的 SEM 图像

择性。最终，底部图像显示，随着 CHMA 浓度的增加，CA UF 底部出现的孔隙逐渐消失。这一发现表明，除了表面外，还在孔隙中形成了 PA 层，在高压运行的情况下该膜将具有更大的稳定性。

8.5.2 红外光谱表征

图 8-2 是 CA UF 底物和 TFC 膜的 FT-IR 光谱。支持膜的 FT-IR 光谱显示了 CA 的特征波段，如 O—H(约 $3510.13cm^{-1}$)，C—H(约 $2912.52cm^{-1}$)，C═O($1750cm^{-1}$)，—CH_3 的 C—H($1372cm^{-1}$) 和糖苷键的 C—O—C($917cm^{-1}$)。与 CA UF 底物相比，TFC-2 膜的 FT-IR 光谱在 $1400\sim1700cm^{-1}$ 范围内出现了新的聚酰胺吸收峰特征，证实了界面聚合的成功。在 $1453cm^{-1}$ 处出现的峰是由于羧酸的 O—H 变形所致。$1559cm^{-1}$ 处的强吸收带归属于酰胺基

团 C—N 面内弯曲。而在 $1642cm^{-1}$ 处的吸收带则是由于酰胺基团的 C—O 基团所特有的。此外，如图 8-2 所示，在 TFC-2 的 FT-IR 光谱中，CA UF 膜的特征波段向更高的波数值轻微偏移。特别是 C ═O、C—H 和 O—H 的谱带移动到 $1895.63cm^{-1}$、$3113.28cm^{-1}$ 和 $3666.41cm^{-1}$。

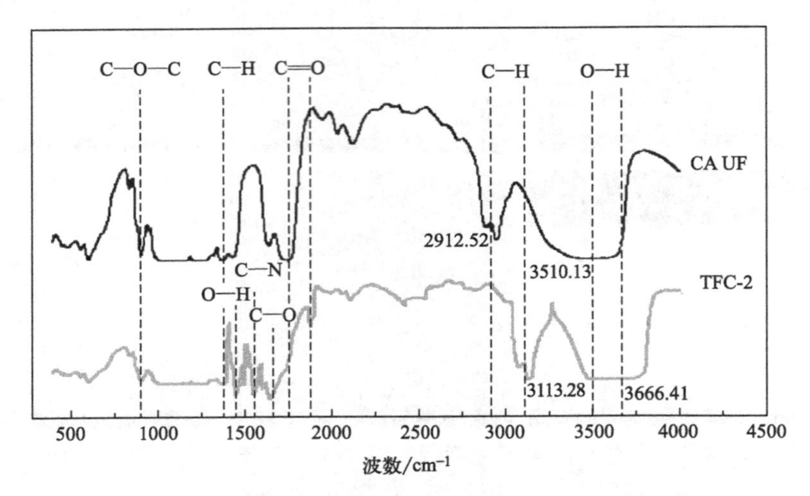

图 8-2 CA UF 载体与薄膜复合材料 TFC-2 的 FT-IR 光谱

8.5.3 接触角测量

通过水接触角的测量来评价膜表面的润湿性。图 8-3 显示了 TFC 膜的平均水接触角值与 CHMA 浓度的关系。所有膜的接触角均小于 90°，证实了膜的亲水性。当 CHMA 浓度从 0%增加到 2%时，接触角从 65°减小到 40°，膜亲水性依次为 UF＜TFC-0.2＜TFC-0.5＜TFC-1＜TFC-2。事实上，CHMA 浓度的增加在膜表面提供了更多亲水性极性酰胺官能团，从而改善了亲水性行为。此外，沉积薄膜层后粗糙度的提高可能是接触角值降低的另一个原因。亲水行为有利于水分子在膜上的转移，而不是其他污染物，在过滤过程中具有更大的选择性。

8.5.4 吸水性能

图 8-4 显示了不同 CHMA 浓度下制备膜的吸水率。当 CHMA 浓度从 0 增加到 2%时，其含水量从 76%左右下降到 50%左右。一般来说，膜亲水性的增加为水的输送创造了新的流途径，提高了水的吸收。然而，在本章吸水性能的相关实验中，膜的亲水性行为随着吸水量的减少而增加。这一结果表明，吸水率主要

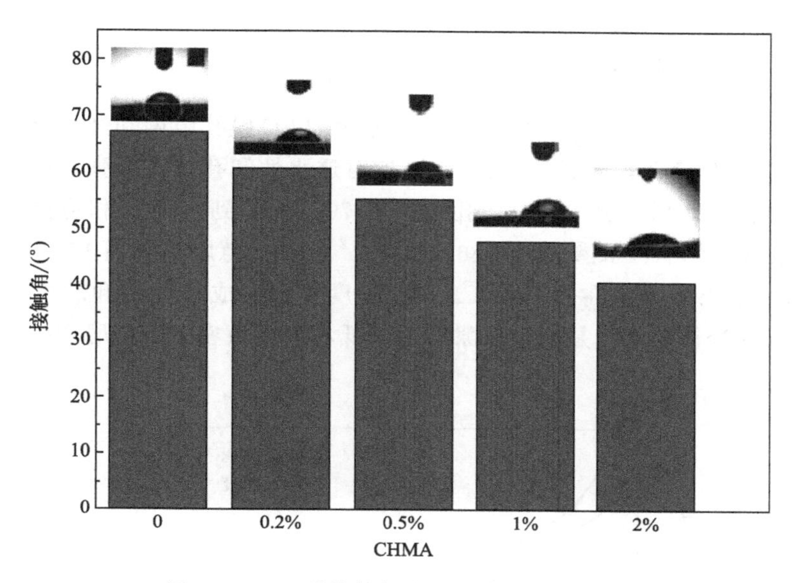

图 8-3　TFC 膜接触角随 CHMA 浓度的变化

与上层的其他性质有关，包括交联度和形成的 PA 的孔径。特别是，PA 厚度的增加解释了强聚合物相互作用。因此，交联的增加可能会限制 PA 链的迁移，导致弱吸水。此外，从 SEM 图像中观察到的孔隙率降低可以证明吸水率的降低是合理的，孔隙率的降低没有为水提供自由空间。事实上，这一结果与孔隙率随 CHMA 含量的变化而降低的结果是一致的。

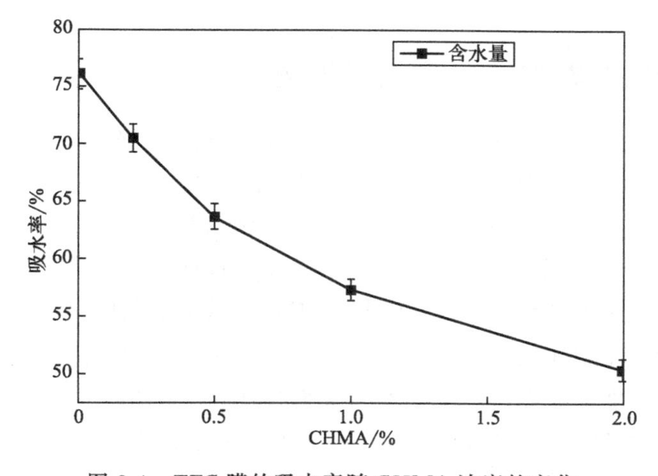

图 8-4　TFC 膜的吸水率随 CHMA 浓度的变化

8.5.5 渗透率和孔隙度特征

图 8-5 显示了 CHMA 浓度对 CA UF 膜和 TFC 膜孔隙度和纯水渗透率的影响。结果清楚地表明，CHMA 浓度的增加对透水性和孔隙度有强烈的影响。当 CHMA 浓度从 0 增加到 2%时，孔隙率从 70%下降到 40%。相应的，在相同 CHMA 浓度变化下，水渗透率从 36L/(h・m^2・bar) 急剧降低到 17L/(h・m^2・bar)。这些结果表明，在较高的 CHMA 浓度下，形成较致密和较低渗透性的 PA 层。膜渗透性的降低是由于孔隙率的降低和厚而致密的 PA 层产生的额外渗透阻力。

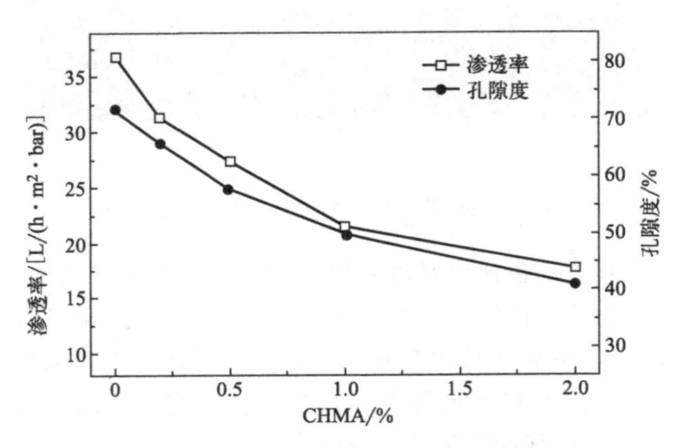

图 8-5 纯水渗透率和孔隙度随 CHMA 浓度的变化曲线

8.5.6 CHMA 浓度对保盐性能的影响

图 8-6 给出了对盐分子的排斥能力与 CHMA 浓度的关系。结果表明，当 CHMA 浓度从 0%增加到 2%时，制备的膜的盐截留率增加。首先，在低单体浓度（0.2%）时，NaCl 和 Na_2SO_4 的截留率分别约为 9%和 38%。在此浓度下，CHMA 浓度不足以完成聚合反应。相反，CHMA 浓度的增加对 NaCl 和 Na_2SO_4 的截留率呈依赖性增加。其中，CHMA 浓度最高时（即 2%）的截留率最高，NaCl 和 Na_2SO_4 的截留率分别为 68%和 89%。值得一提的是，CHMA 浓度（即单体浓度）在界面聚合技术制备膜的过程中起着至关重要的作用。确切地说，CHMA 浓度的增加倾向于提高交联度，这可能是导致透水性降低和防盐性同时增加的原因。事实上，TFC 膜的渗透性和选择性之间典型的权衡关系在以往与其他单体的研究中被广泛提及。总的来说，TFC-2 膜具有良好的渗透性

和排盐性。

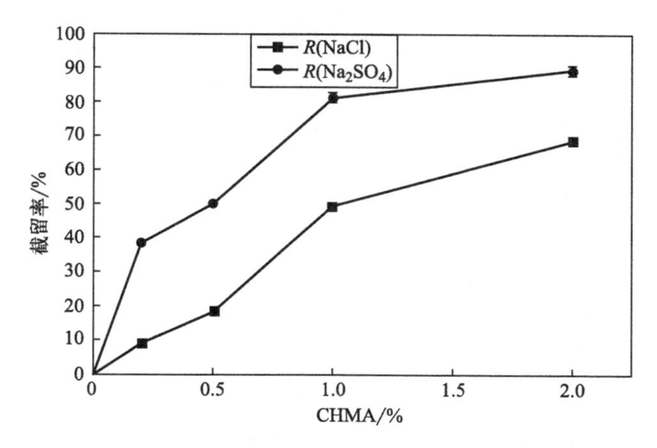

图 8-6 盐在 TFC 膜中的截留率随 CHMA 浓度的变化

8.5.7 CHMA 浓度对染料截留率的影响

使用刚果红和孔雀石绿对 TFC 膜的染料去除性能进行了评估，结果如图 8-7 所示。原则上，与 CA UF 底物相比，所有 TFC 纳滤膜都表现出更高的染料截留率。显然，单体浓度对截留率的影响很大。也就是说，随着 CHMA 浓度的增加，染料的截留率增加。例如，将 CHMA 浓度从 0 提高到 2%，孔雀石绿截留率从 12%提高到 89%，刚果红截留率从 10%提高到 85%。理论上，这些化合物的分子量是不同的，例如孔雀石绿和刚果红的摩尔质量分别为 364.9g/mol 和 696.7g/mol。因此，可以预期它对刚果红的截留率更高。然而，由于这些压力驱动的过程是基于分子筛效应的，因此分子尺寸对它们的截留率至关重要，对于刚果红和孔雀石绿，分子尺寸分别为 0.7nm 和 0.8nm。从这些结果可以得出结论，薄膜复合纳滤膜对染料的保留取决于染料的分子尺寸大小。

此外，使用 TFC-2 膜探索染料截留率作为染料浓度的函数，结果如图 8-8 所示。当染料浓度增加时，两种类型的染料的截留率都有所增加。例如，孔雀石绿和刚果红的最高截留率（在 100mg/mol 时）分别约为 89%和 76%。而在最低的染料浓度（10mg/L）下，截留率最低（孔雀石绿和刚果红分别约为 50%和 40%）。通常，当染料浓度较高时，膜能够很容易地吸收分子。另一方面，浓度的增加通过积聚的染料分子形成的凝胶层促进另一种过滤屏障的形成。这一层的厚度随着染料浓度的增加而增加，从而提高了截留率。与其他已发表的研究结果相比，本工作的结果表明，合成的样品，特别是 TFC-2，是有效的，可以有效地去除水中的有机污染物。

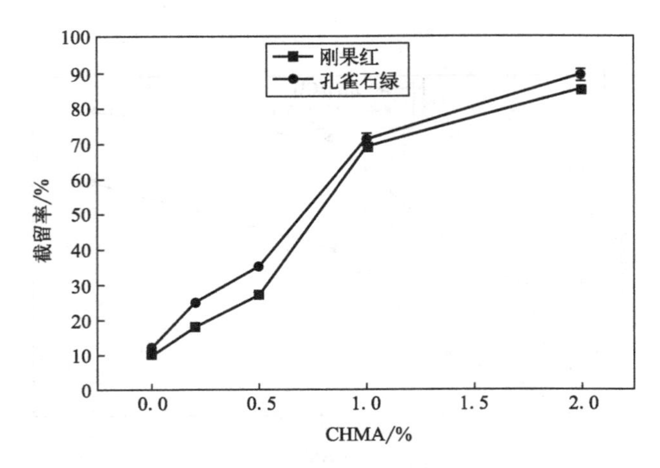

图 8-7　染料在 TFC 膜中的截留率随 CHMA 浓度的变化

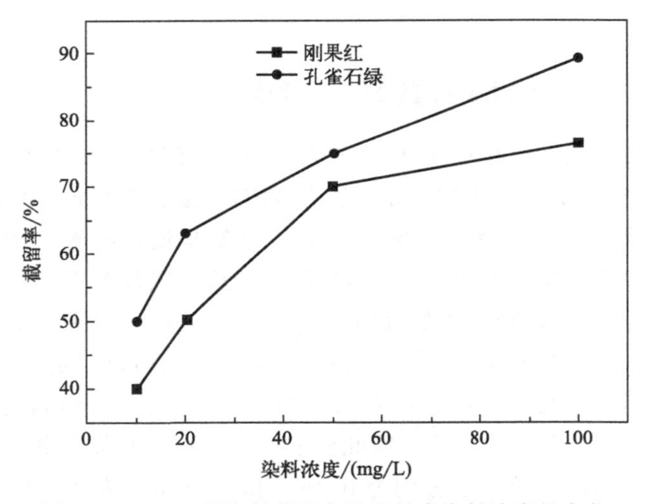

图 8-8　TFC-2 膜染料截留率随进料中染料浓度的变化

利用 pH 值变化的影响，进一步分析了 TFC-2 对刚果红和孔雀石绿的去除效果，结果见图 8-9。染料的浓度、压力和温度保持恒定。数据清楚地表明，染料截留率及其变化行为随染料溶液 pH 值的变化有显著差异。孔雀石绿的截留量在较低的 pH 值下达到最大，与刚果红的截留量随 pH 值的增加而增加相反。这一结果表明，膜的分离性能主要由静电斥力决定，即所谓的 Donnan 不相容效应。在酸性介质中，由于 NH_3 的强质子化作用，聚酰胺膜带正电。因此，带正电的膜拒绝阳离子染料（孔雀石绿）。而当膜在碱性介质中转向负电荷时，阴离子染料（刚果红）通过 Donnan 排斥达到最大的截留率。在此，该方法可以让我们了解到，当染料浓度较低时，改变 pH 值可能是增强截留率的一个很好的选择。很明显，刚果红在 pH 值超过 8 时可以更好地截留（例如，超过 80%），而孔雀石绿在低 pH 值（低于 6）下可以达到更好的截留（例如，68%）。

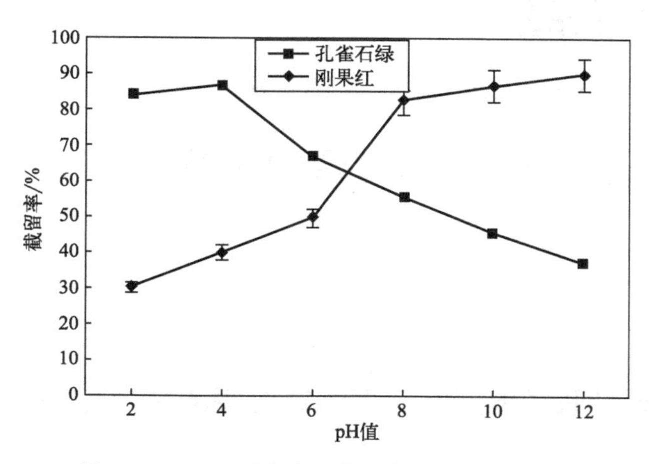

图 8-9　TFC-2 膜中染料截留率随 pH 值的变化

8.6 小结

本章采用界面聚合法制备了一系列聚酰胺 TFC 膜，以 CA UF 膜为底物分别在水相和有机相中使用 CHMA 和 TMC 单体在 CA UF 底物上制备 PA 层。采用扫描电镜（SEM）、红外光谱（FT-IR）、吸水性、孔隙率、接触角、透水性以及对特定盐和染料分子的截留率考察了 CHMA 浓度对制备膜的理化性能的影响。扫描电镜分析表明，随着 CHMA 浓度的增加，膜的粗糙度和厚度增加。TFC-2 膜具有聚酰胺膜的“脊谷”结构。FT-IR 结果显示了聚酰胺的新吸收带特征，证实了界面聚合的成功。CHMA 浓度的增加增强了膜的亲水性，降低了膜的孔隙度和渗透率，例如，CA UF 膜的透水性从 36.02 变为 TFC-2 的 17.09L/(h·m^2·bar)。TFC 膜对盐和染料的截留率均优于 CA UF 膜。其中，TFC-2 膜的脱盐率高达 89%，对孔雀石绿和刚果红的截留率分别达到 89%和 85%。这种分离性能取决于分子的浓度和进料溶液的 pH 值。

第9章

零盐阻交联纤维素薄膜复合纳滤膜

9.1 零盐阻交联纤维素薄膜复合纳滤膜的合成与制备

9.1.1 TMSC合成过程

对于三甲基甲硅烷基纤维素（TMSC）合成，在反应之前，约6g纤维素在4℃的水中浸泡1天，在室温下在二甲基乙酰胺（DMAc）中浸泡1h。将过滤后的纤维素加入圆底烧瓶中的600mL DMAc中，搅拌加热至165℃。30min后停止加热，当混合物达到100℃时，加入30g LiCl。继续搅拌，直至得到清澈的溶液。然后将溶液加热至80℃，在磁力搅拌下用滴液漏斗加入90mL六甲基二硅烷（HMDS）。3～4h后形成淡黄色凝胶状产物，过滤后在正己烷中溶解进行纯化，然后离心，得到完全透明的聚合物溶液。最终产物从甲醇中析出，在60℃下真空干燥。

9.1.2 纳滤膜的制备

在室温下，将2.2%的TMSC聚合物溶解在正己烷中制备自旋涂膜溶液。采用聚丙烯腈（PAN）膜作为支撑材料。涂膜前将其固定在玻璃板上。将1.8mL涂布液涂在支撑膜上，转速和加速度分别为4500r/min和2500r/min，纺丝1min。经自旋包被的TMSC膜经气相水解（VPH）再生回纤维素。将它们暴露在10% HCl溶液上方的蒸气中一天。使用含有1%戊二醛和0.02% $Al_2(SO_4)_3$的水溶液在40℃下交联1h，然后用水洗涤以去除任何多余的交联剂，然后在50℃下在烘箱中固化3h。

9.2 聚合物和膜的表征

聚合物表征使用液体核磁共振波谱仪进行，以氘代三氯甲烷（$CDCl_3$）为溶剂。取代度（DS）表示纤维素的每个无水葡萄糖单元（AGU）上存在的硅基的平均数量。它可以使用式(9-1) 计算，其中 $A_{TMS\ H}$ 和 $A_{cellulose\ H}$ 分别表示硅基和纤维素中的质子峰面积。

$$DS=\frac{7A_{TMS\ H}}{9A_{cellulose\ H}} \tag{9-1}$$

利用带单色行间 CCD 相机的克鲁斯液滴形状分析仪 DSA100，通过测量水接触角（WCA）来测定再生前后的膜亲水性。在环境温度下使用去离子水进行分析。使用 Nicolet iS10 光谱仪收集膜的 ATR-IR 光谱，并在 32 次扫描中记录在 $650\sim4000cm^{-1}$ 的范围内。利用 FEI 扫描电子显微镜分析膜的表面和横截面形貌，膜样品在 20mA 下溅射 20s，以减少 SEM 成像时的静电效应。使用 Agilent 5400 SPM/AFM 显微镜（Agilent Technologies）在 $5\mu m^2\times5\mu m^2$ 的面积上对膜进行非接触模式的原子力显微镜（AFM）成像。扫描后，将图像压平以去除曲率和斜率。粗糙度根据数据标准差给出均方根（R_{rms}）值。膜表面 Zeta 电位使用 Zeta 电位分析仪（Anton Paar）进行测试，背景为 pH 近中性的 10mmol/L NaCl 溶液。

9.3 膜性能评价

所有纳滤实验均采用氮气加压的有效面积为 $12.6cm^2$ 的 HP4750 搅拌池 (Sterlitech Corporation) 的终端过滤系统进行。稳态后收集渗透率，利用式(9-2) 计算渗透率（J)。

$$J=\frac{V}{At\Delta P} \tag{9-2}$$

式中，V 为渗透液体积，L；A 为有效膜面积，m^2；t 为渗透液收集时间，h；ΔP 为跨膜压力，bar。

截留率（R）由式(9-3) 确定，其中 C_p 和 C_{AFS} 分别为初始和最终进料溶液的渗透浓度和平均浓度。在蔗糖/NaCl 实验中，保留物获得的蔗糖产率（Y_r）根据式(9-4) 计算，其中体积减容（V_R）为抽出的渗透物体积与初始进料体积之比。

$$R(\%)=\left(1-\frac{C_p}{C_{AFS}}\right)\times 100\% \tag{9-3}$$

$$Y_r=(1-V_R)^{1-R} \tag{9-4}$$

用浓度为 1000mg/L 的单糖（葡萄糖、蔗糖、棉子糖和葡聚糖）溶液作为进料。相应的 MWCO 曲线由糖与分子量的关系图获得（图 9-1）。膜也在混合糖-NaCl 溶液中进行了测试，每种溶液的浓度为 1000mg/L。采用 Dionex ICS 3000 高性能阴离子交换色谱法，用脉冲安培检测器和 Oaktons pH/CON 510 电导率仪分别分析蔗糖和 NaCl 的浓度。

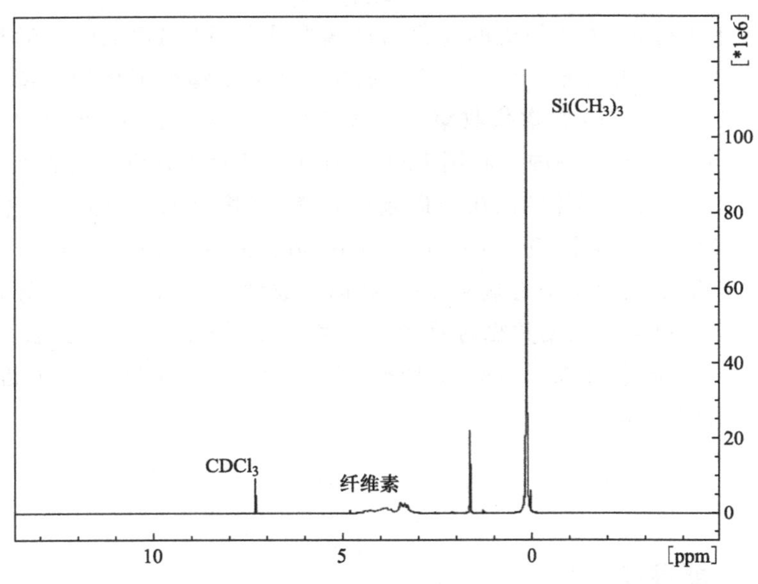

图 9-1　以 $CDCl_3$ 为溶剂的 TMSC ^1H NMR 谱图

9.4　结果与讨论

9.4.1　膜形态和结构

经核磁共振（NMR）分析证实，纤维素硅基化得到的 TMSC 取代度为 2.2（图 9-1）。合成的聚合物在正己烷、环己烷、四氢呋喃、三氯甲烷、甲苯和丙酮等多种有机溶剂中具有良好的溶解度。

对膜进行 ATR-IR 分析以确定键合构型（光谱如图 9-2 所示）。TMSC 膜的光谱很宽，特别是在 1500～700cm^{-1} 之间重叠，表明聚合物处于无定形状态。746cm^{-1}、781cm^{-1} 和 1247cm^{-1} 处的尖峰完全属于 Si—C 波段，而 787cm^{-1} 和 1113cm^{-1} 处的尖峰属于 Si—O—C 波段。还有一些未反应的羟基，在 3700～3200cm^{-1} 范围内存在一个弱峰，正如取代度小于 3 所预期的那样。通过比较 TMSC 与 RC 膜的光谱，可以证实水解时 TMS 基团被氢取代。Si—C 和 Si—O—C 振动完全消失，并伴有很强的 O—H 相关峰，强调了硅基的完全解离。

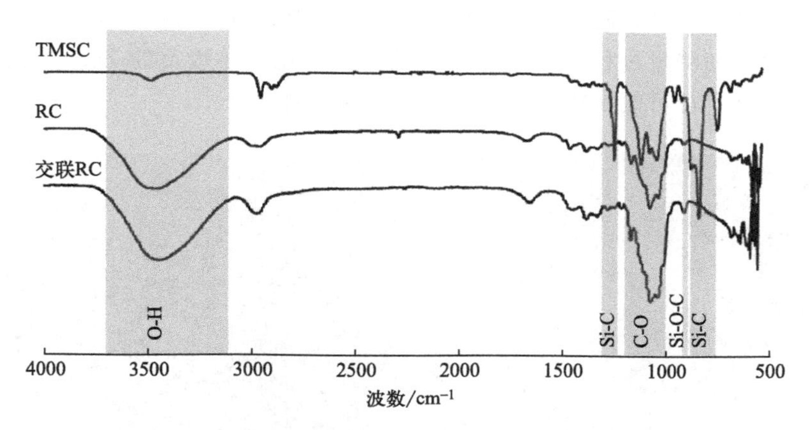

图 9-2　TMSC、再生纤维素（RC）和交联 RC 膜的 ATR-IR

交联 RC 膜的光谱显示，C—O 的拉伸强度在 1150～1050cm^{-1} 之间，表明交联的存在。这些键是在 C-6 纤维素羟基（最活跃的位点）和二醇（戊二醛的水合区）之间形成的。此外，没有观察到 O—H 峰的变化，这表明 OH 相关基团的数量相当，换句话说，这表明交联是通过缩醛键发生的，其中每个戊二醛分子结合四个无水葡萄糖单元。反应如图 9-3 所示。

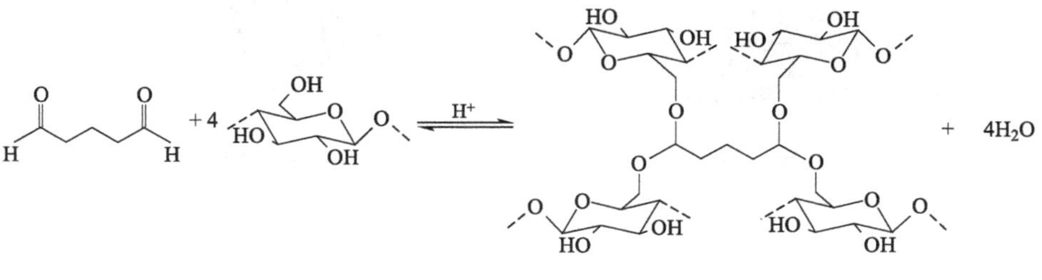

图 9-3　纤维素通过戊二醛交联

除了化学性质外，选择层的形态对膜的分离性能也很重要。通过扫描电镜对交联膜进行表面和截面成像，观察是否存在缺陷并估计厚度［图 9-4(a) 和 (b)］，同时进行原子力显微镜（AFM）定量检测表面粗糙度［图 9-4(c) 和 (d)］。表面图像［图 9-4(a)］显示表面非常光滑，没有任何可观察到的缺陷，原子力显微镜分析也证实了其光滑度，其均方根粗糙度非常低，为 3.8nm［图 9-4(c) 和 (d)］。截面图［图 9-4(b)］显示交联 RC 层为致密结构，厚度约为 150nm。这一层牢固地黏附在多孔支架上，即使长时间暴露在水中也不易剥落。界面羟基和腈基之间的氢键以及纤维素涂层对膜孔的轻微侵入可能促成了这种稳定性。

用流动电位法研究了膜的电动力学性质。再生纤维素（RC）膜表面 Zeta 电位约为 25mV，而交联膜表面 Zeta 电位为 43mV。酸可以很容易地攻击无定形结构域的缩醛纤维素键，破坏 1,4-糖苷键，导致纤维素链更短，醛类更多，最终被氧化成羧酸。在测量过程中，这些基团被去质子化，导致负的 Zeta 电位。交联膜获得的较低电位可能是由于戊二醛的非交联醛的解离。

(a) 表面(SEM)　(b) 截面(SEM)　(c) 二维相(AFM)　(d) 三维形貌(AFM)

图 9-4　交联 RC 膜的 SEM 和 AFM 图像

9.4.2 膜分离性能

通过纯水过滤对膜的分离性能进行了评价。支撑膜的纯水渗透率约为 200L/(m^2·h·bar)，而交联纤维素膜的稳态水渗透率约为 1.2L/(m^2·h·bar)。该通量在多次过滤下保持不变，并在 5 天的测量时间内保持稳定。这是由于膜具有良好的力学性能以及选择层与支撑层之间良好的附着力，因此在长时间的实验中膜不会脱落或损坏。与商用 NF 膜相比，本实验合成的纤维素复合膜的透水性相对较低。目前纤维素涂层的厚度约为 150nm。到目前为止，我们还不能在不牺牲选择性的情况下减少厚度。在未来的实验中，我们将降低交联的程度，并将尝试其他支持膜。

通过排斥实验对膜的 MWCO 进行了评价。采用浓度为 1000mg/L 的 180～1000Da 的不同糖的溶液（见表 9-1）在 4bar 下进料。MWCO 是由它们的截留率除以它们的分子量来估计的。截留率随着分子量的增加而增加（图 9-5），正如所预料的那样，MWCO 估计约为 300Da。

表 9-1　25℃水溶液中溶质的性质

溶质	M_W/Da	半径/nm
葡萄糖	180.2	0.365
蔗糖	342.3	0.471
棉子糖	504.4	0.584
右旋糖酐(T1)	1000	0.650

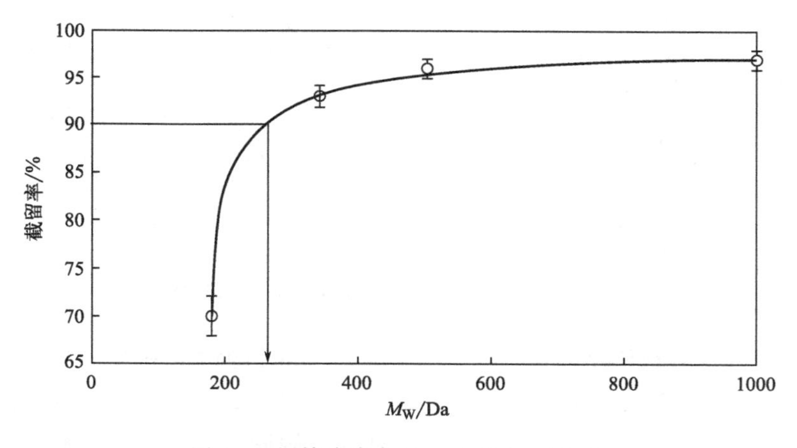

图 9-5　用糖溶液在 4bar 下测定 MWCO

从电解质中分离中性有机溶质在食品、制药和化学工业中是十分重要的。为此，研究了交联 RC 膜从 NaCl 中分离分子量略高于膜 MWCO 的蔗糖分子。进料为 1000mg/L 蔗糖和 1000mg/L NaCl 的混合物，加压至 4bar。为了比较，表 9-2 中列出的四种具有代表性的商业纳滤膜也在相同条件下进行了测试。

从图 9-6 可以看出，制备的膜的分离性能与工业膜不同。我们的膜能够保留 80％以上的蔗糖，而对 NaCl 的截留几乎为零。体积缩小 20％时，蔗糖收率约为 96％［由式(9-4) 计算］。混合溶质体系的蔗糖截留率低于单溶质实验（图 9-1），为 93%。在类似的研究中已经对这一现象进行了研究，其中由于膜孔的扩张(孔隙膨胀)，糖截留减少。但有时这种效果可能不同，主要取决于所用膜样的性质。孔隙膨胀是由电双层上的反离子浓度增加引起的，在盐浓度较高时更为明显。这一机制也可以解释为什么蔗糖/NaCl 混合物的渗透率略高于纯水。

表 9-2　商业膜代表

系列	生产商	材料	J/[L/(m²·h·bar)]
XN45	Trisep	polypiperazine amide	7.7
TS40	Trisep	polypiperazine amide	3.8
DK	GE Osmonics	polyamide	4.3
NF270	DOW Filmtech	polyamide	6.9

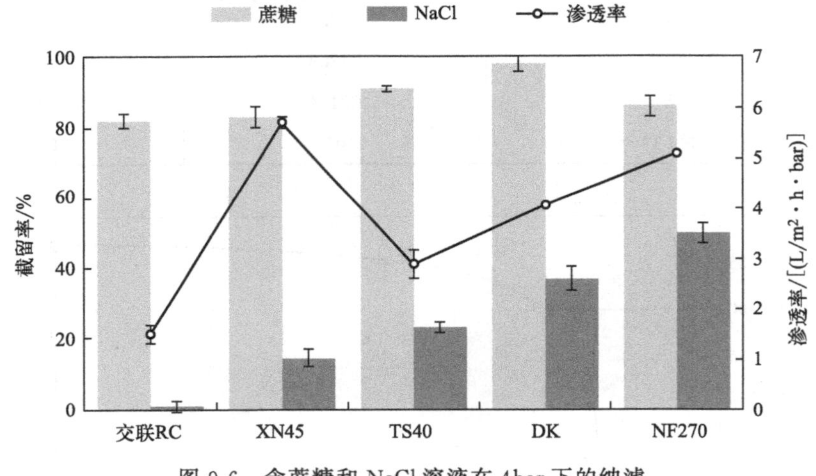

图 9-6　含蔗糖和 NaCl 溶液在 4bar 下的纳滤

商业膜的蔗糖截留率为 80%～95%，而对 NaCl 的截留率为 15%～50%。在蔗糖和 NaCl 同时存在的情况下，其对糖的分离并不理想。这可能是由于 NaCl 产生的渗透压降低了有效压力或一些膜发生了孔隙膨胀，所以渗透率的降低并不完全与盐的排斥有关。为了获得高纯度的产品（如蔗糖），需要进一步处理以消除剩余的盐，这将更加困难。

所有商用滤膜对单价离子的排斥都是低到中等。尽管它们的孔隙比离子的大小大，但一价盐通常在不同程度上被保留。离子排斥机理可以解释为 Donnan 排斥和位阻作用的结果。Donnan 排斥效应发生在带固定电荷的膜中，与膜材料中固定离子具有相同电荷的离子被排斥出膜表面。Agboola 等人的研究表明盐的输运不能仅仅归因于电荷效应，浓度梯度引起的扩散和压差引起的对流也是盐运移的重要机制。在某些情况下，强带电膜在低压下工作，扩散的影响甚至可能是主要的。

在这项工作中，我们的交联 RC 膜对 NaCl 的截留几乎为零，尽管 Zeta 电位为负。高盐渗透率应与扩散和（或）对流的大量贡献密切相关。由于膜材料的高亲水性，可以预期膜中离子的高扩散率。此外，孔隙膨胀还可能通过增强对流流动和减弱膜壁斥力作用来促进高盐通道。进一步的研究，包括分析膜的有效孔径，以及不同离子性质（浓度、价态和大小）对离子排斥的影响，需要进行进一步的研究，以建立运输机制。此外，更多的研究，特别是关于水解时间对纤维素膜结晶度性能的影响，应该可为提高膜透性探索更多的可能。

9.5 小结

将三甲基硅基纤维素（TMSC）涂覆在多孔聚合物载体上，然后用盐酸蒸气和戊二醛交联再生纤维素，制备了纤维素薄膜复合膜。即使经过长时间的过滤实验，约 150nm 厚的纤维素层仍能牢固地粘附在多孔载体上。膜的 MWCO 约为 300Da。蔗糖与 NaCl 的混合实验表明，该膜对蔗糖与 NaCl 的分离效果很好，80%以上的蔗糖在不排斥盐的情况下被截留。使用相同的测试条件，几种商用膜无法实现这一点。

第10章

LbL表面改性对醋酸纤维素纳滤膜性能的影响

10.1 海藻酸钠膜的制备及化学改性

10.1.1 原膜

将20%（质量分数）的聚合物溶液以1∶2的甲酰胺和丙酮混合，用铸膜刀在玻璃板上铸造醋酸纤维素（CA）膜。湿膜厚度为250μm。浇铸后，在4℃蒸馏水混凝浴（pH值为中性的新鲜蒸馏水）中浸泡1h。相变会立即开始，一段时间后薄膜从玻璃板上脱落。然后将膜在80℃蒸馏水浴中退火10min。所有膜在4℃的0.1% NaN_3 溶液中保存，以防止真菌降解。在进行渗透实验之前，每个膜都用去离子水冲洗以去除盐分，直到达到相同的通量后再储存。

10.1.2 复合膜

将制备好的膜在改性海藻酸钠（MSA）溶液中浸泡30min。然后将样品在去离子水中浸泡洗涤三次（总洗涤时间约6min）。然后将样品浸入阳离子聚合物（壳聚糖，CHI）溶液中30min。重复上述洗涤过程，然后将样品浸入阴离子聚合物（海藻酸钠，ALG）或阳离子聚合物溶液中，重复此过程以构建所需的层数。

10.1.3 海藻酸钠的化学改性

对海藻酸钠进行化学改性。化学修饰包括在均相介质（二甲基亚砜，DMSO）

中，烷基卤化物（十二烷基溴）与 ALG 的羧基初步转化为其四丁基铵（TBA）盐的反应。长烷基链因此通过酯键连接到多糖主链上，ALG 首先转化为酸性形式。采用强酸性阳离子交换磺酸树脂 Amberlite IR-120 进行处理。然后用氢氧化 TBA 中和多糖的酸性形式，制备褐藻酸的 TBA 盐。冷冻干燥后，溶解在 DMSO 中，在适当的化学计量（本实验中为 C_{12}/ALG=1/10）下加入烷基溴，在 30℃ 搅拌下反应 24h。加入氯化钠溶液以保证 TBA 离子与 Na 离子的交换。将得到的混合物在不断搅拌下倒入乙醇中。沉淀物经过滤，用 3∶1 乙醇/水洗涤 3 次，丙酮洗涤 3 次，最后真空干燥 24h。用 H^1 NMR 检测取代烷基链，用气相色谱法定量。在此条件下取代率为 4.3%（物质的量比）。

10.2 膜的表征

利用扫描电镜（日立 S-4500）对膜的表面形貌进行了检测，溅射厚度（Pt）约为 25Å。原子力显微镜（AFM）图像使用 Dimension 3100（Veeco）在室温下以轻敲模式获得，硅悬臂梁的谐振频率为 276kHz。

10.3 渗透试验

渗透试验的有效膜面积为 38.5cm^2，进料总量为 350mL，室温下操作压力为 15bar。首先用纯净水在试验池中对膜进行调节，逐渐增加压力至 15bar，至少 1h。在每次实验中，分别测定纯净水和不同盐溶液（2000mg/L）的渗透率。为尽量减少浓缩极化层，在 600r/min 的转速下保持恒定搅拌速率。

$$R_{obs}(\%)=\left(1-\frac{C_p}{C_f}\right)\times 100\% \tag{10-1}$$

观察到的盐排斥系数（R_{obs}）定义为根据进料（C_f）和渗透溶液（C_p）中电导率测量确定的盐浓度值计算得出的。

10.4 接触角测量

最广泛使用的方法（无底滴）是直接测量沉积在表面上的液滴的接触角，其角度是通过在液滴与固体表面的接触点与轮廓的切线来确定的。这可以在投影图像或水滴的照片上完成，也可以直接使用装有测角目镜的望远镜完成。接触角用PTI测角仪测定。

10.5 污染测试

牛血清白蛋白（冷醇沉淀BSA）购自Sigma Chemical。已知BSA的分子量为69kDa，p*I*为4.9。将1g牛血清白蛋白溶解于250mL去离子水中制备牛血清白蛋白溶液。膜的污染测试包括让100mL的蛋白质溶液（4g/L）在2bar的跨膜压力下通过膜。对各膜在污染前后的水、盐通量和除盐率进行了表征。

10.6 结果与讨论

10.6.1 膜的改性

我们使用带相反电荷的聚电解质，即海藻酸钠和壳聚糖。这两种天然来源的聚合物具有密切相关的化学结构（图10-1），可在不同层之间形成良好的黏附性。为了保证聚电解质在CA表面的吸附并解决其电中性问题，我们通过在ALG上接枝C_{12}烷基侧链制备了疏水改性聚电解质（MSA）。烷基侧链确保第一层沉积的聚电解质层不是通过静电相互作用而是通过疏水相互作用锚定在中性CA表面上。这种相互作用发生在CA的乙酸基团和MSA的烷基链之间。存在于第一层

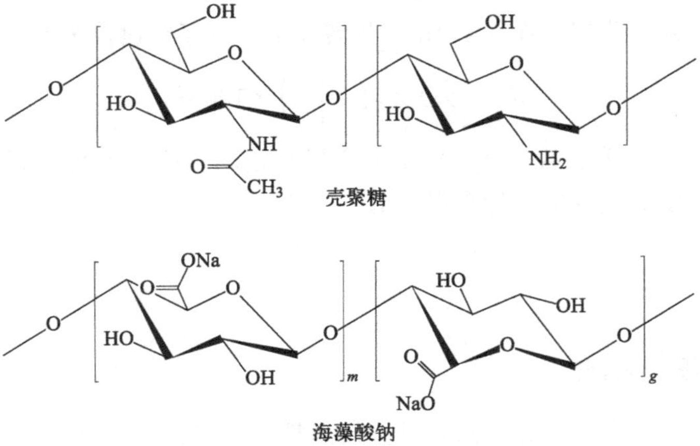

图10-1 形成不同层的聚电解质化学式

沉积层上的阴离子电荷部分面向体外，并使阳离子壳聚糖可进一步吸附。然后将相反电荷（ALG 和 CHI）的聚电解质层交替沉积在修饰的表面上。在不同情况下，最后沉积的层都是阳离子层，因为它是由 CHI 组成的。

10.6.2 改性膜的形态表征

图 10-2 显示了未修饰的 CA 膜［图 10-2(a)］和 LbL 表面修饰的 CA 膜，分别有 15 层对［图 10-2(b)］和 30 层对［图 10-2(c)］。对于未修饰的膜，图 10-2(a) 显示出与膜顶层对应的光滑规则的结构。图 10-2(b) 清楚地证明了 15 层（ALG/CHI）双分子层沉积后膜表面形成的网状结构。与未经改性的膜相比，膜的表面更加粗糙。这些现象在 30(ALG/CHI) 双分子层吸附后更为明显［图 10-2(c)］，膜表面形成颗粒状结构。

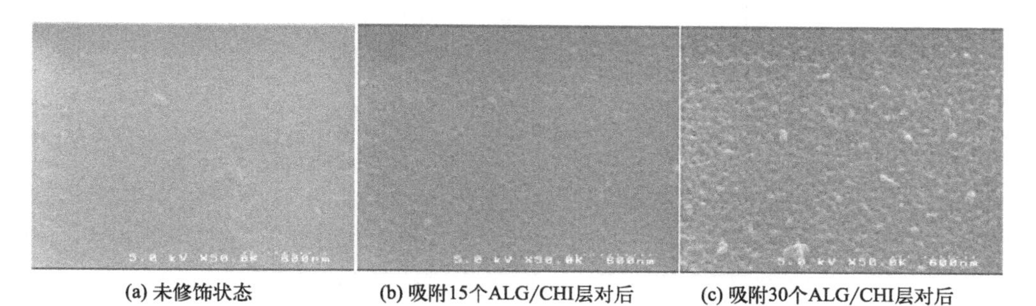

图 10-2　不同 CA 膜表面 SEM 图片

从 AFM 图片（图 10-3）可以得出同样的结论。未经修饰的膜表面是光滑的［图 10-3(a)］，在沉积 15 层对后，粗糙度增加，并观察到一个网络［图 10-3(b)］。30 层对沉积后，表面呈颗粒状，粗糙度增大［图 10-3(c)］。

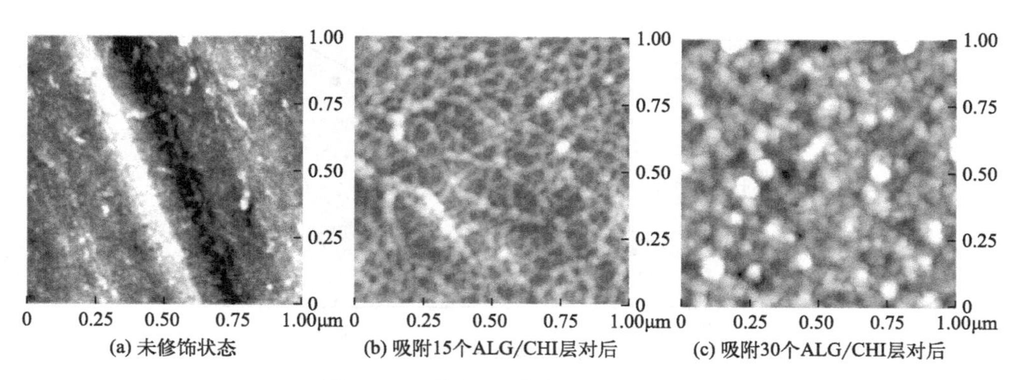

图 10-3　不同 CA 膜表面 AFM 图片

表面粗糙度由 AFM 测量，并报告为图 10-4 所示的吸附层数。我们观察到表面粗糙度随着吸附层数的增加而增加，并在 15～20 层附近出现断裂。这种行为可以归因于吸附的聚电解质构象的变化，这导致了图 10-3 中已经报道的表面形态的变化。得到的 15 层双层网络被具有不同构象的新吸附层压平。超过 20 层后，表面粗糙度又开始上升。能量色散 X 射线光谱对壳聚糖大分子 NH_2 功能特征中 N 原子含量的表面分析如图 10-5 所示。所得数据显示，随吸附层数呈线性变化。可以认为，通过逐层吸附，聚电解质涂层的厚度随之增加。在 29g/L 以上的 NaCl 溶液中，聚电解质层是稳定的。在我们所有的渗透实验中，保留液中的盐浓度都保持在 4g/L 以下。

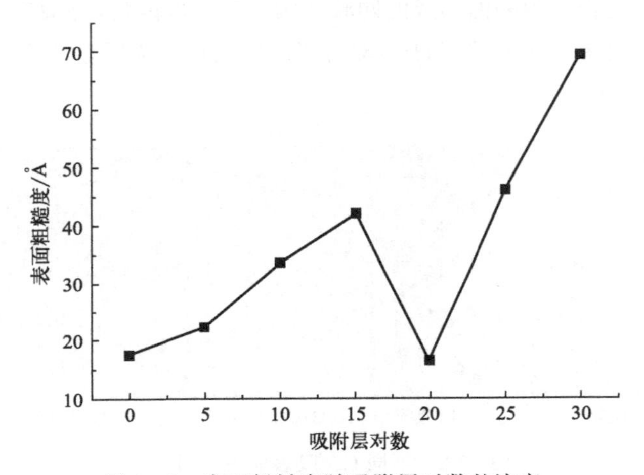

图 10-4　表面粗糙度随吸附层对数的演变

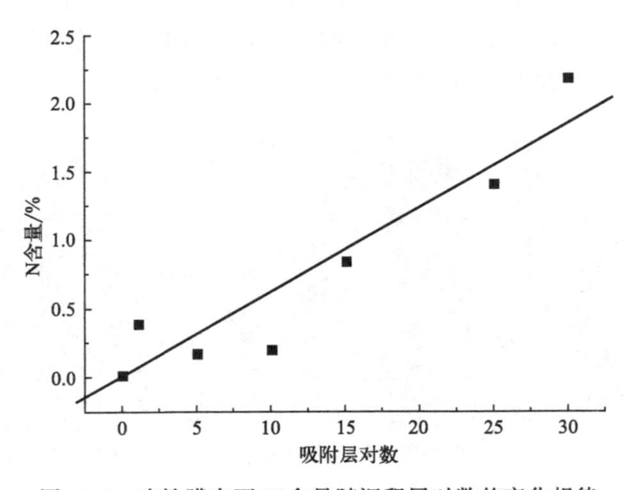

图 10-5　改性膜表面 N 含量随沉积层对数的变化规律

10.6.3 膜的性能

纳滤试验在15bar压力下进行，进料浓度为2g/L。图10-6显示了水和一价盐进料溶液（NaCl，KCl）的渗透通量随吸附层对（ALG/CHI）数量的变化。水通量增加到20个吸附层对，然后减少。我们还注意到NaCl和KCl溶液具有相同的行为：通量在达到15～20层对时适度增加，之后明显下降。除5对和10对吸附层外，水通量均高于氯化钾溶液通量。KCl溶液通量均高于NaCl溶液通量。

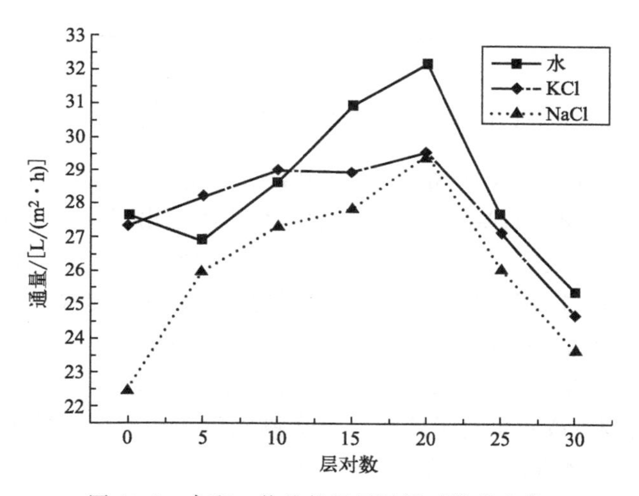

图10-6　水和一价盐的通量随层对数的变化

如图10-7所示，未修饰膜的截留率从70%～75%下降到15～20层对的60%～65%。以同样的方式，两种盐都观察到这种行为。可以注意到，尽管超过20层对的渗透率显著下降，但排斥反应没有明显变化。一价盐溶液在前15～20层对的保留下降很容易归因于电荷密度的增加，电荷密度允许离子通过离子交换机制从一个位置移动到另一个位置。超过20层对，聚电解质的吸附不会带来更多的电荷密度，两种盐的截留保持不变。水通量和一价盐通量的增加可归因于多层膜内亲水性的增加，更大的电荷密度意味着更多的带电物质被吸附的聚电解质带到膜表面。这些带电的物质也带来了它们的水合外壳，因此在聚电解质多层膜中有更多的水。5层对和10层对吸附后，KCl溶液通量大于水通量。裸CA膜的平均孔半径为0.44nm。聚电解质的吸附不能完全堵塞毛孔，只会发生表面阻塞。仅在5层对和10层对的表面上观察到有限的阻塞。我们将这种反转归因于K^+和Cl^-诱导的筛选效应。筛分作用使多层结构松散，使其更具渗透性。

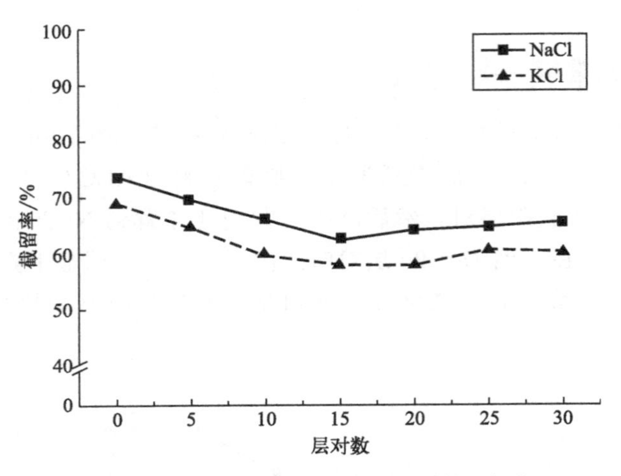

图 10-7　一价盐的截留率与层对数的关系

图 10-8 和图 10-9 表示阴离子和/或阳离子二价盐分离的相同参数。尽管未改性膜的通量也有相同的差异，但得到的三个曲线指出了一个密切的联系：5 层对的通量急剧下降，15～20 层对的通量最大。这种现象似乎并不表明电荷的性质对所研究的参数有显著的影响。所观察到的与一价盐的差异在于前 5～10 层对的渗透率下降（图 10-6 和图 10-8），15～20 层对总是观察到最大渗透率。为了避免二价离子特别是钙离子的交联作用，膜被去离子水强烈冲洗。这种洗涤的目的是在含有二价和/或一价离子的溶液每次渗透后，从聚电解质多层结构中消除离子。当溶液盐渗透前的水通量相同时，停止洗涤。我们不能说二价离子的网状效应被抑制了，但我们可以确认，通过这个水洗步骤，它将被降低到最小。随着吸附层对数的增加，膜的截留率随膜层对数的增加而增加（96％～99.5％），未

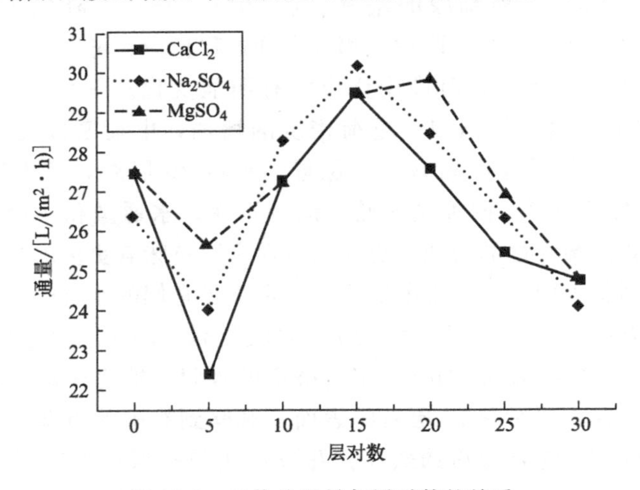

图 10-8　二价盐通量与层对数的关系

修饰膜的截留率为 92%～98%。这一观察到的现象证实了二价离子主要被随着电荷密度增加而增加的 Donnan 效应所拒绝。

为了清楚地了解所考虑的现象，我们进行了材料表面状态的研究。图 10-10 显示了接触角随沉积层对数的变化。我们注意到接触角先减小，然后增加，直到达到一个近似稳定状态。在大约 15 层对时，该值最小。结果表明，15 层对获得了最大的润湿。因此，我们可以建立二价盐的表面亲水性与最大渗透率之间的相关性（图 10-8）。

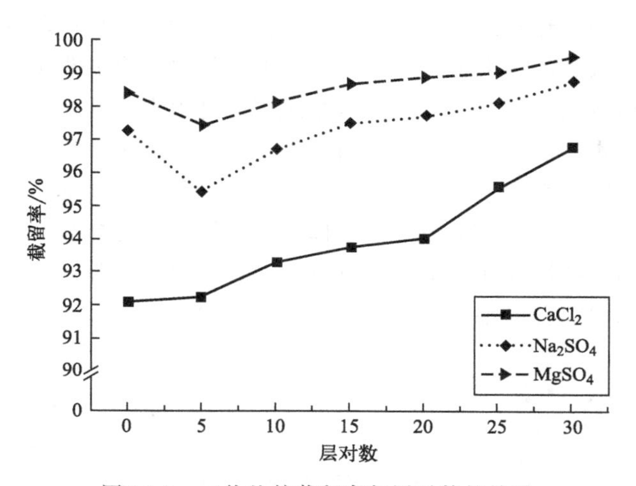

图 10-9　二价盐的截留率与层对数的关系

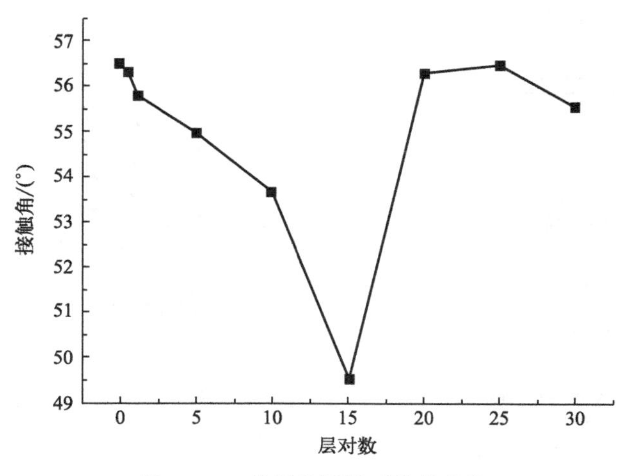

图 10-10　接触角随层对数的变化

在类似的研究中，在多层表面的行为中也观察到类似的现象。在我们的例子中，通量和保留的变化似乎都可以用电荷密度和亲水性的增加来解释，这是由于过度补偿现象在膜表面增加了吸附层。这种行为在15～20层对达到最大值，之后这种趋势被逆转，越来越多的离子对的形成似乎导致了水渗透的阻力。在前15～20层对中，表面随着吸附的聚电解质变得越来越亲水，超过20层对后，表面亲水性能下降。由于润湿特性是一种表面现象，我们可以推测，在15～20层对附近发生了某种现象，并且在超过20层对的地方对吸附的聚电解质进行了一定的重组。

多层结构的形成如图10-11所示。添加新层意味着三种可能：离子对形成、反离子凝聚和电离。这里的问题不是哪一个，因为所有三种情况都发生了。一些电荷将中和先前吸附的聚电解质层上的相反电荷位置，形成离子对。羧酸离子与质子化胺反应形成的离子对比单独带电基团更不易被水溶剂化。反离子可能在聚电解质主链上凝聚，宏观上看不到任何电荷。电离是指在聚合物主链上存在一个净电荷，并在其附近发现水合反离子。在这种情况下，带电部位和反离子被水分子溶剂化。对于含有弱聚电解质的多层体系，聚阴离子的酸强度和聚阳离子的碱强度随着总吸附层的增加而增加。这意味着当聚电解质ALG和CHI加入多层体系中时，它们的电离程度都会增加。

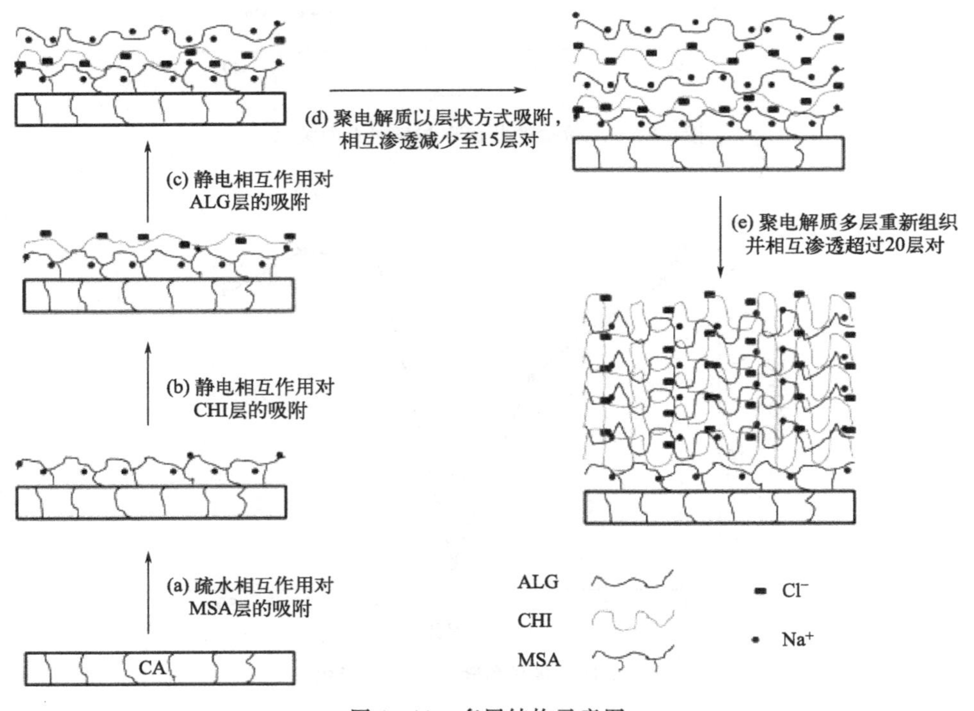

图10-11 多层结构示意图

所以，当我们吸附聚电解质时，电荷密度增加因为两种聚电解质的电离度都增加了。这解释了在第一个吸附的15层对中，由于离子可以通过离子交换机制轻松移动，所以NaCl和KCl的截留率降低。这种电荷密度的增加使得对二价离子的排斥力更强，这反过来解释了Donnan效应导致二价离子截留率增加的原因。当电荷密度达到一定极限时，两种聚电解质上电离位点之间的静电相互作用增加，这些位置会被它们的反离子中和。为了中和带电位点，ALG和CHI层变得越来越相互渗透。层状层［图10-11(d)］重新组织成为互穿层［图10-11(e)］。我们可以说，当带相反电荷的聚电解质变得更离子化时，通过达到一定的电荷密度限制，它们改变了构象并相互渗透。构象的改变，最终导致产生更多的离子对，这在热力学上更稳定。这种现象发生在多层膜的内部和表面，这解释了接触角值在15层对以上的变化。

超过15～20层对，多层密度和厚度增量比15层对之前更重要。在每个吸附步骤之后，更多的聚电解质被吸附，这意味着形成了更多的离子对。我们推测此时电荷密度没有变化。因为超过15～20个吸附层对，电荷密度实际上是恒定的(仅有相当小的下降)。所研究的盐（NaCl、KCl、$CaCl_2$、Na_2SO_4和$MgSO_4$）的截留率和通量以及水通量的变化归因于膜表面亲水性的变化。离子对的增加使多层膜排斥水和小离子。因此，获得的膜具有较低的渗透率，表明顶层的孔隙比裸露的CA膜的孔隙小。15～30层对接触角值的增加是由于改性膜的亲水性降低所致。水通量和盐通量的降低证实了多层膜也有粒径排除作用。超过15层对的形态变化是形成新结构的另一个实证。新膜顶层更致密，呈颗粒状，使多层膜更耐通量。

纳滤膜的分离基于静电相互作用、尺寸排斥和介电排斥。介电排斥是一个参数，要考虑薄膜具有亚纳米直径的孔。所研究的离子的水合半径均小于醋酸纤维素裸膜的平均孔径（Na^+：0.358nm、K^+：0.331nm、Ca^{2+}：0.412nm、Mg^{2+}：0.428nm、Cl^-：0.332nm、SO_4^{2-}：0.300nm）和CA膜的平均孔径(0.44nm)。所以我们可以说静电相互作用是最重要的因素。15层对吸附后电荷密度保持不变，但我们观察到水盐通量和留盐量发生了一定的变化，这意味着得到的膜的平均孔径发生了变化。

10.6.4 聚电解质改性膜的防污性能

牛血清白蛋白（BSA）在CA膜上的吸附导致水通量增加，NaCl溶液通量减少，盐截留率降低（表10-1）。这些结果可以用BSA和CA之间的相互作用来解释，这种相互作用增加了膜表面的亲水性，增强了水通量。牛血清白蛋白是由带正负电荷的不同单元和疏水部分组成的复杂聚合物分子。新的表面电荷倾向于降低盐通量，这一现象可以用Na^+和Cl^-水化壳的变化来解释。当这些离子与污染的膜接触时，截留率急剧下降。对比 CA 膜和 BSA 污染的 CA 改性膜的性能，我们可以说，通量增加了 15%，截留率下降了 10%左右。

表 10-1 BSA 污染前后 CA 膜的性能

膜	CA 膜	污染后的 CA 膜
水通量/[L/(m^2·h)]	27	28
NaCl 通量/[L/(m^2·h)]	22	17
NaCl 截留率/%	27	57

这种现象可以用最外层的聚电解质层和被吸附的蛋白质层之间的静电相互作用来解释。所获得的结构防止了 BSA 分子对膜孔的阻塞。在膜技术用于分离含有一定量蛋白质的咸溶液的情况下，这种行为可能是有益的。当吸附分子层对数超过 15～20 时，所吸附的聚电解质的构象发生了转变。一开始，被吸附的聚电解质的结构是“平坦的”。在每个吸附步骤之后，一层片状聚电解质层被吸附到表面，而“没有”与更深层相互渗透。

10.6.5 膜的稳定性和储存性

醋酸纤维素膜通常用于 pH 值 4～8，以避免水解。表面改性膜在相同的 pH 值范围内使用，可保持膜结构的完整性。不过，当 pH 值低于海藻酸盐 pK_a (3.4) 或高于壳聚糖 pK_a(6.6) 时，它们的构象可能发生变化。吸附在 CA 膜上的 ALG/CHI 多层膜在 0.5mol/L 左右的 NaCl 溶液中是稳定的，盐浓度的增加会使膜表面更光滑，这种作用是由钠离子和氯离子的筛选作用引起的。当 LbL 表面改性膜与 NaCl 溶液接触时，吸附的 ALG 和 CHI 改变构象，整个结构变得松散。超过一定限度，多层膜将膨胀直到聚电解质脱络合。用高浓度 NaCl 溶液洗涤聚电解质多层膜，可以去除聚电解质多层膜。膜的降解会导致膜顶层的脱盐，从而影响膜的性能和完整性。在储存期间，CA 膜必须通过添加防腐剂来防止生物降解。

10.7 小结

在本研究中，我们通过沉积 ALG/CHI 聚电解质制备了表面改性的 CA 膜。这些膜具有纳滤性能。我们用这些材料获得了接近 100%的二价盐截留率（在中等压力和正面分离的条件下）。最佳吸附层对数为 15～20 左右，可获得较好的渗透率/盐截留率和较好的一价/二价盐分离效果。这些分析与观察到的纳滤性能完全相关。通量和截留率与沉积层对数的曲线关系可被解释为修饰表面的电荷密度和亲水性行为的增加。电荷密度的增加，通过 Donnan 效应增加了二价盐的截留，而交换机制降低了一价盐的保留。电荷密度的增加使多层膜对水和盐的渗透性增强。

多层膜的形成机制分为松散吸附和致密堆积两个阶段，分别对应不同的结构和性能。通过控制层对数和电荷密度，便可调节膜的渗透性和抗污染能力。

第11章

纤维素/二氧化锆纳滤膜制备及其水处理应用

11.1 界面聚合制备纤维素/二氧化锆纳滤膜

将制备的纤维素超滤膜（ZrO_2/BCM）作为纳滤膜衬底，如图11-1所示。配制一定浓度的哌嗪（PIP）水溶液以及TMC/正己烷溶液；将纤维素超滤膜（ZrO_2/BCM）置于培养皿中，倒入PIP水溶液直至浸没纤维素超滤膜（ZrO_2/BCM）表面，待反应一段时间后将膜取出，吸干膜表面水分；将膜置于新的培养皿中，并快速倒入TMC/正己烷溶液；待反应结束后，将膜取出放置于滤纸上吸收水分，并用洗耳球吹除表面水分，使其生成的聚合产物均匀保持在膜表面，即得到以ZrO_2/BCM为衬底的纳滤膜IP-ZrO_2/BC-NFM。

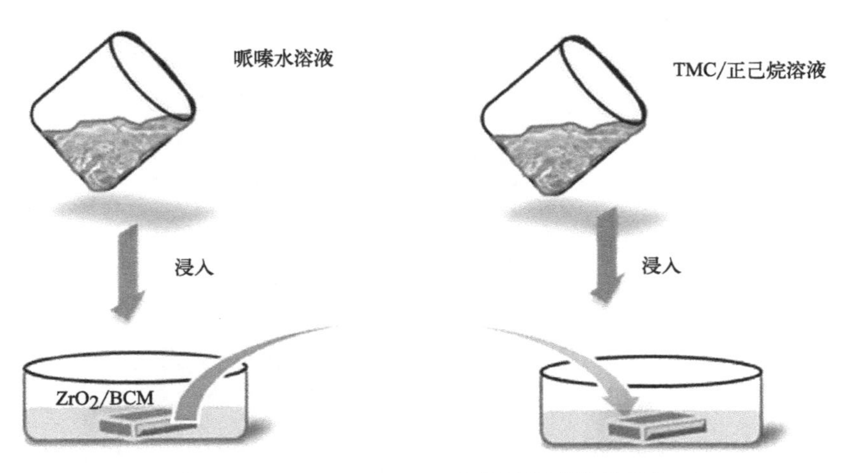

图11-1 IP-ZrO_2/BC-NFM的制备流程示意图

11.2 水处理结果测定

11.2.1 浑浊度测定

使用10mL试管取待测水样，使用便携式浊度仪测定原水与处理水的浑浊度。由于静置等因素可能对测量值产生影响，因此每种样品需要进行三次检测，以保证数据的可靠性。根据《生活饮用水卫生标准》（GB 5749）中要求可知，浑浊度应<1 NTU。

11.2.2 总硬度测定

以 $CaCO_3$ 作为水中总硬度指数。在待测定水样中加入铬黑T指示剂络合，待溶液呈现酒红色后滴加乙二胺四乙酸（EDTA），边滴边摇晃，使溶液颜色逐渐变蓝，到纯蓝色为止。根据滴定所用EDTA体积换算水样中总硬度。根据《生活饮用水卫生标准》（GB 5749）中要求可知，总硬度应小于450mg/L。

11.2.3 有机物测定

高锰酸盐指数（以 O_2 计）能够衡量水中有机物质的含量。使用高锰酸钾作氧化剂测定得水样中的高锰酸盐指数（以 O_2 计）。根据《生活饮用水卫生标准》（GB 5749）中要求可知，高锰酸盐指数（以 O_2 计）应小于3mg/L，氨（以N计）应小于0.5mg/L。

11.3 膜的表征及性能测试方法

11.3.1 场发射扫描测试

采用场发射扫描电镜（FESEM）观察IP-ZrO_2/BC-NFM膜表面形貌与断面结构，对样品膜进行表征。将制备的湿态膜使用液氮进行冷冻，一段时间之后用剪刀将其剪断，确保断面的完整性，冷冻干燥24h后测样。为了获得高质量的SEM图像，将制备好的样品进行喷金处理增加膜的导电性。

11.3.2 ATR-IR表征

使用ATR-IR对IP-ZrO_2/BC-NFM的化学组成进行分析。将纤维素膜及纤维素共混膜置于室温下1～2h自然阴干，真空干燥8～12h，裁剪成1.5cm×1.5cm的膜片，采用ATR-IR测定纤维素中官能团组成，在400～4000cm^{-1}扫描32次得出数据。

11.3.3 X射线衍射测试

使用X射线衍射仪分析IP-ZrO_2/BC-NFM的结晶情况。将纤维素膜及纤维素共混膜裁剪成2cm×2cm的膜片，采用X射线衍射测试纤维素膜的结晶情况，测试角度为3°～159°。

11.3.4 热稳定性测试

使用TGA分析IP-ZrO_2/BC-NFM的热稳定性，探究膜质量随温度变化的情况。将纤维素膜及纤维素共混膜置于室温下1～2h自然阴干，冷冻干燥24h，将膜样品裁剪成0.2cm×0.2cm的膜片，放在氧化铝坩埚中，在氮气流量为20mL/min的情况下，1h内从30℃升温至800℃，质量减少偏差小于±0.2%。收集数据，对比不同膜样品及二氧化锆的TG曲线图，分析纤维素膜的热稳定性，探究膜质量随温度变化的情况。

11.3.5 膜的性能测试

(1) 接触角测试

采用OCA20型接触角测试仪对IP-ZrO_2/BC-NFM亲水性进行表征。将湿态保存的纤维素膜取出，用去离子水反复清洗去除膜表面的杂质，之后将纤维素膜裁剪成1cm×2cm的膜片，贴于载玻片上压平待测。采用固定液滴法，将水滴于纤维素膜表面，稳定10s后测定静态接触角，为减小实验误差，每个样品测定三次，每次至少取5个不同位置测试，再取平均值，记录数据并分析纤维素的亲水性能。

(2) 膜渗透率测定

IP-ZrO_2/BC-NFM的水通量采用过滤装置进行测量，并在一定压力下，测得单位时间、单位面积所透过的膜片的水通量 Q_w，其结果由式(11-1) 确定：

$$Q_w = \frac{V}{Atp} \tag{11-1}$$

式中，V 为在单位时间内通过膜的纯水的体积，L；A 为膜的有效过滤面积，m^2；t 为膜过滤时长，h；p 为运行压强，MPa。

将膜用去离子水反复清洗干净，膜样品剪裁成 4cm×8cm 的膜片，放入过滤装置中压平；将膜置于 0.5MPa 的压强下，预压 30min，待压力与出水量稳定时，每隔 3min 记录通过膜的水的体积，每个样品记录 5 次，取平均值，得到可靠的 IP-ZrO_2/BC-NFM 纯水通量。

(3) 截留率测定

配制质量浓度为 500mg/L 的 NaCl、Na_2SO_4、$MgCl_2$、$CaCl_2$ 溶液，在 0.5MPa 的压强下，通过电导率仪测定 IP-ZrO_2/BC-NFM 对无机盐离子的截留情况。膜截留率实验，通过对比膜过滤前后无机盐离子浓度，即可得出纤维素膜的截留率 R，计算公式如式(8-4) 所示。

先配制 1g/L 的甲基蓝（MB）与 1g/L 的刚果红（CR），再通过紫外分光光度计测量波长在 664nm 的进料浓度与 488nm 处的出料浓度，计算 IP-ZrO_2/BC-NFM 对活性染料的截留情况。

(4) 截留分子量

截留分子量为当中性有机分子截留率达到 90%时，其中性分子所对应的分子量。配制初始浓度为 1g/L 不同分子量的聚乙二醇 PEG（200、400、600、800、1000），在 0.5MPa 下通过膜分离系统进行过滤。采用紫外分光光度法测试进料前后的 PEG 浓度，然后计算膜的孔径大小以及孔径分布情况。

孔径概率密度分布函数如式(11-2) 所示：

$$\frac{dR(r_p)}{dr_p} = \frac{1}{r_p \ln\sigma_p \sqrt{2\pi}} \exp\left[\frac{(\ln r_p - \ln\mu_p)^2}{2(\ln r_p)^2}\right] \tag{11-2}$$

式中，r_p 为斯托克斯半径，nm；μ_p 为平均有效半径，nm，即当截留率为 50%时有机分子对应的斯托克斯半径；σ_p 为几何标准差，即当截留率为 84.13%与 50%时有机分子对应的斯托克斯半径之比。

斯托克斯半径公式如下：

$$r_p = 16.73 \times 10^{-12} \times {M_{PEG}}^{0.557} \tag{11-3}$$

式中，M_{PEG} 代表分子量，Da。

(5) 耐酸碱性能测定

分别用 1mol/L HCl 或 1mol/L NaOH 稀释制备 pH 值为 2 或 pH 值为 10 的溶液，并将膜在酸碱溶液中浸泡 5 天，测定膜水通量的变化，分析 IP-ZrO_2/BC-NFM 的耐酸碱性能。

(6) 抗污染性能测试

通过配制 1g/L 的 BSA 以及 1g/L 的 Na_2SO_4 作为污染物，在 0.5MPa 下长时间运行后的截留效果来评价纳滤单元的抗污染性能。配制 1g/L 的 BSA 添加到同浓度的 Na_2SO_4 中作为进料，在 25℃、0.5MPa 对 Na_2SO_4/BSA 溶液过滤 15h，并记录膜初始的渗透通量和过滤后的渗透通量。在进行长时间动态实验前，需要将膜置于膜过滤系统中预压 0.5h。为防止更换进料溶液时造成的污染等因素影响膜性能和保证数据准确可靠，每次测试三次并计算平均值。膜通量恢复率 r 用于评价膜的抗污染性能，计算公式如下：

$$r=\frac{J_1}{J_0}\times 100\% \tag{11-4}$$

式中，J_0 初始膜渗透通量，L/(m^2 · h)；J_1 为过滤后的平均渗透通量，L/(m^2 · h)。

(7) 膜的清洗及通量恢复率测定

将使用过的再生纤维素膜置于膜过滤系统中，分别用去离子水、0.01mol/L HCl、0.01mol/L NaOH 处理 0.5h，然后取出膜，用去离子水对膜两侧进行多次清洗。通过对比清洗前后的渗透通量，得到膜通量恢复率 r，以此来评价再生纤维素膜的清洗效果。计算公式同式(11-4)。

11.4 结果与讨论

11.4.1 界面聚合制备 IP-ZrO_2/BC-NFM 工艺优化

界面聚合法通过聚合物水相单体 PIP 与有机油相单体 TMC 发生聚合反应形成聚酰胺活性层。界面聚合过程中水相与油相单体相互交联，单体结构、单体扩散和反应速率的不同造成聚酰胺活性层的结构差异。聚酰胺活性层的厚度影响着纳滤膜的渗透率，因此对水相单体质量分数、油相单体质量分数以及反应时间进行工艺优化分析，制备得到性能优异的纳滤膜。

水相单体影响着纳滤膜活性层结构的变化，如图 11-2 所示。在界面聚合过程中，PIP 单体与油相接触立即扩散与 TMC 单体进行反应，快速形成聚酰胺交联网络，并生成聚酰胺活性层。初始的聚酰胺交联网络较为疏松，PIP 透过交联网络继续与 TMC 单体进行反应，逐渐补充聚酰胺交联网络使其致密，形成具有一定厚度的聚酰胺活性层。

由图 11-2 可以看出，当 PIP 的质量分数从 0.5%增加到 1.5%，聚酰胺薄层

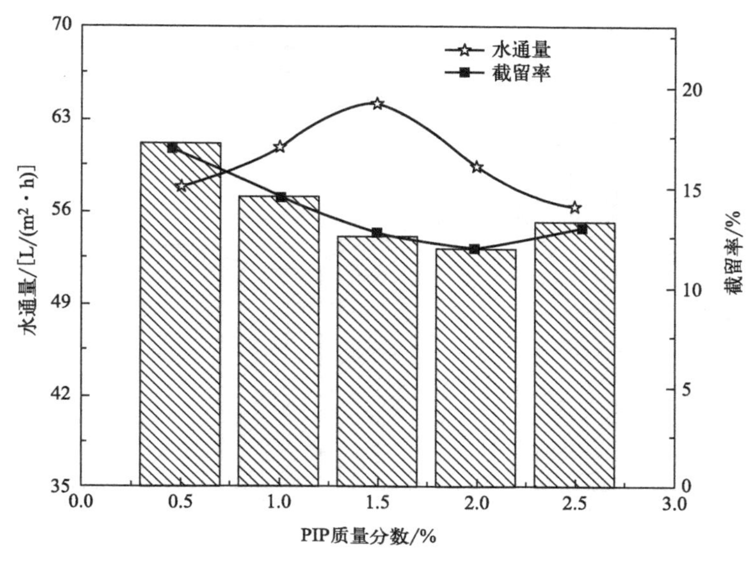

图 11-2　纳滤膜的性能随 PIP 质量分数的变化情况

不断增厚，使水与无机盐的透过受阻，膜水通量大概从 61.3L/(m^2·h) 下降至 54.1L/(m^2·h)，对 NaCl 的截留率呈现上升趋势。之后的反应，一部分 PIP 单体随着交联度的提升而减缓向油相扩散，其余未参与界面聚合的 PIP 单体与膜表面链反应，完善聚酰胺薄层的厚度。

当 PIP 的质量分数高于 2.0% 时，IP-ZrO_2/BC-NFM 的水通量大概从 53.7L/(m^2·h) 上升至 55.6L/(m^2·h)，对于 NaCl 的截留率从 16%下降至 14%。在界面聚合反应初期，由于 PIP 的质量分数过高，过量的 PIP 单体迅速扩散至油相中与 TMC 单体进行聚合，扩散速率与 PIP 单体和 TMC 单体的反应速度不匹配，出现“自限制效应”，导致聚酰胺交联网络的不完整，因此形成的聚酰胺薄层分布不均，存在结构缺陷。

在 PIP 的质量分数不变的条件下，探究油相单体 TMC 的质量分数从 0.05% 增加到 0.25%时对界面聚合反应的影响，结果如图 11-3 所示。随着 TMC 的质量分数的增加，膜水通量总体呈现先下降后升高的趋势。在较低的 TMC 的质量分数时，TMC 单体与扩散至油相的水相单体 PIP 充分聚合，形成的聚酰胺活性层，并在增加 TMC 的质量分数后促进聚酰胺活性层的生长。

TMC 的质量分数的增加会增加聚酰胺活性层的厚度，造成水通量的下降。当 TMC 的质量分数过高时，水相中的 PIP 不足以参与界面聚合，过多的 TMC 会水解并破坏聚酰胺交联网络的完整性。因此在 TMC 的质量分数为 0.15%前后，膜水通量与截留率呈现相反的变化趋势。

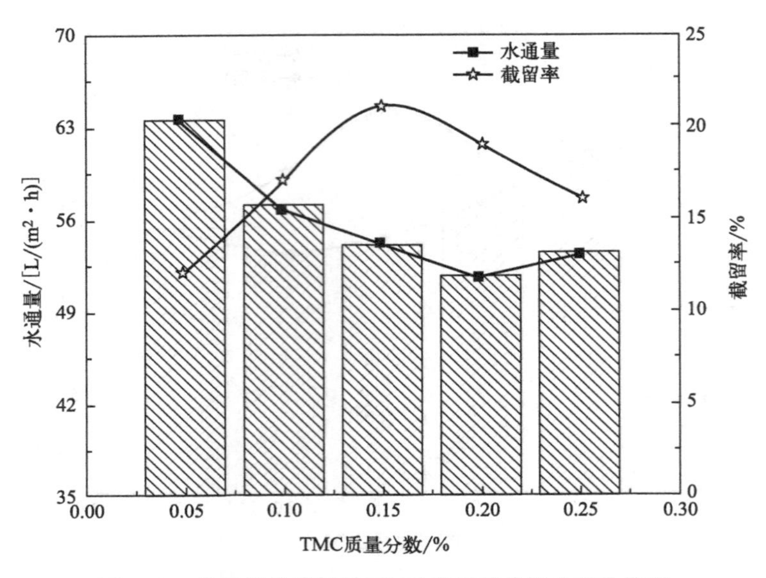

图 11-3　纳滤膜的性能随 TMC 的质量分数的变化情况

在图 11-4 中，随着聚合时间的增加，膜水通量呈现下降趋势。随着聚合时间的增加，PIP 水相单体与 TMC 油相单体不断进行聚合反应，完善聚合物的网状结构，使聚酰胺活性层不断致密化，膜水通量大概从 64.3L/(m^2·h) 降至 52.9L/(m^2·h)。聚酰胺活性层的致密化会阻碍水相 PIP 单体向油相扩散，减缓聚合反应的速率，聚酰胺活性层的致密化不再发生显著变化。因此随着反应时间

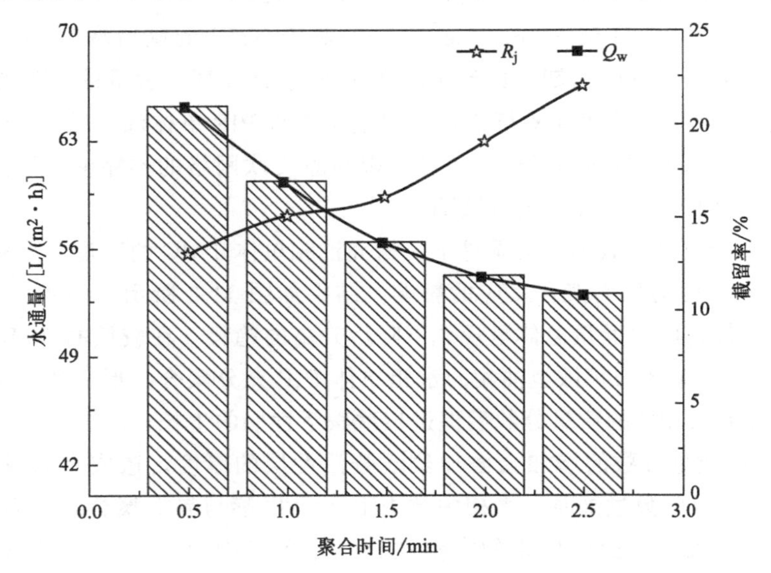

图 11-4　纳滤膜的性能随聚合时间的变化情况

的延长，膜水通量下降趋势减缓。反应时间为 2min 时，对 NaCl 的截留率达到 19.1%。

根据单因素实验结果得到初步优选值。为进一步优化界面聚合工艺参数，利用 Design-Expert 软件，以 PIP 的质量分数、TMC 的质量分数以及聚合时间为自变量，并设定膜水通量以及 NaCl 截留率两个评价指标，进行正交实验设计。正交实验结果如表 11-1 所示。

表 11-1 正交实验结果

试验组	PIP 的质量分数/%	TMC 的质量分数/%	聚合时间/min	水通量/[L/(m^2·h)]	NaCl 截留率/%
1	1.0	0.10	2.0	56.24	17.8
2	2.0	0.15	1.5	56.76	15.3
3	1.5	0.15	2.0	55.21	18.3
4	1.0	0.15	2.5	56.02	16.6
5	1.5	0.15	2.0	55.70	18.7
6	1.5	0.20	1.5	56.39	17.4
7	1.5	0.15	2.0	55.69	17.9
8	1.5	0.15	2.0	55.12	18.6
9	2.0	0.10	2.0	57.21	16.3
10	1.0	0.20	2.0	56.18	17.1
11	1.5	0.10	2.5	56.51	17.5
12	2.0	0.15	2.5	57.61	16.3
13	1.0	0.15	1.5	56.36	17.1
14	1.5	0.20	2.5	56.41	17.4
15	2.0	0.20	2.0	57.32	16.6
16	1.5	0.15	2.0	55.66	18.3
17	1.5	0.10	1.5	56.21	17.5

表 11-2 IP-ZrO_2/BC-NFM 膜水通量二次多项式模型的方差分析

方差来源	平方和	自由度	均方差	F	p
Model	7.34	0.82	17.11	17.11	0.0006
A-CPIP	2.10	2.10	44.07	44.07	0.0003
B-CTMC	0.00211	0.00211	0.044	0.044	0.8393
C-T 聚合	0.086	0.086	1.81	1.81	0.2209

续表

方差来源	平方和	自由度	均方差	F	p
AB	0.007225	0.007225	0.15	0.15	0.7086
AC	0.35	0.35	7.43	7.43	0.0296
BC	0.020	0.020	0.41	0.41	0.5418
A2	2.59	2.59	54.35	54.35	0.0002
B2	0.96	0.96	20.09	20.09	0.0029
C2	0.77	0.77	16.10	16.10	0.0051
残差	0.33	0.048			
失拟	0.006425	0.002142	0.026	0.026	0.9934
R^2				0.957	

注：水通量＝55.48＋0.51A＋0.016B＋0.10C＋0.04AB＋0.30AC－0.070BC＋0.78A^2＋0.48B^2＋0.43C^2。

表 11-3　IP-ZrO_2/BC-NFM 对 NaCl 截留二次多项式模型的方差分析

方差来源	平方和	自由度	均方差	F	p
Model	12.97	9	1.44	23.49	0.0002
A-CPIP	2.10	1	2.10	34.25	0.0006
B-CTMC	0.045	1	0.045	0.73	0.4201
C-T 聚合	0.031	1	0.031	0.51	0.4985
AB	0.25	1	0.25	4.07	0.0833
AC	0.56	1	0.56	9.17	0.0192
BC	0.000	1	0.000	0.000	1.0000
A2	6.76	1	6.76	110.25	＜0.0001
B2	0.086	1	0.086	1.39	0.2764
C2	2.48	1	2.48	40.42	0.0004
残差	0.43	7	0.061		
失拟	0.037	3	0.012	0.13	0.9389
R^2				0.968	

注：截留率＝38.36－0.51A－0.075B＋0.063C＋0.25AB＋0.38AC－1.27A^2－0.14B^2－0.77C^2。

由表 11-1 正交试验结果可得关于 IP-ZrO_2/BC-NFM 水通量以及对 NaCl 截留率的正交回归模型（表 11-2 和表 11-3）。本实验中膜水通量与膜 NaCl 截留率的 F 值分别为 17.11、23.49，这表明模型显著。在 Design-Expert 中，本实验中膜水通量 Q_w 模型与膜 NaCl 截留率 R 分别为 0.0006、0.0002，远小于 0.0500，同样表示模型显著，且回归模型高度显著，拟合程度高，因此正交实验结果准确。试验结果表明，PIP 的质量分数、TMC 的质量分数以及聚合时间对水通量的影响从小到大分别为 TMC 的质量分数、聚合时间、PIP 的质量分数，对截留率的影响从小到大分别为聚合时间、TMC 的质量分数、PIP 的质量分数。通过各因素交互效应绘制 3D 响应面曲线图，如图 11-5 所示。求解回归模型，当 PIP 的质量分数为 1.5%，TMC 的质量分数为 0.15%，聚合时间为 2min 时，IP-ZrO_2/BC-NFM 的膜水通量与截留率最佳，表明在该工艺参数下界面聚合形成的纳滤膜性能最优。

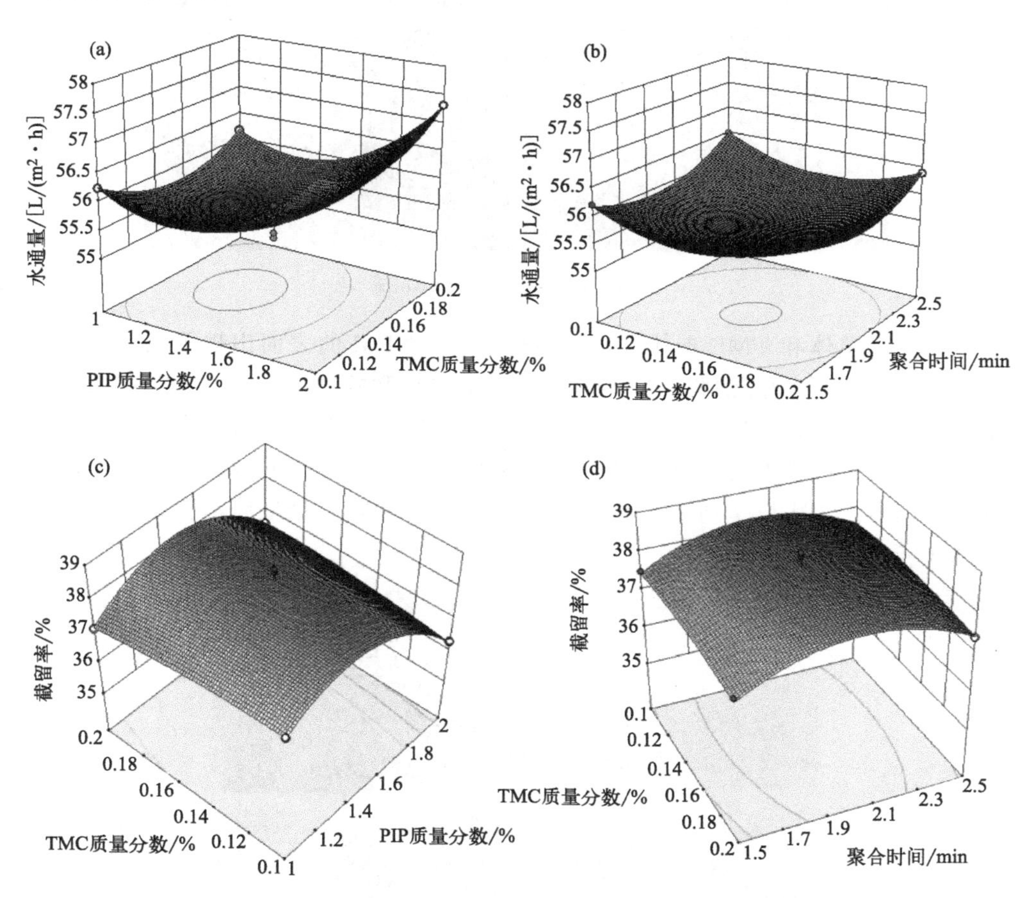

图 11-5　三因素交互响应曲面

11.4.2 IP-ZrO_2/BC-NFM 的形貌分析

ZrO_2/BCM 的表面 SEM 图如图 11-6(a)、图 11-6(b) 所示。IP-ZrO_2/BC-NFM 的表面 SEM 图如图 11-6(c)、图 11-6(d) 所示。从图 11-6 可以看出，ZrO_2/BCM 的表面较为光滑平整，而 IP-ZrO_2/BC-NFM 的表面相对粗糙和致密。

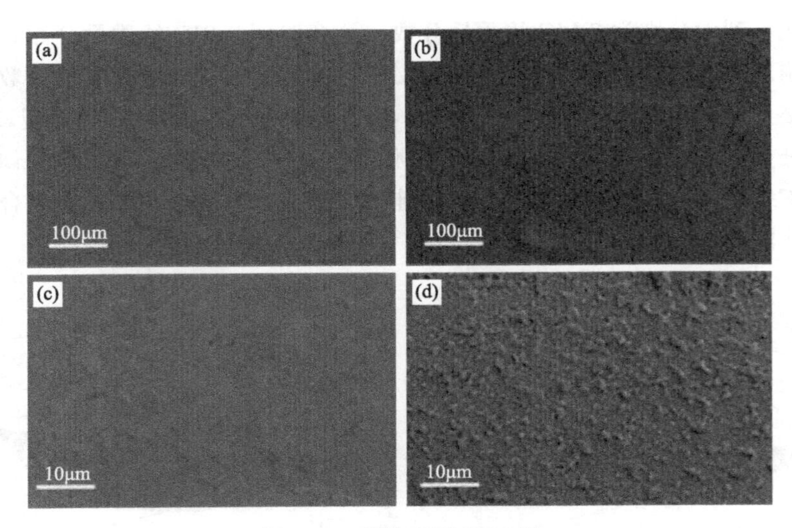

图 11-6　膜的表面 SEM 图

在 PIP 单体和 TMC 单体进行界面聚合后，NFM 的表面出现了条纹状的褶皱结构，这是在水相/油相反应界面上活性单体交联的结果。这与文献中报道的聚酰胺膜结构一致，IP-ZrO_2/BC-NFM 表面形貌的改变也证明了聚酰胺活性层的形成。为进一步观测聚酰胺活性层的厚度，测量了 IP-ZrO_2/BC-NFM 横断面的 SEM 图，如图 11-7 所示，测得 IP-ZrO_2/BC-NFM 的聚酰胺活性层的厚度约为 0.89μm。

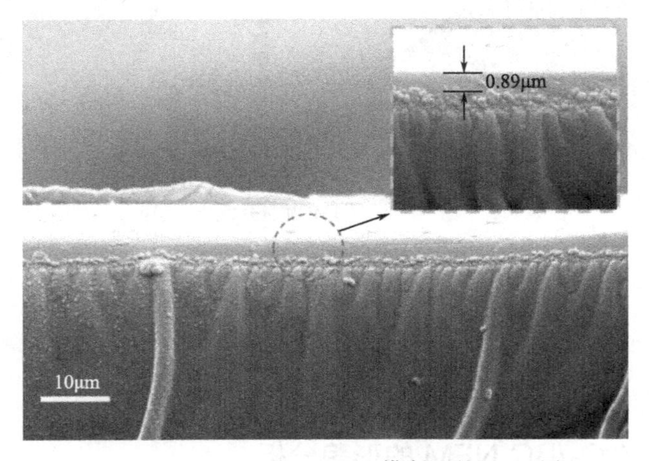

图 11-7　IP-ZrO_2/BC-NFM 横断面的 SEM 图

膜表面粗糙度影响着水的渗透率。使用 AFM 观察膜的表面粗糙度，结果如图 11-8 所示，其中图 11-8(a)、图 11-8(b) 为 ZrO_2/BCM 的 AFM 图，图 11-8(c)、图 11-8(d) 为 IP-ZrO_2/BC-NFM 的 AFM 图。ZrO_2/BCM 的 RMS 粗糙度为

16.339nm，经过界面聚合后粗糙度增加，得到的 IP-ZrO_2/BC-NFM 的粗糙度增加到 84.411nm。界面聚合过程中在 ZrO_2/BCM 的表面上 PIP 与 TMC 的交联形成聚合物的网状结构并生成褶皱的聚酰胺活性层，与图 11-6(d) IP-ZrO_2/BC-NFM 的表面所示一致。

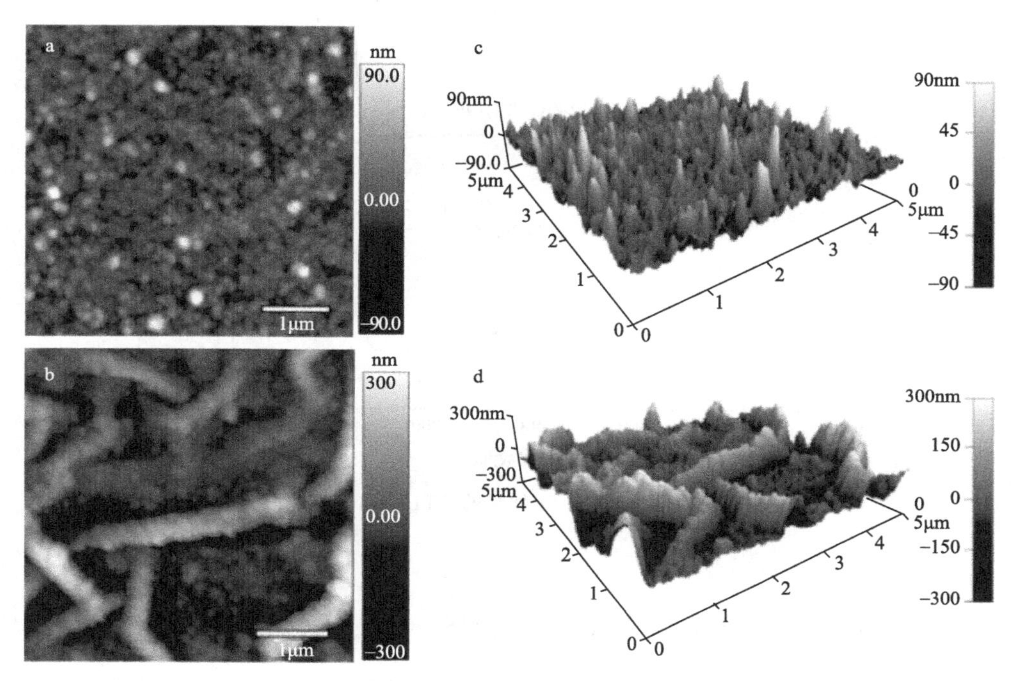

图 11-8 膜的 AFM 图

11.4.3 IP-ZrO_2/BC-NFM 的化学组成

BCM、ZrO_2/BCM 和 IP-ZrO_2/BC-NFM 的 FTIR 图如图 11-9 所示。由图 11-9 可以看出，IP-ZrO_2/BC-NFM 的 FTIR 在 3378.03cm^{-1} 处的-OH 伸缩振动峰明显降低，这表明纤维素超滤膜在界面聚合后，其表面形成的聚酰胺活性层减少了膜表面的羟基，增加了膜的接触角角度。

在界面聚合过程中水相哌嗪的氨基与有机相的均苯三甲酰氯的羧基进行聚合，反应产生的酰胺基团，使 IP-ZrO_2/BC-NFM 在 1635.12cm^{-1} 处的 C═O 伸长振动明显强于前两者。IP-ZrO_2/BC-NFM 在 1446cm^{-1} 处存在 C—N 基团的伸缩振动，这些特征峰都表明成功在纤维素膜表面生成聚酰胺活性层。三种膜的 FTIR 在 1630cm^{-1} 左右均存在较高的 C═O 伸长振动，于 1061.02cm^{-1} 处均存在 C—O 伸长振动峰，证明了界面聚合并未改变纤维素膜的化学组分。

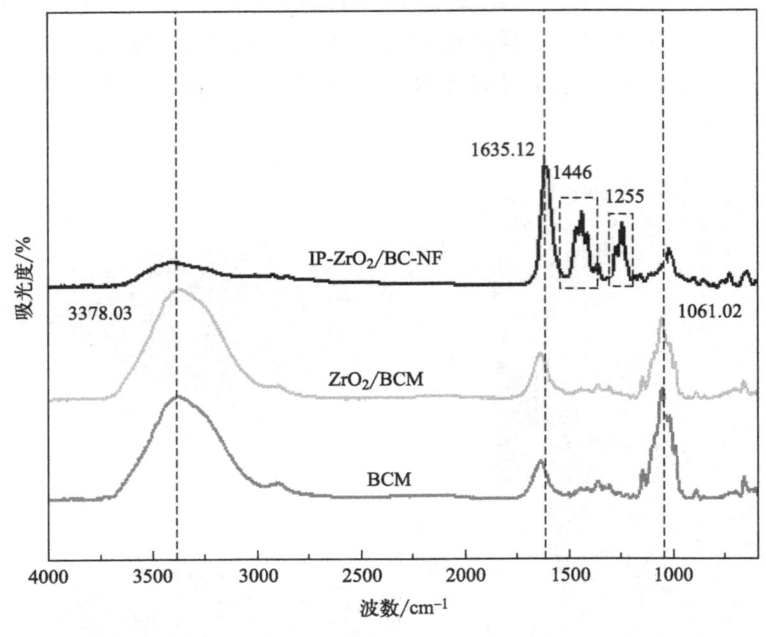

图 11-9 三种膜的 FTIR 图

11.4.4 IP-ZrO_2/BC-NFM 的结晶结构

图 11-10 为 BC、ZrO_2/BCM、IP-ZrO_2/BC-NFM 的 XRD 谱图。纤维素纳滤膜的 XRD 谱图基本与纤维素超滤膜一致，同样在 2θ 为 17.62°、22.78°、26.04°这三处有较强衍射峰。以 ZrO_2/BCM 为基膜进行界面聚合后的 XRD 谱图并未发生太大改变，并未有新的衍射峰出现，ZrO_2/BCM 与 IP-ZrO_2/BC-NFM 的结晶相差不大。

11.4.5 IP-ZrO_2/BC-NFM 的热稳定性

图 11-11、图 11-12 分别为这几种膜的 TG 曲线和 DTG 曲线，通过观察图像分析 BC、BCM、ZrO_2/BCM、IP-ZrO_2/BC-NFM 的热稳定性。

BC、BCM、ZrO_2/BCM、IP-ZrO_2/BC-NFM 的热分解存在三个阶段，当温度升至 100℃时，都存在着表面的水分蒸发和一定量的降解，前三者的质量损失尤为明显。纤维素、半纤维素及有机材料在 300℃至 500℃进行分解，表现为在该温度区间出现严重的质量损失。在 500℃之后分解殆尽直至剩余残余质量。前三者初始分解温度分别为 204.07℃、150.73℃和 201.86℃，IP-ZrO_2/BC-NFM

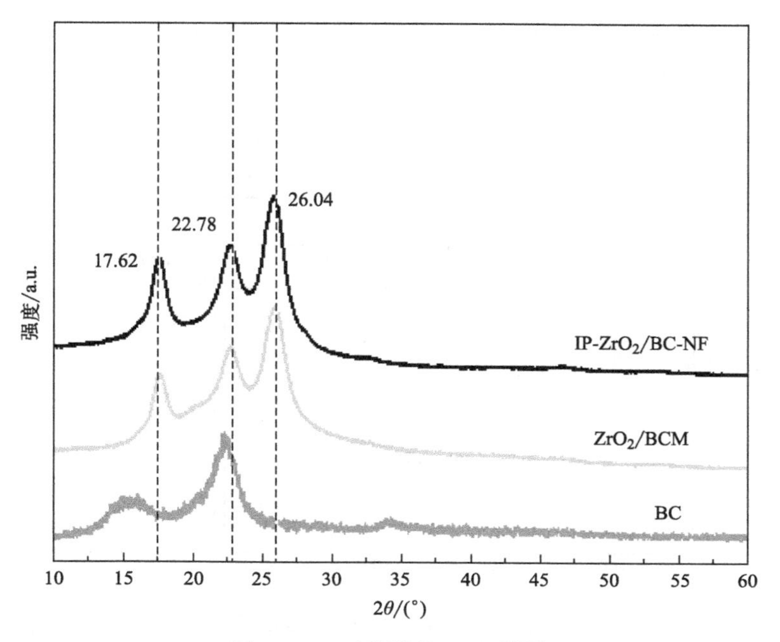

图 11-10　三种膜的 XRD 谱图

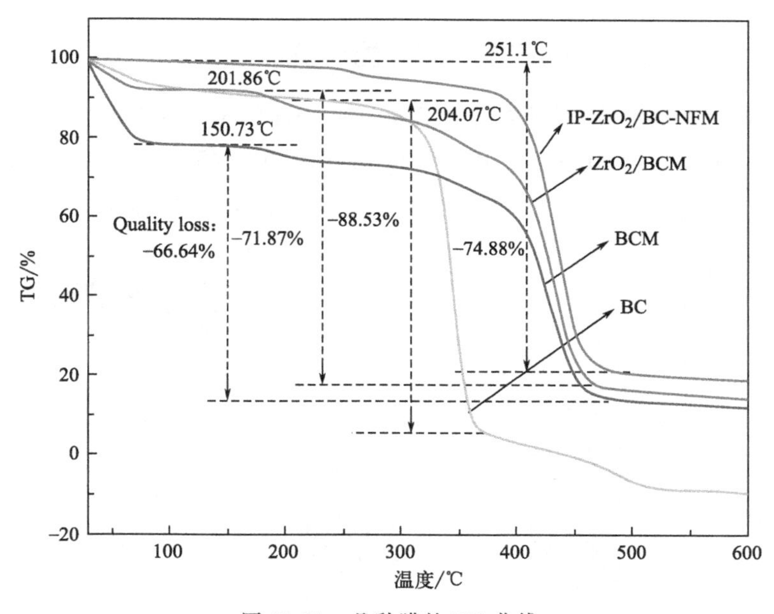

图 11-11　几种膜的 TG 曲线

的初始分解温度为 251.1℃，显然与 ZrO_2/BCM 相比具有更高的热稳定性能，通过在 ZrO_2/BCM 表面进行界面聚合，基膜表面与形成的聚酰胺活性层之间存在较强的相互作用力，进而提升膜的热稳定性能。

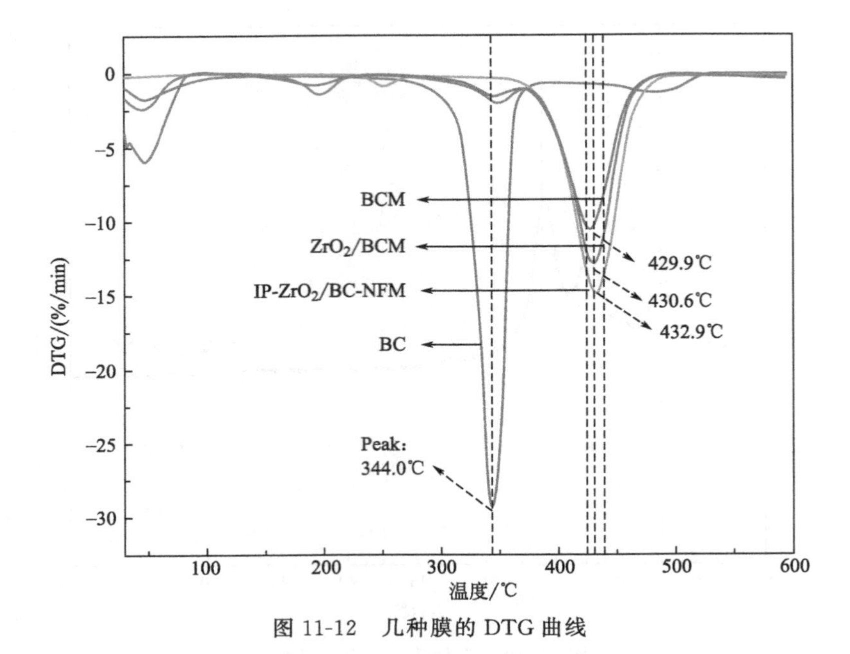

图 11-12　几种膜的 DTG 曲线

11.4.6　IP-ZrO_2/BC-NFM 的膜性能评价

静态水接触角用于评价膜的亲水性能，膜表面的亲水性有助于提高膜的渗透率。如图 11-13 所示，IP-ZrO_2/BC-NFM 的接触角为 45.6°±2.4°。纤维素分子

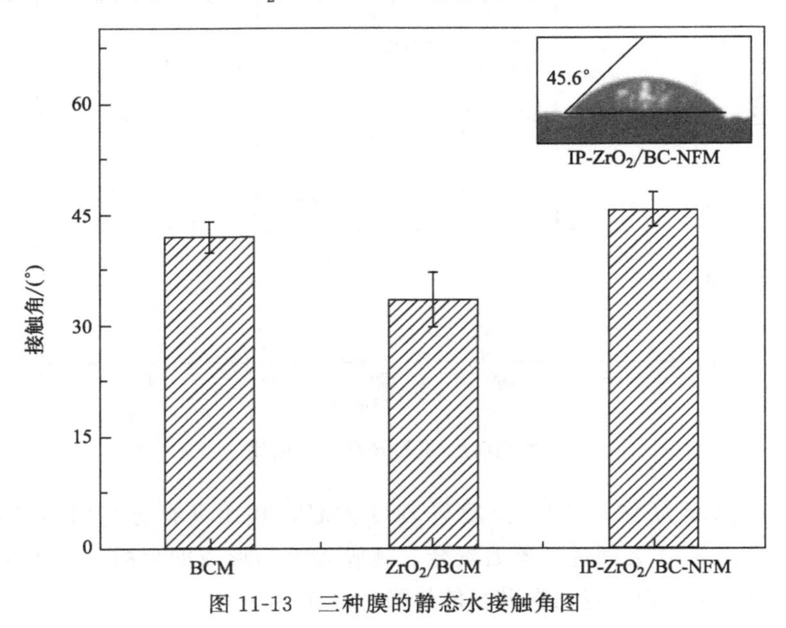

图 11-13　三种膜的静态水接触角图

具有丰富的羟基，因此表现高亲水性能。在界面聚合后，纤维素膜表面形成聚酰胺薄层，覆盖纤维素本身的羟基，增加膜的厚度，因此表现为降低了膜表面的亲水性能。与 Li 等人制备的再生纤维素纳滤膜相比，在纤维素膜中引入 ZrO_2 材料增加了膜表面的粗糙结构，因此在界面聚合过程中，改善膜聚酰胺活性层的表面形态，使膜表面产生明显的褶皱结构，增加膜表面结构的粗糙，能够获得亲水性能更佳的纳滤膜。

根据纳滤膜对不同分子量的 PEG 截留效果来评价膜的孔径，越小的孔径越有利于膜的分离性能。图 11-14 为 IP-ZrO_2/BC-NFM 的截留分子量图。由图 11-14 可以看出，IP-ZrO_2/BC-NFM 的截留分子量为 692Da，计算得到膜孔径为 0.638nm。

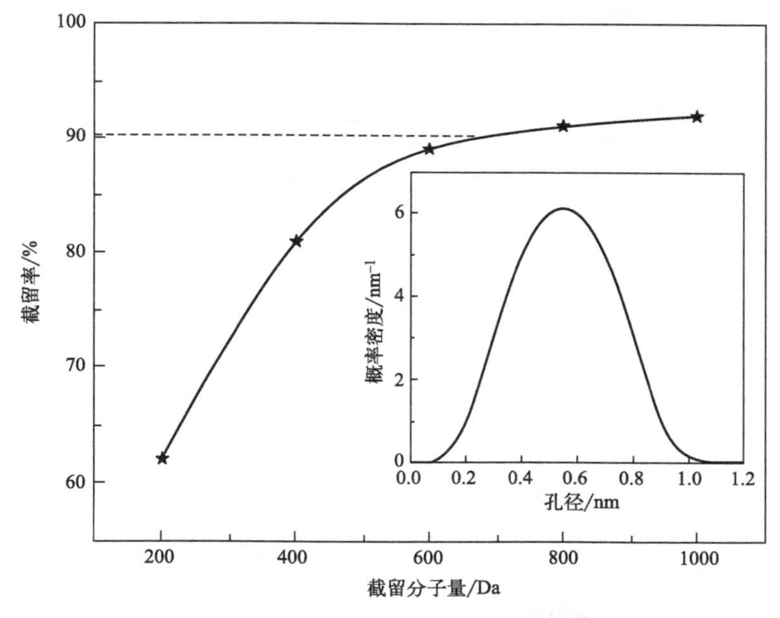

图 11-14　IP-ZrO_2/BC-NFM 的截留分子量

纳滤膜能有效地去除多价盐离子和水中的染料分子，多应用于海水淡化、饮用水软化等水处理。本实验设定在 0.5MPa 的压力下，以 500mg/L 的 NaCl、Na_2SO_4、$MgCl_2$、$CaCl_2$ 以及 1000mg/L 的甲基蓝、刚果红作为测试对象，研究 IP-ZrO_2/BC-NFM 对常见的盐溶液和染料的分离性能，结果如图 11-15、图 11-16 所示。

纳滤膜具有的典型离子选择性，即孔径筛分作用和电荷排斥的协同（Donnan 效应）。IP-ZrO_2/BC-NFM 对无机盐的分离性能如图 11-15 所示，对无机盐溶液的截留率从大到小排布为：$R(Na_2SO_4)>R(MgCl_2)>R(CaCl_2)>R(NaCl)$。纳滤膜的表面含有负电荷的基团，在相同测试条件下，具有高价阴离

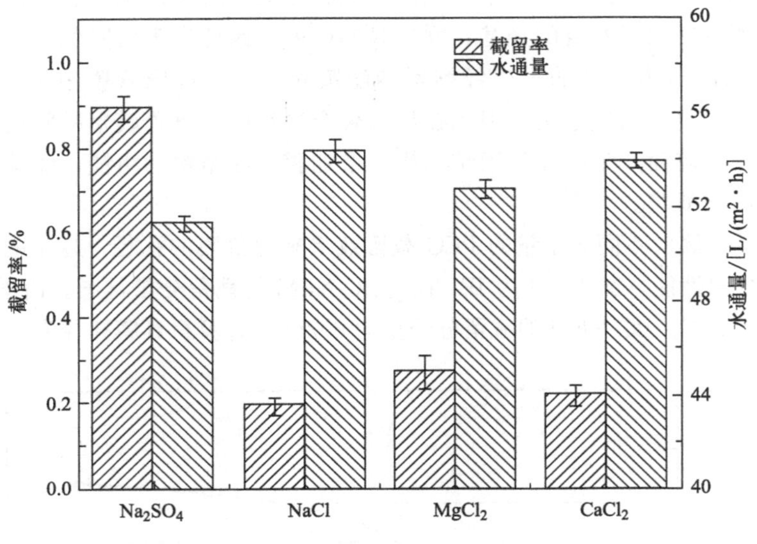

图 11-15 IP-ZrO_2/BC-NFM 对无机盐溶液的截留

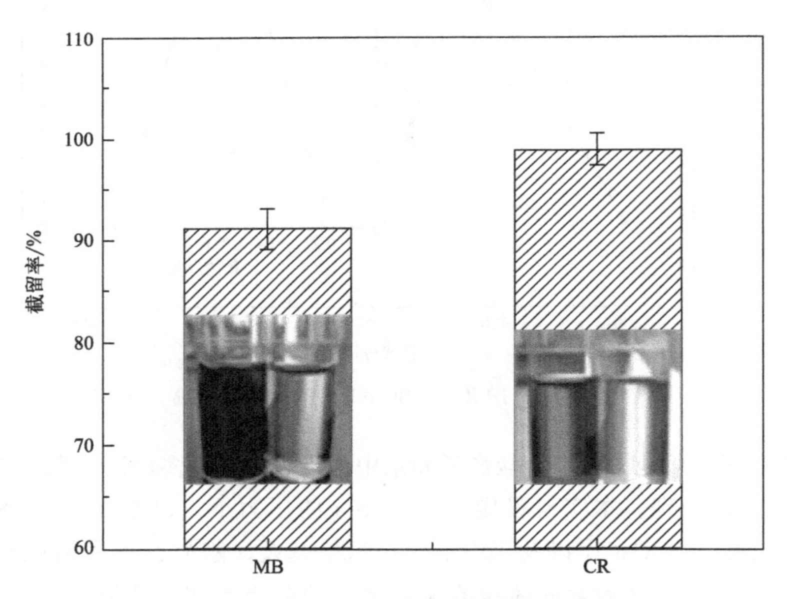

图 11-16 IP-ZrO_2/BC-NFM 对染料的截留

子的无机盐溶液受到的排斥力更强，更容易被截留，因此，对于相同阳离子的无机盐溶液，二价盐的截留率远高于一价盐溶液。IP-ZrO_2/BC-NFM 对 Na_2SO_4 和 NaCl 的截留率分别为 89.12%和 19.15%，符合纳滤膜的离子选择性分离的特点。$MgCl_2$ 盐溶液和 $CaCl_2$ 盐溶液具有相同的阴离子且具有带相同电荷的阳离子，纳滤膜对 $MgCl_2$ 的截留率大于 $CaCl_2$，截留率分别为 27.02%、21.58%，这是由于 Mg^{2+} 的水合离子半径大于 Cu^{2+} 的水合离子半径。

IP-ZrO_2/BC-NFM 对染料的分离性能如图 11-16 所示。对比过滤前后染料颜色，脱色效果明显，对于 MB 和 CR 这两种染料的截留率都达到 90%以上。上面描述的对无机盐溶液和染料的过滤试验，表现了 IP-ZrO_2/BC-NFM 具有较强的分离性能。

11.4.7 IP-ZrO_2/BC-NFM 的耐酸碱性能

探索膜的耐酸碱性能够扩大膜在水处理中的应用。在 25℃，压强为 0.5MPa 条件下，探究酸（pH 值为 2）碱（pH 值为 10）条件下 IP-ZrO_2/BC-NFM 的性能，其水通量及对 Na_2SO_4 截留率的结果如图 11-17 所示，接触角的结果如图 11-18 所示。

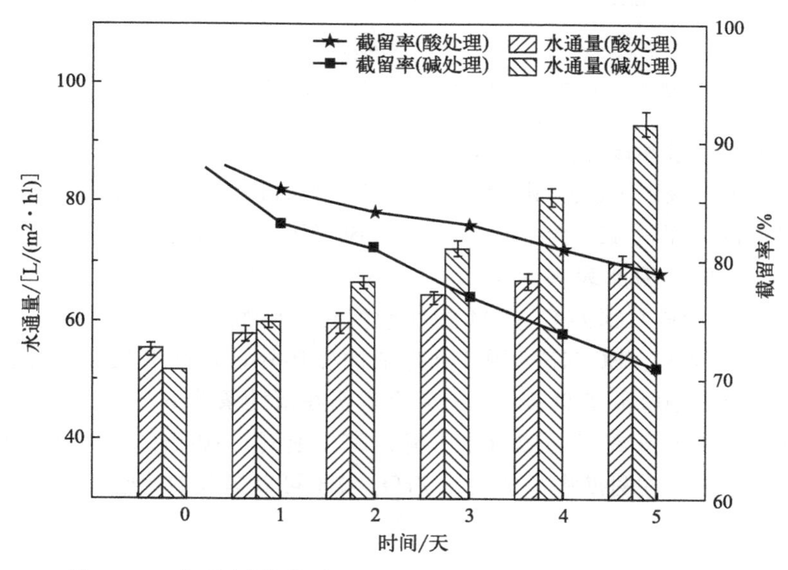

图 11-17　在酸/碱条件下 IP-ZrO_2/BC-NFM 的水通量及截留率

从图 11-17、图 11-18 可以看出，在酸性条件和碱性条件下经过 5 天的静态浸泡，膜的水通量和接触角都呈现增大的趋势，IP-ZrO_2/BC-NFM 对于 Na_2SO_4 的截留率逐渐减小。在酸性条件下，IP-ZrO_2/BC-NFM 的水通量从初始的 55L/(m^2·h) 增大到 70.3L/(m^2·h)，能够维持较好的稳定性。研究表明在酸性条件下，酰胺基的 N 原子和 O 原子被质子化，进而影响了 N 原子与羰基键之间的电子领域，削弱聚酰胺活性层的结构稳定性，破坏聚酰胺纳滤膜复合层的结构，

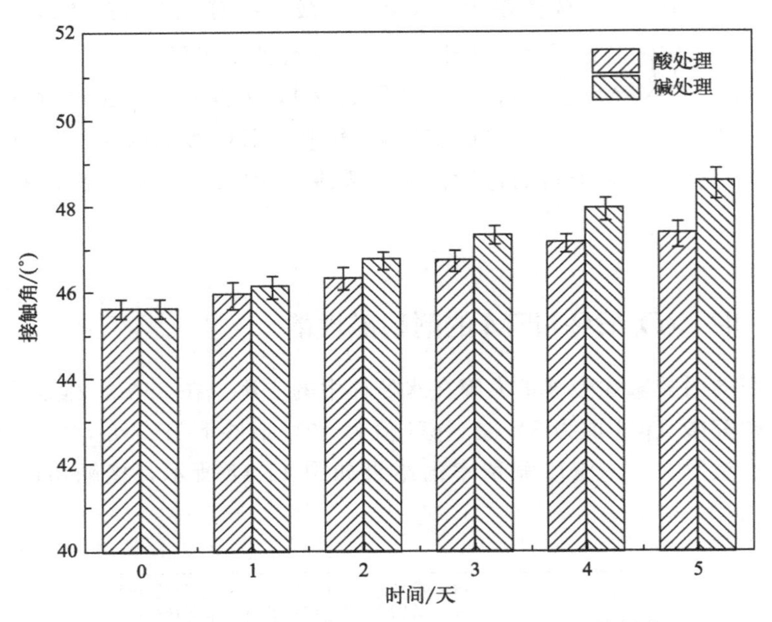

图 11-18 在酸/碱条件下 IP-ZrO_2/BC-NFM 的接触角

因此表现膜水通量和接触角的增大。

黄嘉臣等人报道了经过耐酸性测试后纳滤膜的孔径增大，水通量增大。酸性溶液中提供的大量的 H^+ 会中和 IP-ZrO_2/BC-NFM 表面的负电荷，纳滤膜的电荷排斥效应减弱，因此表现为 IP-ZrO_2/BC-NFM 对无机盐离子的截留率下降。在碱性条件下，IP-ZrO_2/BC-NFM 的性能变化比酸性条件下更明显，这是由于除了强碱对 IP-ZrO_2/BC-NFM 膜表面造成的破坏外，碱性溶液会引起膜孔道的溶胀，因此显著地降低了膜通量。有研究表明在碱性条件下，膜孔道溶胀效应会造成纳滤膜对二价阳离子的截留率下降。综上所述，IP-ZrO_2/BC-NFM 表现较好的耐酸碱性能。在衬底中添加纳米 ZrO_2 粒子可以提升纳滤膜的耐酸碱性能。

11.4.8 纤维素膜对饮用水的处理

(1) 饮用水原水水质检测

浑浊度是判断水质的重要指标之一。水中含有泥土、粉砂、微细有机物、无机物、浮游生物等悬浮物杂质，会使水质变得浑浊而呈现一定浑浊度，浑浊度可作为悬浮物的代替参数，因此浑浊度的高低同样表明水中的杂质含量。《生活饮用水卫生标准》(GB 5749) 中要求浑浊度应<1NTU。色度检测方法采用稀释倍数法。

饮用水原水中的浑浊度受气候条件影响较大，为保证水样水质的准确性，从秋季开始每隔 2 天取 5mL 待测水样，并使用便携式浊度仪测定水样的浑浊度并记录读数。通过统计浑浊度变化、水质条件，得出当季度浑浊度的平均值，用以评价膜工艺处理前后水质变化。这个阶段水质浑浊度的变化情况如图 11-19 所示。

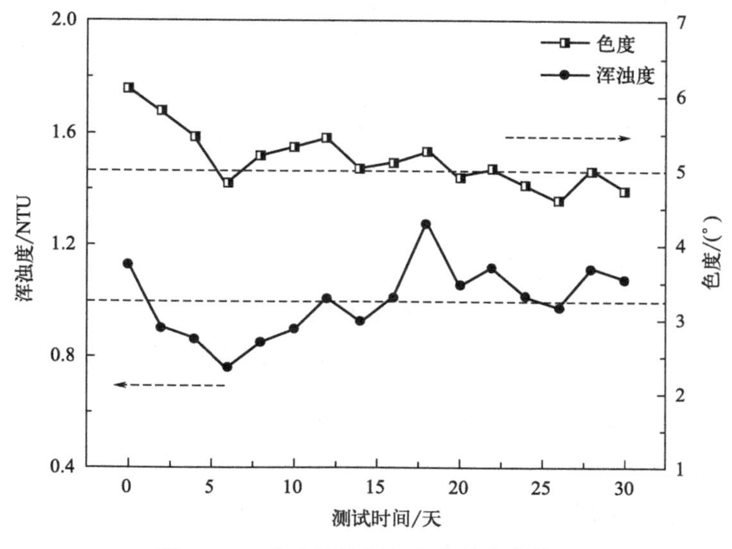

图 11-19　水中浑浊度与色度的变化情况

由图 11-19 中可以看出，在检测刚开始的时候，水的浑浊度与色度均较高，这可能是由于夏季带来的雨水问题或管道存在腐蚀的现象，使水呈黄色。间歇性保持待测水样的流动性，以降低其他因素对检测值的影响。从图 11-19 中可以看出在 5 天时水的浑浊度和色度均达到标准值以下，而 18 天时浑浊度变化幅度较大，这可能是由于受秋季降雨与温度的影响，雨水夹杂着部分泥沙，对水质的影响较大，对应同一时期，水样中的色度同样呈现上升趋势，均超出了《生活饮用水卫生标准》检测指标，因此饮用水的净化是十分必要的。

水样在实验期间的高锰酸盐指数（以 O_2 计）与氨（以 N 计）的变化情况如图 11-20 所示。

在 30 天的抽样检测中，氨（以 N 计）的测量值基本在 0.5mg/L 以下，符合检测标准。对比图 11-19 和图 11-20 可以看出，高锰酸盐指数（以 O_2 计）较高的时段，水的浑浊度也呈现上升趋势，这说明有机物含量也与浑浊度存在一定关系。高锰酸盐指数（以 O_2 计）的测量值基本在 3mg/L 上下浮动，说明原水水质中的有机物含量较高，需要进行饮用水的净化处理。

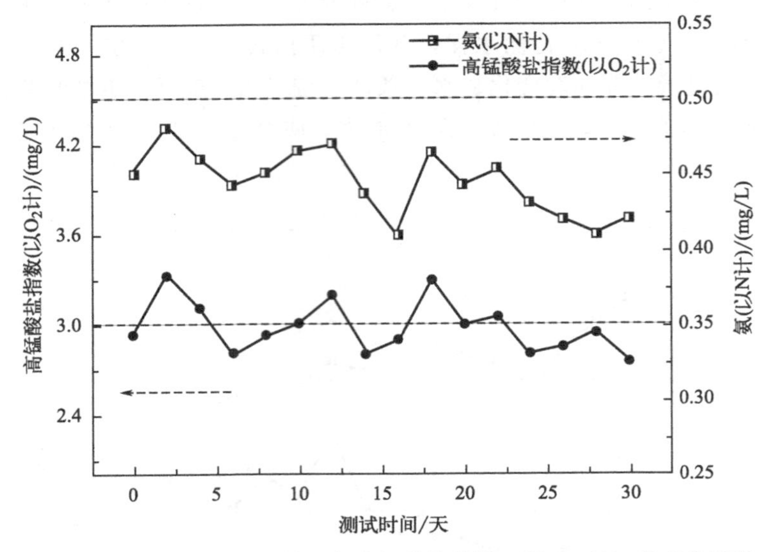

图 11-20 水中氨（以 N 计）与高锰酸盐指数（以 O_2 计）的变化情况

(2)“超滤+纳滤”纤维素膜的膜工艺处理

将前面制备的 ZrO_2/BCM 与 IP-ZrO_2/BC-NFM 组合成“超滤+纳滤”纤维素膜对原水进行深度处理，如图 11-21 所示。在使用“超滤+纳滤”纤维素膜之前，先使用 0.45μm 的有机微滤膜对原水进行抽滤，去除悬浮物质与杂质，如图 11-21(a) 所示。之后，使用膜过滤系统对上一步得到的水样进行处理，如图 11-21(b) 所示。先以 ZrO_2/BCM 作为超滤单元对水样进行纳滤前的预处理，

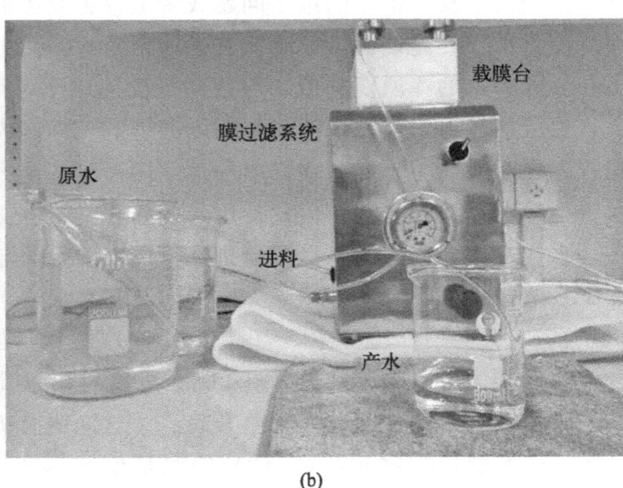

(a) (b)

图 11-21 “超滤+纳滤”纤维素膜组件处理流程图

再以 IP-ZrO_2/BC-NFM 作为纳滤单元对水样进行净化，并对水样的色度、浑浊度、高锰酸盐指数（以 O_2 计）（mg/L）、pH 值、氨（以 N 计）（mg/L）、总硬度（mg/L）进行检测，评价“超滤+纳滤”纤维素膜处理工艺对饮用水的处理效果。

实验在 25℃，超滤压强为 0.1MPa，纳滤压强为 0.5MPa 的条件下进行。“超滤+纳滤”纤维素膜处理后的水质检测结果如表 11-4 所示。

表 11-4 “超滤+纳滤”纤维素膜处理后的水质检测结果

水质指标	色度/(°)	浑浊度/NTU	高锰酸盐指数(以 O_2 计)/(mg/L)	pH 值	氨(以 N 计)/(mg/L)	总硬度/(mg/L)
生活饮用水水质限值	15	1	3	不小于 6.5 且不大于 8.5	0.5	450
管网末梢水质	6	1.03	3.2380	7.54	0.411	184.3
滤后水质	2	0.08	0.8095	7.29	0.097	60.7

从表 11-4 中可以看出，“超滤+纳滤”纤维素膜对于浑浊度处理有显著的效果，滤后水质的浑浊度基本稳定在 0.1NTU 以下，这也说明“超滤+纳滤”纤维素膜处理将水中的悬浮物以及其他杂质进行了有效的截留，保障了饮用水微生物安全性的同时满足了高质量饮用水的要求。当浑浊度降至 0.1NTU 以下时，已检测不出水中的颗粒，“超滤+纳滤”纤维素膜处理后的水质色度降至 2°，有明显感官上的区别。

在“超滤+纳滤”纤维素膜处理前后，pH 变化幅度并不是很大，都处于标准限值以内。原水的高锰酸盐指数（以 O_2 计）测量值在标准值上下浮动，使用“超滤+纳滤”纤维素膜处理后，高锰酸盐指数（以 O_2 计）的测量值下降到 0.8095mg/L，去除率达到了 75%。“超滤+纳滤”纤维素膜对氨（以 N 计）的处理效果也比较明显，去除率达到了 76.4%。饮用水的总硬度关系到饮用水的口感，实验原水水质的总硬度测量值在“超滤+纳滤”纤维素膜工艺处理前后皆在限值以下，都满足了人们对于高质量饮用水的追求。

为了保证“超滤+纳滤”纤维素膜工艺对饮用水净化的准确性，增加实验次数，分别对水质的浑浊度、高锰酸盐指数（以 O_2 计）、氨（以 N 计）的处理效果进行分析，结果分别图 11-22～图 11-24 所示。通过对比超滤单元与“超滤+纳滤”纤维素膜处理后的饮用水水质，探究“超滤+纳滤”纤维素膜工艺中各过滤单元对饮用水的处理效果。

由图 11-22 可以看出，超滤工艺处理后，水质的浑浊度稳定在 0.08～

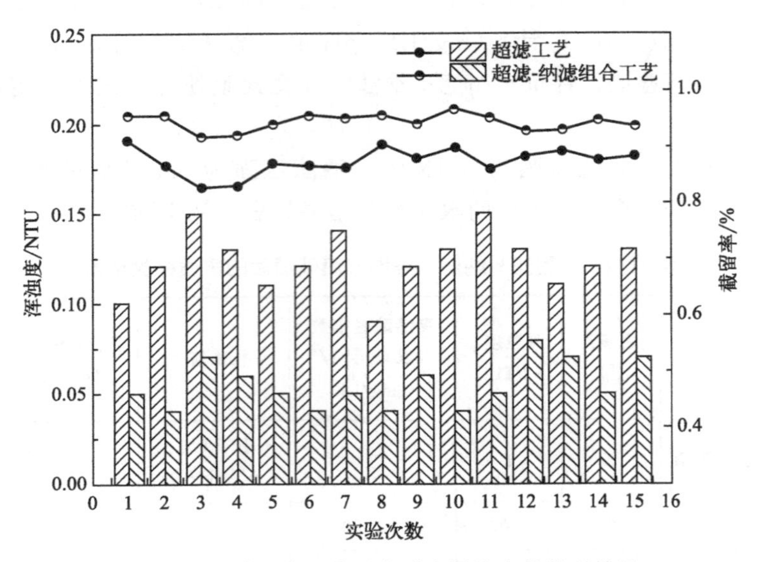

图 11-22　膜组合工艺对水质中浑浊度的处理效果

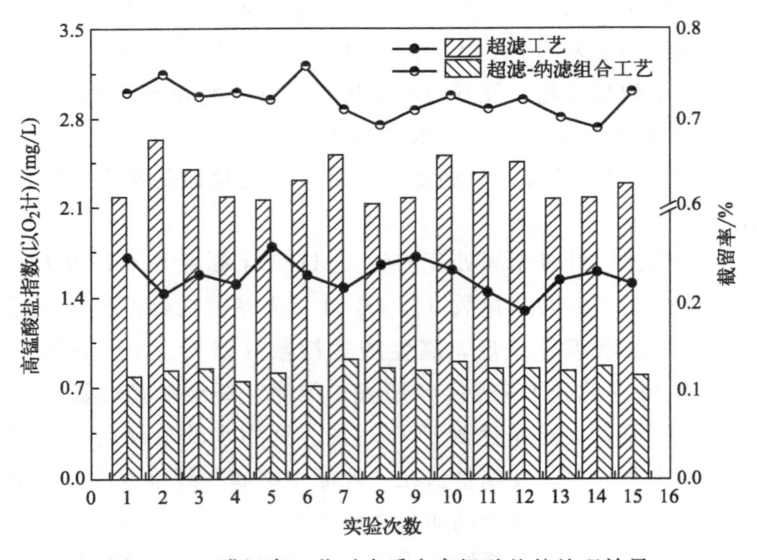

图 11-23　膜组合工艺对水质中高锰酸盐的处理效果

0.15NTU，去除率保持在80%以上；“超滤＋纳滤”纤维素膜工艺处理后，水质的浑浊度在0.03～0.08NTU，去除率保持在90%以上，这也证明了以实验制备的 ZrO_2/BCM 与 IP-ZrO_2/BC-NFM 组合成的“超滤＋纳滤”纤维素膜保障了对浑浊度的净化要求。

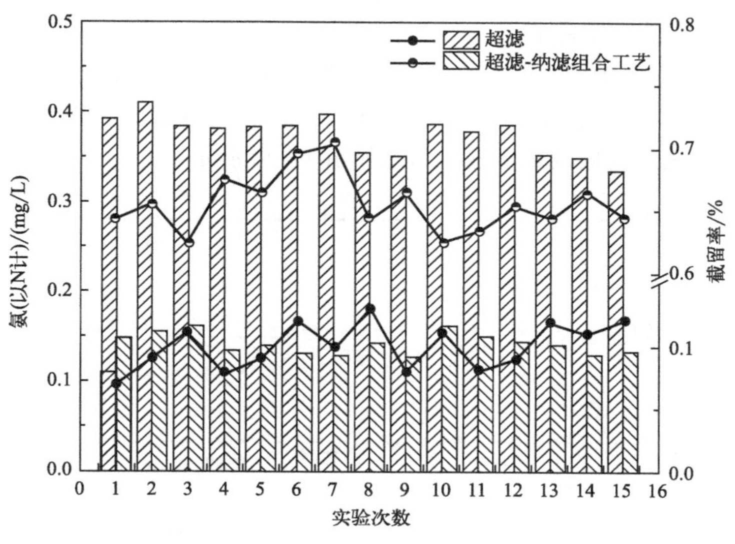

图 11-24 膜组合工艺对水质中氨的处理效果

由图 11-23 可以看出，超滤工艺对高锰酸盐的处理效果不佳，去除率稳定在 20%～25%。这是因为高锰酸盐是由悬浮态与胶体态和溶解性的有机物组成，而超滤单元的拦截仅针对悬浮态有机物，悬浮态有机物也与浑浊度有关，这与上述超滤单元对于浑浊度有较好的去除效果的结果一致。因此，在“超滤＋纳滤”纤维素膜工艺中，纳滤单元对于有机物的去除贡献较大，纳滤膜以较低的分子截留量与其膜表面带有的电荷吸附的特点，对于高锰酸盐的去除率大部分能在 70% 以上。“超滤＋纳滤”纤维素膜工艺最终出水水质的高锰酸盐指数（以 O_2 计）已在 1mg/L 以下，出水水质优异。

由图 11-24 可以看出，超滤工艺对于氨（以 N 计）的去除效果同样不明显，去除率在 10%左右，而“超滤＋纳滤”纤维素膜工艺的去除率也仅处于 62%～72%，这是因为氨（以 N 计）的分子量很低，接近于水，在没有添加其他工艺的条件下（例如曝气处理），只有纳滤膜的孔径和负电荷性才会对氨（以 N 计）有截留的效果。“超滤＋纳滤”纤维素膜工艺处理后氨（以 N 计）的测量值在 0.1mg/L 左右，达到优异的饮用水标准。

11.4.9 膜组件性能评价

膜组件污染是膜处理性能的关键制约因素。膜的污染主要由类蛋白及腐殖酸引起。本部分实验分别测试了 IP-ZrO_2/BC-NFM 纤维素纳滤膜对 Na_2SO_4、BSA 的截留效果，并以 Na_2SO_4＋BSA 模拟水中的污染物，检测 IP-ZrO_2/BC-

NFM纤维素纳滤膜对污染物的抗污性能，并以长期运行下的污染物截留率来评估膜的抗污性能和稳定性能。

在25℃、0.5MPa下使用IP-ZrO_2/BC-NFM纤维素纳滤膜对1g/L的Na_2SO_4溶液、1g/L的BSA溶液进行长期连续的过滤试验，来评价IP-ZrO_2/BC-NFM纤维素纳滤膜的稳定性，结果如图11-25所示。

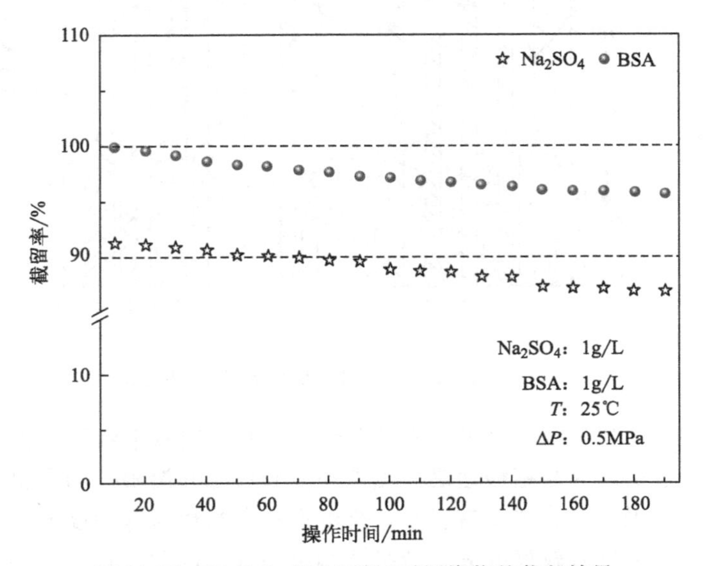

图11-25 IP-ZrO_2/BC-NFM对污染物的截留效果

由图11-25可以看出，IP-ZrO_2/BC-NFM纤维素纳滤膜对Na_2SO_4、BSA的截留率比较稳定，变化幅度均小于5%。IP-ZrO_2/BC-NFM纤维素纳滤膜对二价盐溶液与BSA具有良好的分离性能。

在25℃、0.5MPa下使用IP-ZrO_2/BC-NFM纤维素纳滤膜对1g/L的Na_2SO_4/BSA溶液进行长期连续的过滤试验，来评价IP-ZrO_2/BC-NFM纤维素纳滤膜的稳定性，结果如图11-26所示。

由图11-26可以看出，以Na_2SO_4/BSA为污染物的水通量呈现缓慢下降的趋势，水通量的下降是由于BSA在膜表面的黏附对IP-ZrO_2/BC-NFM纤维素纳滤膜造成的膜污染所致，随着运行时间的增长，BSA会加剧对IP-ZrO_2/BC-NFM纤维素纳滤膜的膜孔堵塞作用。污染物的吸附和解吸达到平衡后水通量趋于稳定，下降率约为25%。郑凯制备的MgO共混聚酰胺复合纳滤膜在运行36h后，BSA水通量下降35%。常规聚酰胺纳滤膜达到稳定水通量所需的时间长，而本章的IP-ZrO_2/BC-NFM在试验运行9h之后水通量就趋于稳定，这表明IP-ZrO_2/BC-NFM能够在长期运行下保持良好的稳定性能。

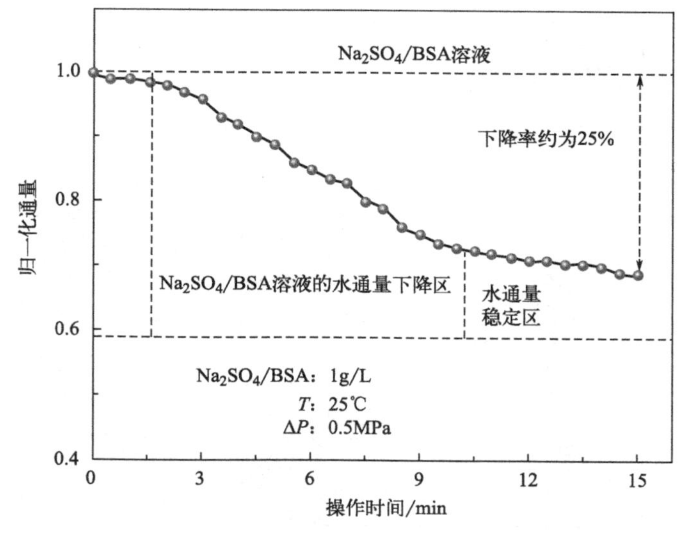

图 11-26　运行时间对 IP-ZrO_2/BC-NFM 分离性能的影响

11.4.10　膜的清洗

当“超滤＋纳滤”纤维素膜工艺维持通量运行时，膜表面有一定的流体剪切力，能有效缓解膜表面的污染问题。但膜表面的污染物会随运行时间的延长而逐渐累积，终究带来不可逆的污染。因此，需要进行试验测试污染前后的膜通量，评价组合膜的分离性能和长期稳定性。本章将污染后的纤维素膜置于膜过滤系统中，分别用水洗、酸洗和碱洗的方式进行清洗。图 11-27 为不同条件下，对同一污染物进行截留后的纤维素膜进行清洗后的膜通量恢复率。

由图 11-27 可以看出，水作为清洗剂时，膜通量的恢复率明显低于酸洗和碱洗，未改性的纤维素膜在水洗后膜通量恢复率约为 69%，改性后的 ZrO_2/BCM 在水洗下的膜通量为 86%，这也表明 ZrO_2 的加入有效地减少了污染物与膜表面的接触，有利于通过剪切力去除吸附在改性再生纤维素膜上的污染物，而 IP-ZrO_2/BC-NFM 的膜通量恢复率略低于 ZrO_2/BCM，这可能是因为膜的孔径较小导致，纳滤膜对污染物实现高效截留，使得污染物停留在更小的孔径中，难以去除。

经 HCl 和 NaOH 清洗后膜通量恢复率基本达到 90%以上。有相关研究将纤维素进行化学清洗同样得到了膜通量提高的结果，但研究表明纤维素膜在强酸强碱的条件下，膜的完整性极易受到破坏。对于 IP-ZrO_2/BC-NFM 来说，酸性和碱性清洗可能会改变纳滤膜的 PA 层性质，使得酰胺基的 N 原子或 O 原子质子

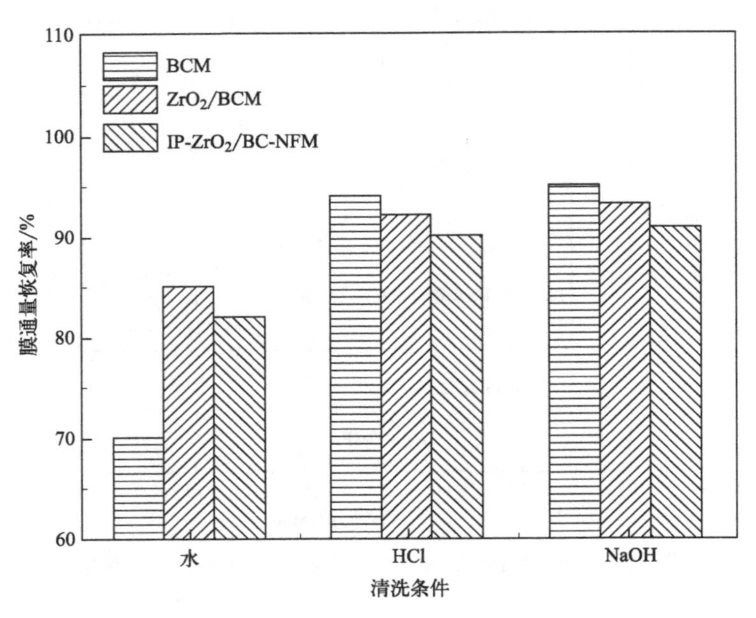

图 11-27 不同清洗条件下的膜通量恢复情况

化，进而降低聚酰胺层的稳定性。但本章介绍的 IP-ZrO_2/BC-NFM 展现了良好的耐酸性能，其在化学清洗去除污染物的同时，仍可维持膜结构的稳定性能。

11.5 小结

本章在 ZrO_2/BCM 的基础上使用界面聚合法制备出 IP-ZrO_2/BC-NFM 纳滤膜，并分析水相单体的质量分数、油相单体的质量分数以及反应时间对纳滤的性能的影响，进行了工艺优化。当 PIP 的质量分数为 1.5%，TMC 的质量分数为 0.15%，聚合反应时间为 2min 时，IP-ZrO_2/BC-NFM 的膜水通量与脱盐效果最佳，IP-ZrO_2/BC-NFM 的水通量为 55.12L/(m^2 · h)，对 NaCl 的截留率为 18.6%。

本章还对 IP-ZrO_2/BC-NFM 的形貌以及化学组成进行分析，并探究了 IP-ZrO_2/BC-NFM 对无机盐溶液以及染料的截留率。IP-ZrO_2/BC-NFM 对无机盐溶液的截留率从大到小的顺序为 $R(Na_2SO_4)>R(MgCl_2)>R(CaCl_2)>R(NaCl)$；对 MB 和 CR 这两种染料的截留都达到 90%以上，这表明，IP-ZrO_2/BC-NFM 具有较强的分离性能。IP-ZrO_2/BC-NFM 也表现较好的耐酸碱性能。

本章将 ZrO_2/BCM 与 IP-ZrO_2/BC-NFM 组合为“超滤+纳滤”纤维素膜对

原水进行深度处理。“超滤＋纳滤”纤维素膜对于浑浊度处理有显著的效果，膜过滤水质的浑浊度基本稳定在0.1NTU以下。“超滤＋纳滤”纤维素膜对高锰酸盐（以 O_2 计）、氨（以N计）的去除率分别达到了75%、76.4%，都满足了对于饮用水的要求。

在实验中，“超滤＋纳滤”纤维素膜对浑浊度的去除率能稳定在90%以上，对高锰酸盐（以 O_2 计）的去除率大致保持在70%以上。在持续3h的试验下，IP-ZrO_2/BC-NFM纤维素纳滤膜对 Na_2SO_4、BSA的截留率保持稳定，变化幅度均小于5%，并在9h长时间运行之后，IP-ZrO_2/BC-NFM纤维素纳滤膜的水通量下降率约为25%，表明“超滤＋纳滤”纤维素膜能够在长期运行下保持良好的稳定性能。

第12章

全纤维素膜的金属离子吸附和染料催化脱色

12.1 纤维素纳米晶体的改性

纤维素纳米晶体（CNC）的羟基最初用 N,N'-羰基二咪唑（CDI）活化，加入引发剂 2-溴异丁酸，通过酯化反应固定，如图 12-1 所示。

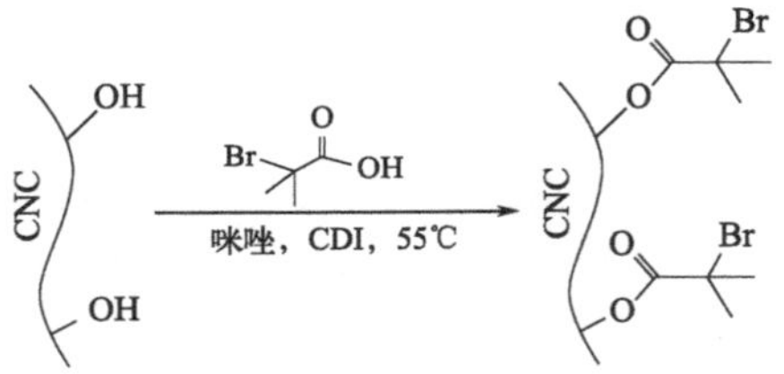

图 12-1 引发剂固定在 CNC 上的示意图

先将 3g 咪唑（44mmol）加入 100mL 质量分数为 0.1%的 CNC 混悬液中，在 55℃的条件下搅拌 1h，得到第一种混合物；再将 4g 2-溴异丁酸（24mmol）和 4g N,N'-羰基二咪唑（25mmol）分别溶于 60mL H_2O 中，得到第二种混合物；之后将第二种混合物加入第一种混合物中，在 55℃下进行过夜反应。第二天，用过量的水离心洗涤，再将修饰后的纳米晶体分散在水中。

聚合反应如图 12-2 所示。将改性后的 CNC 分散体通过氮气吹扫脱气 30min。在单独的烧杯中，将 2g 甲基丙烯酸半胱氨酸单体溶于 20mL H_2O 中，再加入 CNC 悬浮液中，脱气 10min。铜丝（6cm，直径 1mm 厚）用 HCl（37%）处理 10min，然后用丙酮洗涤并干燥。在脱气完的 CNC 悬浮液中加入铜丝和 1μL Me_6-TREN（3μmol）开始聚合反应，在 50℃氮气气氛下过夜。用去离子水代替上清离心液从最终的聚合物接枝纳米晶体（CNC-*g*-PCysMA）中去

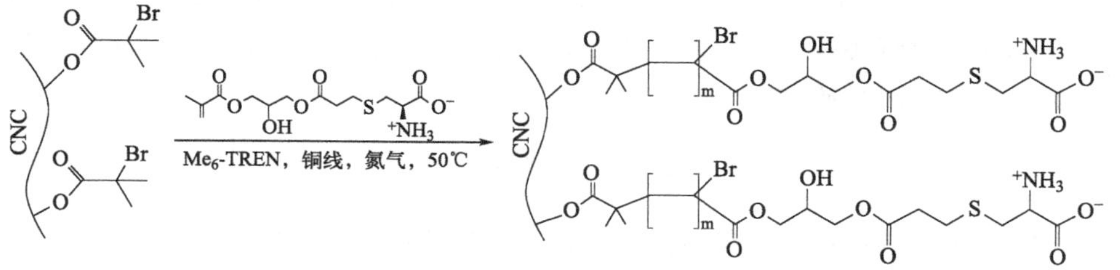

图 12-2 改性 CNC 聚合 PCysMA 的示意图

除剩余的未反应的甲基丙烯酸半胱氨酸单体。CNC 接枝反应通常在有机溶剂中进行，但在本实验中，接枝在水中进行，以尽量减少废物的产生。

12.2 全纤维素膜的制备

使用涂膜器（409 型，德国 ERICHSEN）制备全纤维素膜，膜片重为 $50g/m^2$，直径为 200mm。分别用 CNC、阴离子改性纳米纤维素（TO-CNF）和 CNC-*g*-PCysMA 制备了三种不同类型的膜；以 30∶1∶1 的比例（1.5g 纤维素纤维、0.05g 微纤化纤维素和 0.05g 功能纳米纤维素）制备了 9L 的水分散体。在过滤前，将分散体置于分散器（T25，德国 IKA）以 15000r/min 的速度剧烈混合 30min，以避免出现大的团聚体；采用聚偏二氟乙烯（PVDF）过滤器（孔径 0.65μm），以确保微颗粒和纳米颗粒的保留；将纤维素膜从 PVDF 过滤器中取出，在 93℃、1bar 的压强下干燥 10min。

12.3 膜的表征

12.3.1 傅里叶红外光谱表征

利用红外光谱仪（Spectrum Two，PerkinElmer）获得 CNC 和 CNC-*g*-PCysMA 的 FT-IR 图谱。对样品进行了 64 次扫描，以 $4cm^{-1}$ 的分辨率记录了 $400 \sim 4000cm^{-1}$ 的光谱图。

12.3.2 X 射线衍射测试

采用 X 射线衍射仪（PANalytical X′Pert PRO）在 CuKα 射线、电流为

40mA、电压为45kV、2θ为10°～50°、步长为0.05°的条件下得到CNC、CNC-*g*-PCysMA和所有膜在金属吸附前后的X射线衍射图。所有样品的结晶指数(CI)采用式(12-1)确定：

$$CI=\frac{I_{hkl}-I_{am}}{I_{hkl}}\times 100\% \tag{12-1}$$

式中，I_{hkl}为晶区最大衍射强度；I_{am}为无定形纤维素的强度。

12.3.3 Zeta电位的测定

使用纳米粒度电位仪（Zetasizer Nano ZS）在pH值2～12近似获得CNC、TO-CNF和CNC-*g*-PCysMA的Zeta电位。

12.3.4 表面粗糙度的测定

采用AFM（Veeco Instruments）对CNC-*g*-PCysMA的形貌和各膜的粗糙度进行了研究。在轻敲模式下对三种膜进行AFM表面成像，结果如图12-3所示，其中图12-3(a)、图12-3(d)分别为CNC的光滑面和粗糙面的AFM图，图12-3(b)、图12-3(e)分别为CNC-*g*-PCysMA的光滑面和粗糙面的AFM图，图12-3(c)、图12-3(f)分别为TO-CNF的光滑面和粗糙面的AFM图。刻蚀矩形硅悬臂梁谐振频率为320kHz，标称弹簧常数为－42N/m，尖端半径为7nm，用于环境条件（空气）下的成像。采用模块化程序对图像进行统计分析，评估表

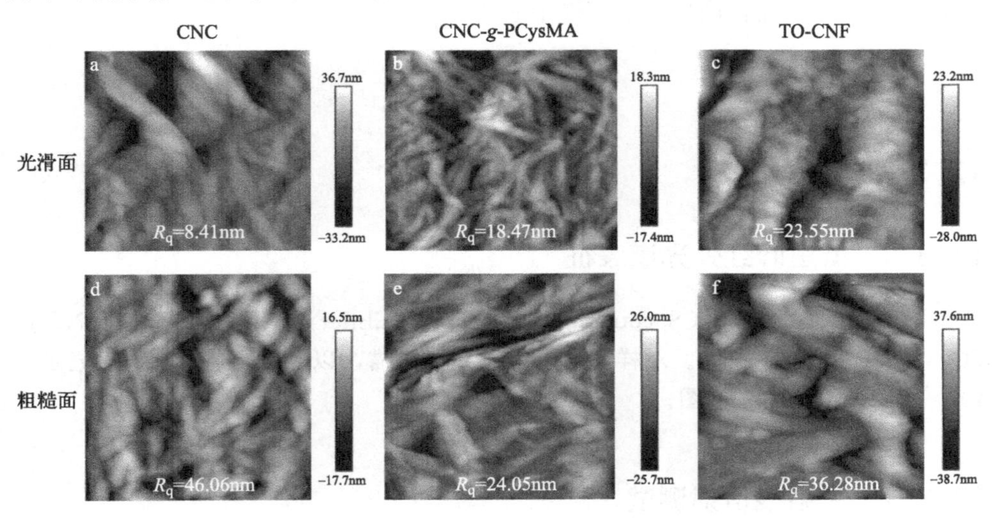

图12-3 三种膜的AFM图

面粗糙度。RMS 粗糙度（R_q）是在评价长度范围内测量到的高度偏差的平均值。R_q 由式(12-2) 计算：

$$R_q=\sqrt{\frac{1}{N}\sum_{j=1}^{N}r_j^2} \tag{12-2}$$

式中，N 为量测点序号；r_j 为 N 点所对应的高度，nm。

12.3.5 表面形貌的表征及元素组成

利用 SEM（JSM-7000F）在 3kV 和 5kV 加速电压下观察了膜的表面形貌和截面。在 10kV 加速电压下，利用同一仪器进行 EDX 研究了 CNC-*g*-PCysMA 的元素组成。

12.3.6 其他研究

使用 Image J 软件估算每层膜的平均膜厚；采用高压搅拌槽（Sterlitech HP4750）监测所制备膜的通透性；通过测量 300mL 去离子水在 1bar 压力下通过各膜所需的时间计算通量。为了更准确地估计，从膜的两侧（粗糙面和光滑面）测量水的渗透性。使用比表面分析仪（Micromeritics ASAP 2020）在 77K 下测量氮气的吸附-解吸，在 90℃下脱气 5h，使用吸附比表面测试法（BET）和 Langmuir 方法测量比表面积。外表面面积采用 t-plot 法评估。采用 BJH 法评价孔隙大小分布。

12.4 吸附等温线

用去离子水溶解法制备染料［罗丹明 B（RB）和亚甲蓝（MB）］和金属盐（$AuCl_3$、$FeCl_3$ 和 $CoCl_2$）的原液（1mg/mL）；将膜（直径 200mm）切割成直径 51mm、质量 100～130mg 的较小圆形片。根据金属盐的不同，金属溶液的 pH 值在 4.3～6.2 之间。为了吸附染料，用去离子水将 5mL 原液稀释至 100mL，再将膜（100mg）加入溶液中，并在室温下摇匀（200r/min）。在不同时间提取 1mL 染料溶液，用紫外-可见分光光度计分析等分液，观察染料吸附过程。

12.5 通过加氢催化染料脱色

以 $NaBH_4$ 为氢源，对染料的催化加氢进行评价；将 1g $NaBH_4$ 溶液溶解于 25mL 甲醇中，并将 1mL $NaBH_4$ 溶液加入 100mL 含有 5mg RB 或 MB 的染料溶液中；按照先前描述的吸附动力学进行催化耦合加氢脱色处理。

12.6 结果与讨论

12.6.1 合成与表征

采用三种不同等级的纳米纤维素作为功能层，通过可控自由基聚合制备了全纤维素基膜：TO-CNF、CNC 和两性离子聚合物接枝 CNC-*g*-PCysMA。更具体地说，对于后者，PCysMA 链是通过单电子转移活性自由基聚合从上述 CNC 表面聚合的，这是一种强大的、通用的、有效的途径，可以从各种单体中产生大分子。根据以往的研究结果，选择两性离子聚合物链接枝作为改性途径，这类聚合物提高了纤维素的防污和抗菌性能。PCysMA 接枝有望在 CNC 表面引入硫醚、胺和羰基，从而增加更多与带电污染物相互作用的位点，如图 12-4 所示。

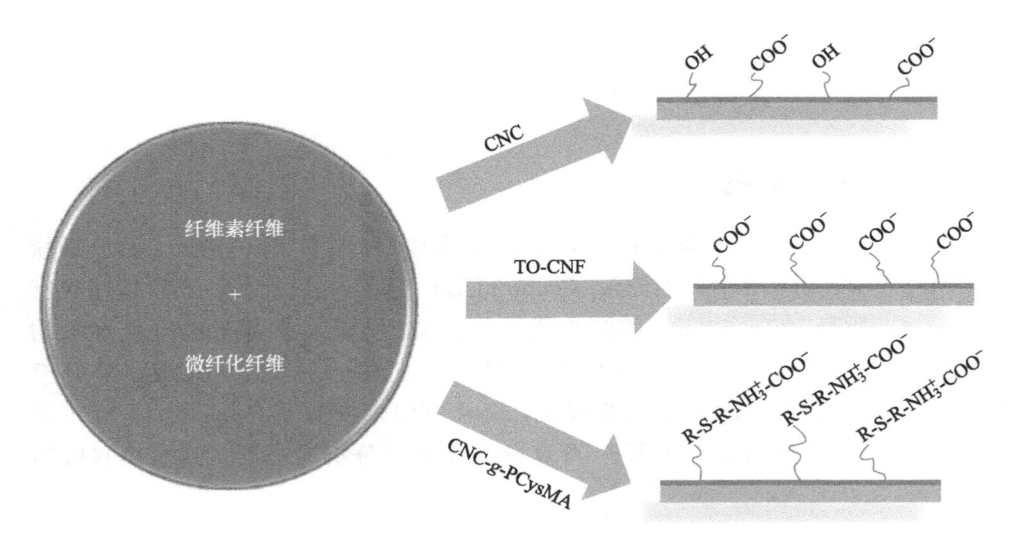

图 12-4 引入膜的官能团示意图

CNC、CNC-*g*-PCysMA 和甲基丙烯酸半胱氨酸单体的 FT-IR 光谱如图 12-5 所示。由图 12-5 可以看出，在 $1600cm^{-1}$～$1750cm^{-1}$ 范围内，CNC-*g*-PCysMA 的光谱在 $1720cm^{-1}$ 处有明显的特征峰，在 $1630cm^{-1}$ 处的特征峰强度增加，这与甲基丙烯酸半胱氨酸酯键的拉伸振动相对应，说明甲基丙烯酸半胱氨酸单体在 CNC 表面的成功聚合。通过对比 CNC-*g*-PCysMA 与纯甲基丙烯酸半胱氨酸单体的光谱可知，在洗涤后，未反应的甲基丙烯酸半胱氨酸单体被成功地从最终产物 CNC-*g*-PCysMA 中去除，因为 CNC-*g*-PCysMA 光谱图中未发现甲基丙烯酸基团的烷基对应的 $1580cm^{-1}$ 特征峰。而甲基丙烯酸酯基团对应的峰强度显著下降，这表明最终产物 CNC-*g*-PCysMA 中仅剩的甲基丙烯酸半胱氨酸是来自引发剂位点的接枝链。

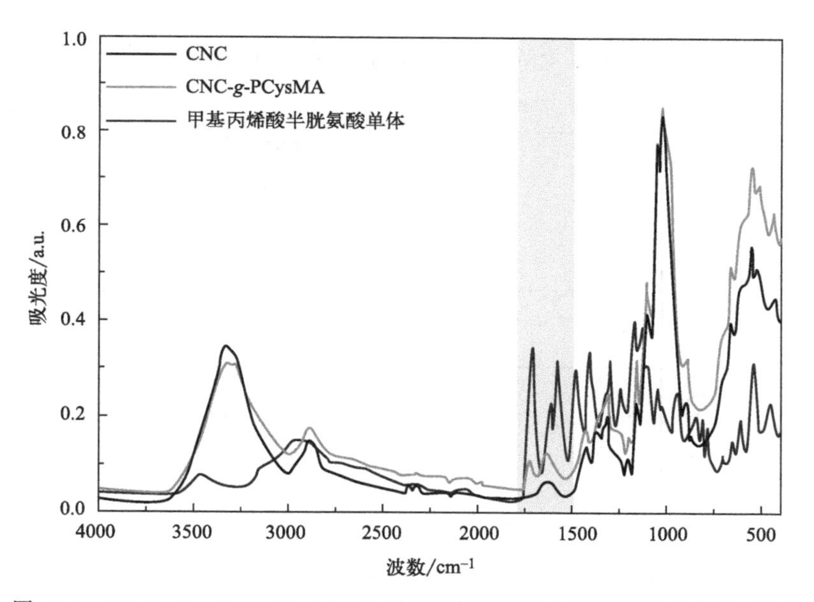

图 12-5　CNC、CNC-*g*-PCysMA 和甲基丙烯酸半胱氨酸单体的 FT-IR 光谱

CNC 和 CNC-*g*-PCysMA 的 EDX 光谱分别如图 12-6(a)、图 12-6(b) 所示。EDX 元素分析证实了 CNC 接枝 PCysMA 的存在。通过对比图 12-6(a)、图 12-6(b) 可以看出，CNC 在接枝甲基丙烯酸半胱氨酸后，材料中引入了硫和氮。硫和氮的原子占比分别为 0.8%±0.4%和 0.9%±0.5%，由此可以估计接枝密度。图 12-6(b) 中的数据证实 S∶N 的比例约为 1∶1。

CNC 和 CNC-*g*-PCysMA 的 XRD 谱图如图 12-7 所示。为了研究接枝是否影响 CNC 的结晶结构，基于 XRD 谱图及式(12-1) 计算 CNC-*g*-PCysMA 的结晶指数，CNC 和 CNC-*g*-PCysMA 的结晶指数分别为 93%和 75%。当引入非晶聚合物接枝链时，这种结晶指数的降低是符合预期的。

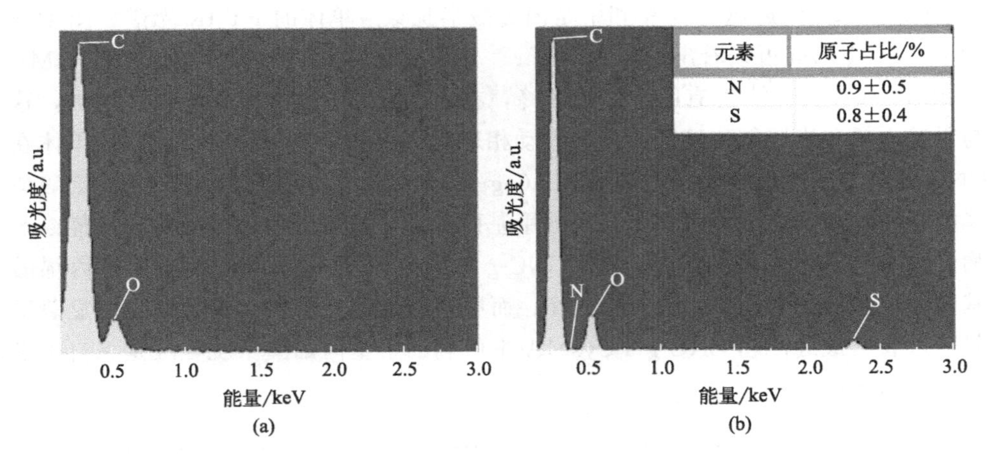

图 12-6 CNC 和 CNC-*g*-PCysMA 的 EDX 光谱

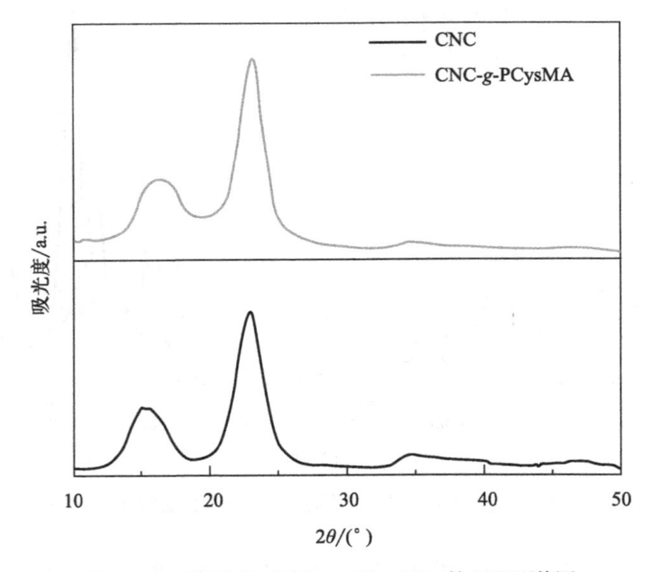

图 12-7 CNC 和 CNC-*g*-PCysMA 的 XRD 谱图

CNC、CNC-*g*-PCysMA 和 TO-CNF 的 Zeta 电位如图 12-8 所示。纳米颗粒在悬浮液中的胶体稳定性通过它们的 Zeta 电位来评估。正如预期的那样，在广泛的 pH 值范围内（从 2 到 11），Zeta 电位值为负。对于 CNC 和 TO-CNF，这是由于粒子表面存在带负电荷的基团（羟基和羧基）。CNC-*g*-PCysMA 的 Zeta 电位值也以负为主，但当 pH 低于 4 时，Zeta 电位开始转向正值。这可以用 PCysMA 的氨基在溶液中过量质子的质子化来解释。

CNC-*g*-PCysMA 的主 AFM 显微图如图 12-9 所示。由图 12-9 可以看出，制

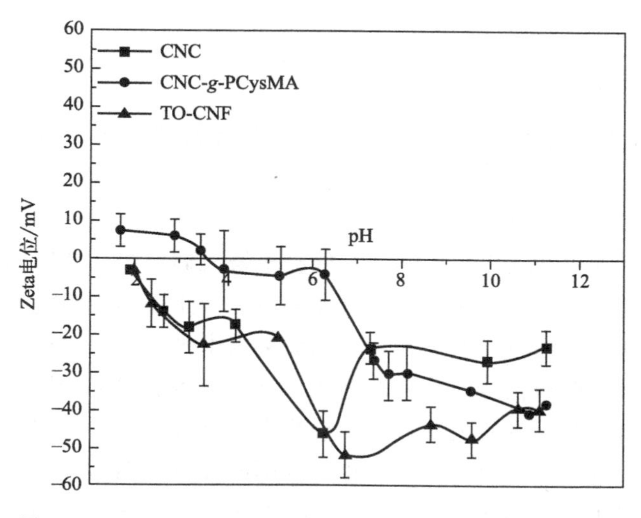

图 12-8　CNC、CNC-g-PCysMA 和 TO-CNF 的 Zeta 电位

备的颗粒直径为几纳米，保持了纳米晶体的棒状结构。CNC-g-PCysMA 水悬浮液在剧烈搅拌时表现双折射。这是各向异性材料固有的光学特性，因为它们改变了交叉偏光的方向，这表明 CNC-g-PCysMA 尽管进行了聚合物接枝，但仍保持了形成手性向列相的能力。

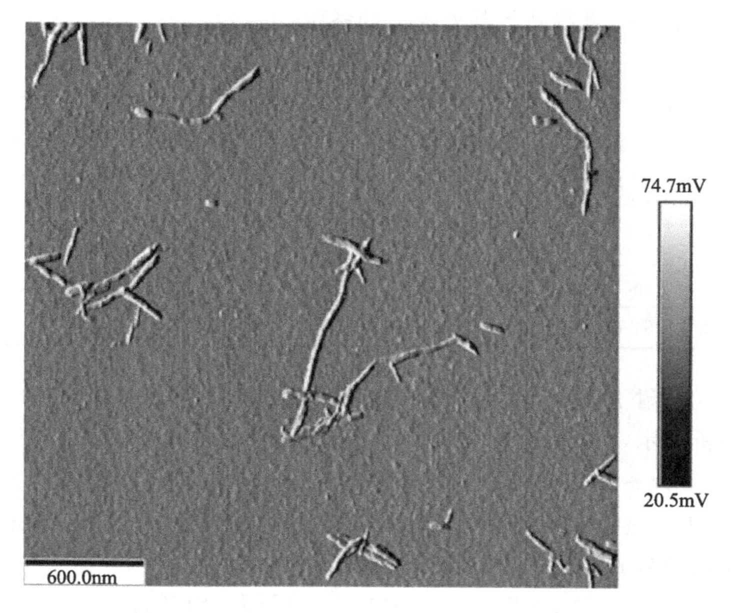

图 12-9　CNC-g-PCysMA 的主 AFM 显微图

12.6.2 膜制备

膜是通过真空过滤制备的，使用 Kothen 制片机［并使用额外的 PVDF 过滤器（孔径 0.65μm），以避免较小的颗粒通过仪器金属网的相对较大的孔］，制备了三种不同的纤维素材料混合物用于制膜。纤维素纤维用于构建大部分膜并提供高通透性，而微纤化纤维作为增强剂，能在干燥时调节膜的孔隙结构。值得注意的是，微纤化纤维还带负电荷，因此可能会更有利于膜的吸附能力。功能纳米颗粒用于在膜上形成一层膜，这被认为可以促进水中带电污染物的去除。选择不同的组分比例是为了在高孔隙率、高渗透率和高吸附性之间找到一个微妙的平衡。其他方法，例如涂覆，将使膜在最终组合物中具有较高的功能层含量。此外，为获得较高的水通量，可能会适当改变相对较厚的纤维素纳米颗粒层。

在这项研究中，笔者开发了一种简单的一步法。采用大体积的滤液（9L）与密集的 PVDF 过滤器相结合，尽管过滤时间长，但纤维素在过滤器上适当沉淀，分散体在重力作用下有足够的稳定时间。结果，膜呈现两种不同的表面：一面是粗糙的，主要是粗大的纤维素纤维和微纤化纤维；另一面是光滑的，其中高浓度的功能层形成了一层明显的薄膜状层。表 12-1 为该膜的主要特征。膜两侧的通量测量结果表明，薄功能层的存在对通量的影响不大，只是略微降低通量。在这两种情况下，通量都高于其他类似的系统。

表 12-1 制备的膜的特征

功能层	克重/(g/m^2)	粗糙面通量/[$L/(h \cdot m^2 \cdot bar)$]	光滑面通量/[$L/(h \cdot m^2 \cdot bar)$]	比表面积/(m^2/g)	孔容积/(cm^3/g)
CNC	52.1±1.74	14440	13653	1.0	0.003
TO-CNF	55.4±0.78	13690	13572	1.0	
CNC-*g*-PCysMA	54.3±0.92	13545	13201	1.4	

利用氮气吸附-解吸等温线对膜的比表面积进行了评估，结果如图 12-10 所示。数据分析显示，BET 比表面积、Langmuir 表面积和外表面积分别为 1.0～1.4$m^2 \cdot g^{-1}$、1.4～1.5$m^2 \cdot g^{-1}$ 和 1.2～2.0$m^2 \cdot g^{-1}$，孔体积为 0.003$cm^3 \cdot g^{-1}$。

根据 BJH 方法得到的孔径分布表明，在超纳滤范围内（1～85nm）的孔容积最大值在孔径为 50nm 处，如图 12-11 所示。

CNC、TO-CNF 和 CNC-*g*-PCysMA 的光滑面、粗糙面、横截面的 SEM 图如图 12-12 所示。对图像的分析显示，CNC、TO-CNF 和 CNC-*g*-PCysMA 的膜层厚度分别为 13.25μm±1.05μm、6.39μm±0.51μm 和 4.34μm±1.23μm。虽

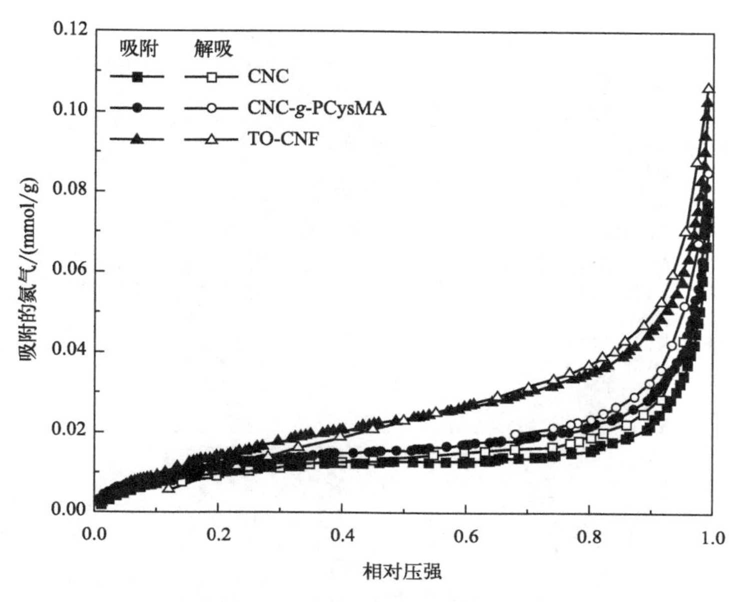

图 12-10　氮气吸附-解吸等温线

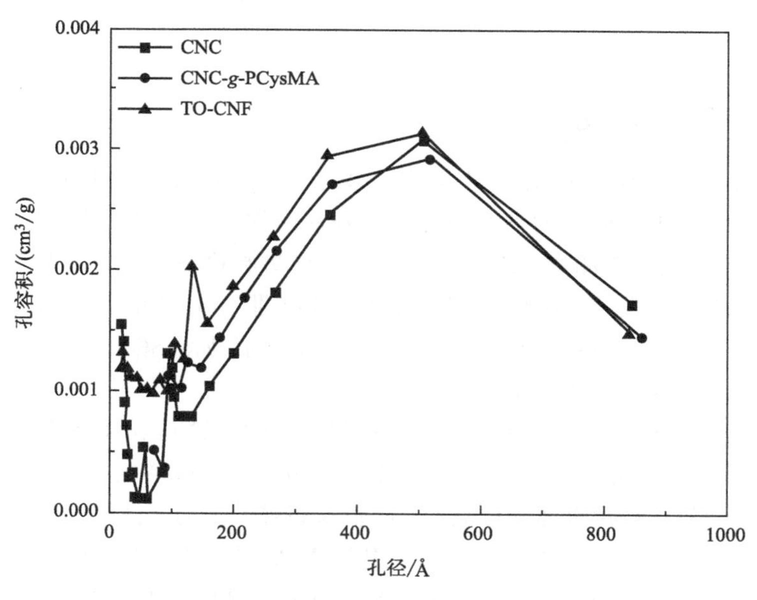

图 12-11　BJH 法孔径分布

然没有得到均匀的涂层，但在一定程度上达到了在膜上形成功能层的目的。值得注意的是，膜表面出现了一些针孔，如图 12-12(d) 所示。这些针孔的存在有助于提高膜的渗透性。

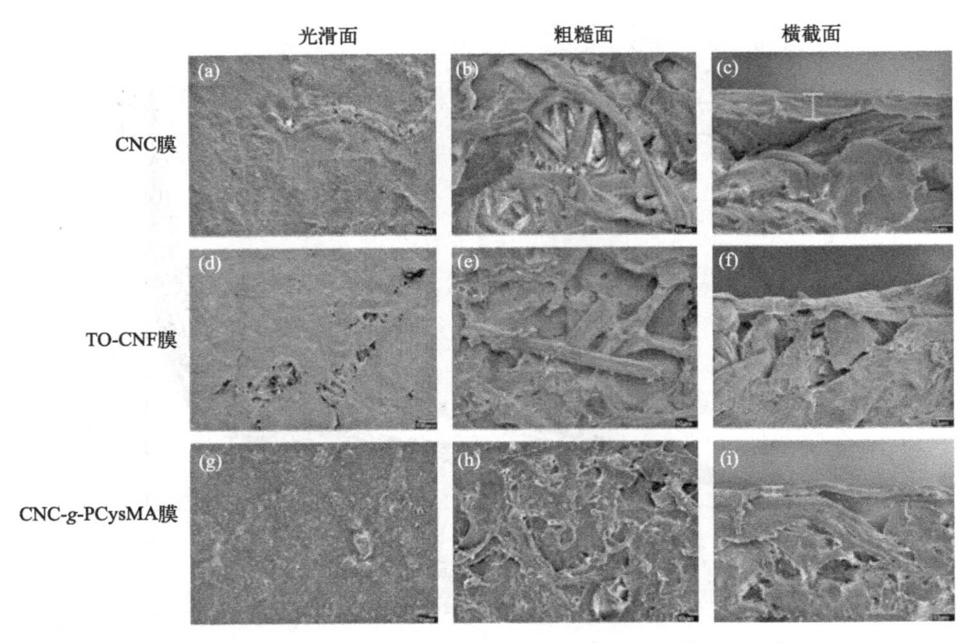

图 12-12　CNC、TO-CNF 和 CNC-*g*-PCysMA 的 SEM 图

12.6.3　金属离子去除

膜具有各种功能表面基团，如羟基、羰基、硫醚和胺，根据所带电荷，它们可以作为吸附带电污染物的活性位点。将样品膜浸入含有 Au(Ⅲ)、Co(Ⅱ) 和 Fe(Ⅲ) 的水溶液中来测试吸附作用。最初，与初始状态相比，膜颜色的明显变化，表明其对金属离子有吸附作用。在吸附 Fe(Ⅲ)、Co(Ⅱ)、Au(Ⅲ) 后，原始膜的白色分别变为黄色、粉红色和酒红色。24h 后使用 SEM 和 EDX 进行定量和定性分析，结果如图 12-13～图 12-16 所示。

测量结果表明，这些膜中存在负电荷基团，例如 CNC 和 TO-CNF 膜中的羟基和羰基，以及 CNC-*g*-PCysMA 中的硫醚基团。在某些情况下，CNC-*g*-PCysMA 的低吸附量可以用金属盐溶液的 pH 值来解释。如前所述，金属离子溶液的 pH 值在 4.3 到 6.2 之间，其中 CNC-*g*-PCysMA 仅带轻微的负电荷（图 12-8），这意味着大多数羰基被中和，因此不参与金属离子捕获。在这种情况下，金属离子捕获主要归因于 PCysMA 链中存在的硫醚基团。总的来说，如果对实验进行相应的调整（例如，优化吸附剂的 pH 条件或使用横流吸附来排除尺寸），则实验结果所示的吸附能力仍可以得到改善。

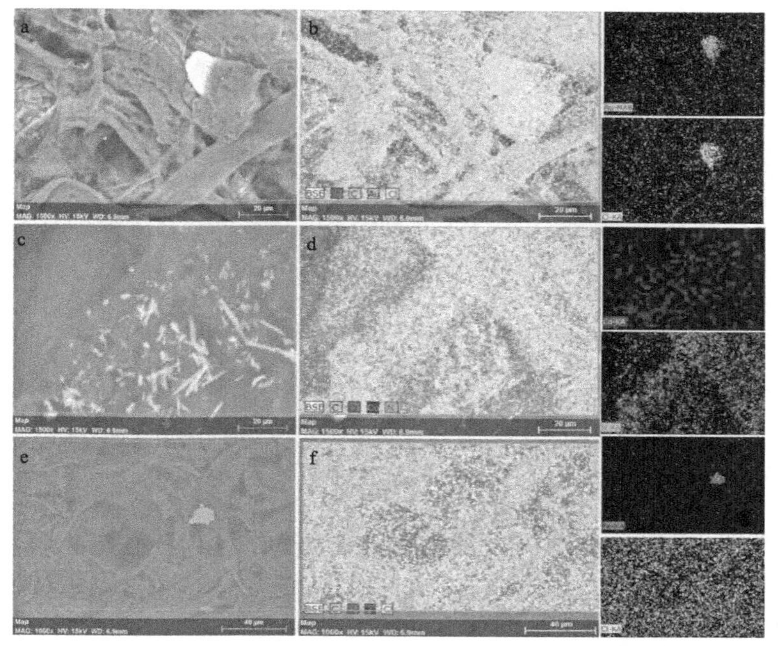

图 12-13　CNC 膜吸附 $AuCl_3$、$Co(NO_3)_2$ 和 $FeCl_3$ 前后的 SEM 图像和 EDX 作图

（a：吸附 $AuCl_3$ 前；b：吸附 $AuCl_3$ 后；c：吸附 $Co(NO_3)_2$ 前；

d：吸附 $Co(NO_3)_2$ 后；e：吸附 $FeCl_3$ 前；f：吸附 $FeCl_3$ 后）

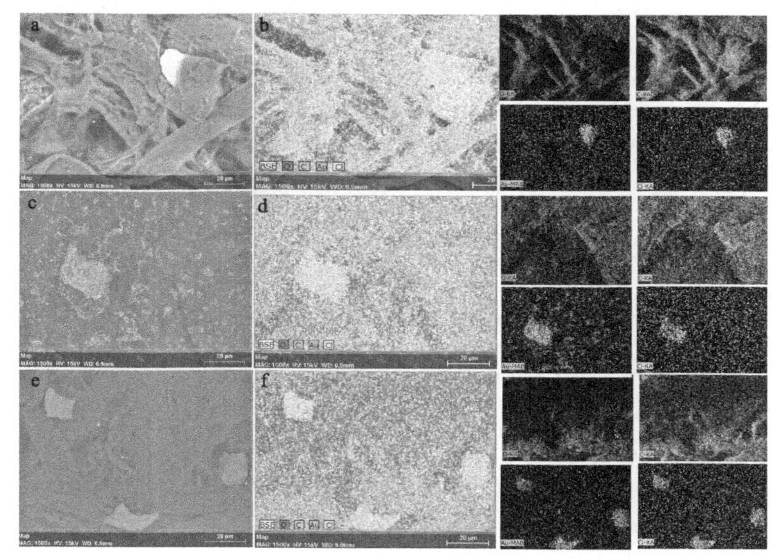

图 12-14　CNC、CNC-*g*-PCysMA 和 TO-CNF 吸附 $AuCl_3$ 前后的 SEM 图像和 EDX 图谱

（a：CNC 吸附 $AuCl_3$ 前；b：CNC 吸附 $AuCl_3$ 后；c：CNC-*g*-PCysMA 吸附 $AuCl_3$ 前；

d：CNC-*g*-PCysMA 吸附 $AuCl_3$ 后；e：TO-CNF 吸附 $AuCl_3$ 前；f：TO-CNF 吸附 $AuCl_3$ 后）

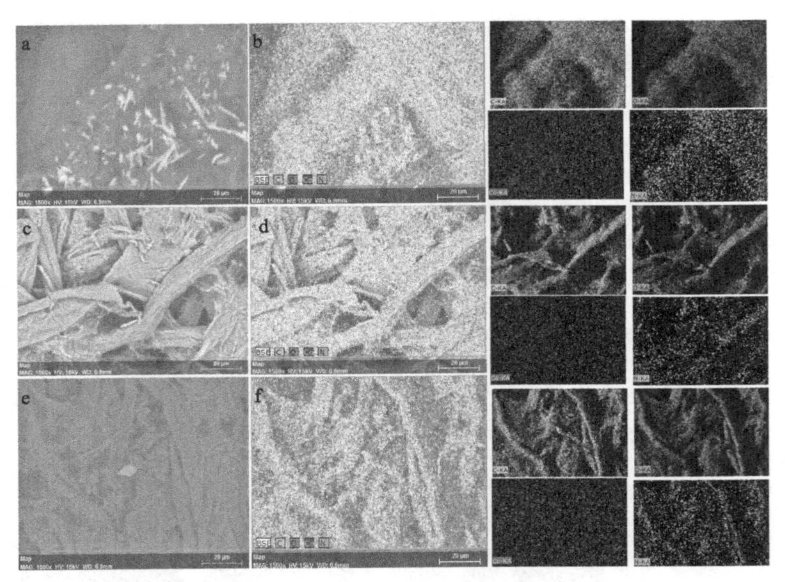

图 12-15　CNC、CNC-*g*-PCysMA 和 TO-CNF 吸附 $Co(NO_3)_2$ 前后的 SEM 图像和 EDX 图谱

（a：CNC 吸附 $Co(NO_3)_2$ 前；b：CNC 吸附 $Co(NO_3)_2$ 后；c：CNC-*g*-PCysMA 吸附 $Co(NO_3)_2$ 前；
d：CNC-*g*-PCysMA 吸附 $Co(NO_3)_2$ 后；e：TO-CNF 吸附 $Co(NO_3)_2$ 前；
f：TO-CNF 吸附 $Co(NO_3)_2$ 后）

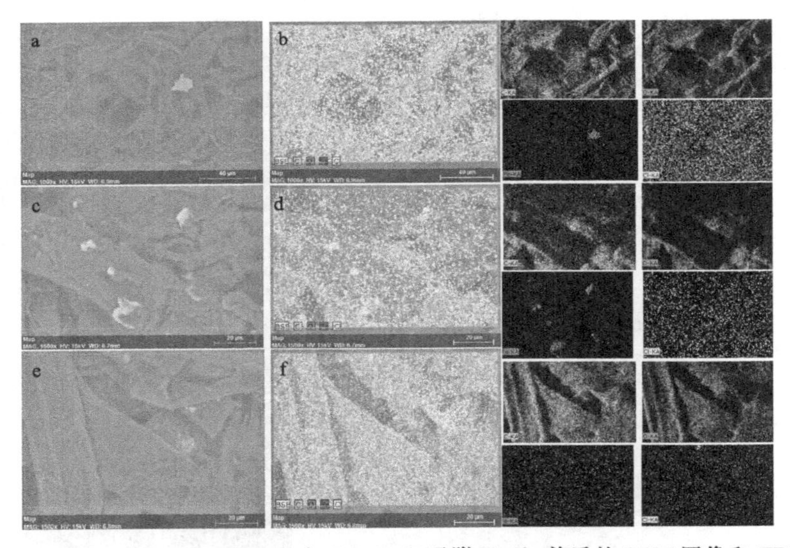

图 12-16　CNC、CNC-*g*-PCysMA 和 TO-CNF 吸附 $FeCl_3$ 前后的 SEM 图像和 EDX 图谱

（a：CNC 吸附 $FeCl_3$ 前；b：CNC 吸附 $FeCl_3$ 后；c：CNC-*g*-PCysMA 吸附 $FeCl_3$ 前；
d：CNC-*g*-PCysMA 吸附 $FeCl_3$ 后；e：TO-CNF 吸附 $FeCl_3$ 前；
f：TO-CNF 吸附 $FeCl_3$ 后）

EDX 图像显示，吸附的离子均匀分布在膜表面。观察到吸附的金属离子聚集成大颗粒。这与之前的研究结果一致，证实了纳米纤维素上捕获离子的减少和金属离子的聚集现象。

利用 XRD 对金属吸附后膜的结晶度进行表征，结果如图 12-17 所示。

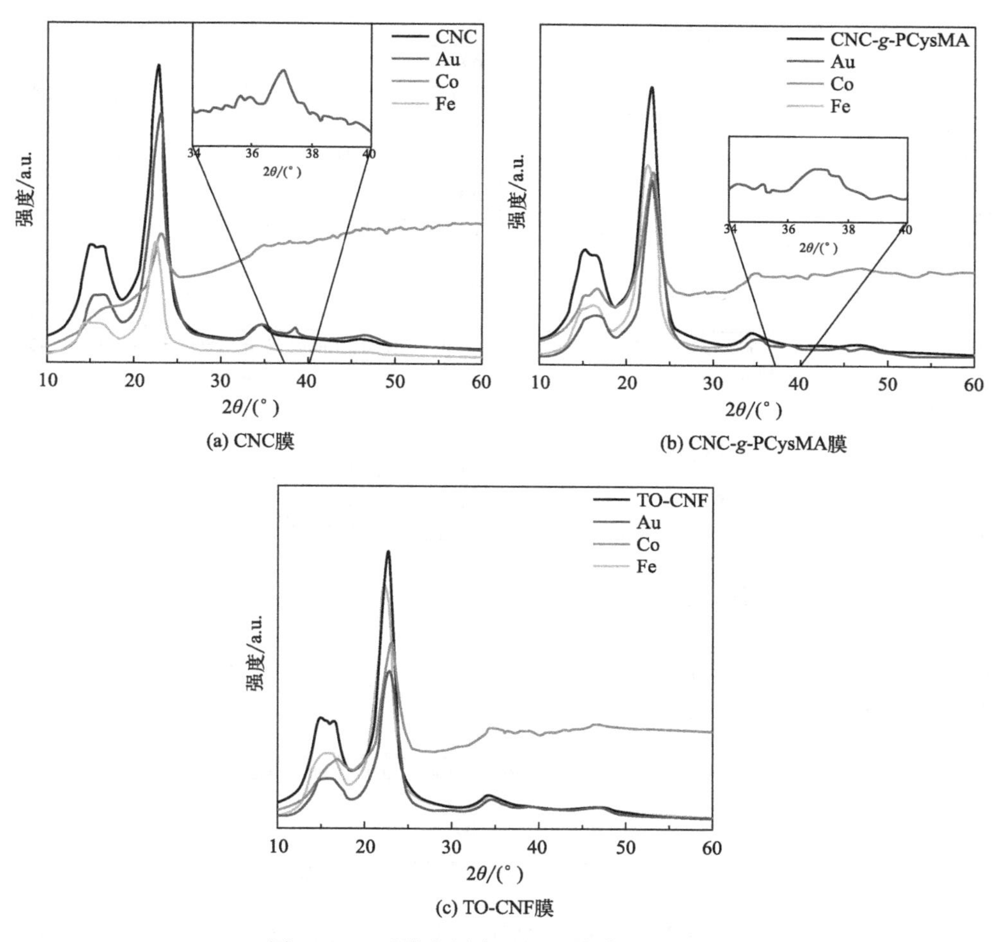

(a) CNC膜

(b) CNC-g-PCysMA膜

(c) TO-CNF膜

图 12-17 吸附金属离子后三种膜的 XRD 图

膜的 XRD 谱图在 16.5、22.9、34.7 处出现峰值，分别对应米勒指数 110、200、004。与之前一样，所有膜的结晶指数使用式(12-1) 计算。由于金属盐的吸附，衍射峰出现小位移；然而，膜保持了它们的结晶性。吸附 Au(Ⅲ)、Co(Ⅱ) 和 Fe(Ⅲ) 后，膜的结晶指数值分别为 69%～72%、57%～65% 和 67%～72%。金属盐的衍射峰由于浓度低而难以检测到，但可以观察到一些明显的峰。膜吸附钴盐后，会导致衍射背景增大。

利用 FT-IR 对金属吸附后膜的官能团进行表征，结果如图 12-18 所示。其中，图 12-18(a) 为三种膜吸附 $AuCl_3$ 后的 FT-IR 光谱，图 12-18(b) 为三种膜吸附 $Co(NO_3)_2$ 后的 FT-IR 光谱，图 12-18(c) 为三种膜吸附 $FeCl_3$ 后的 FT-IR 光谱。

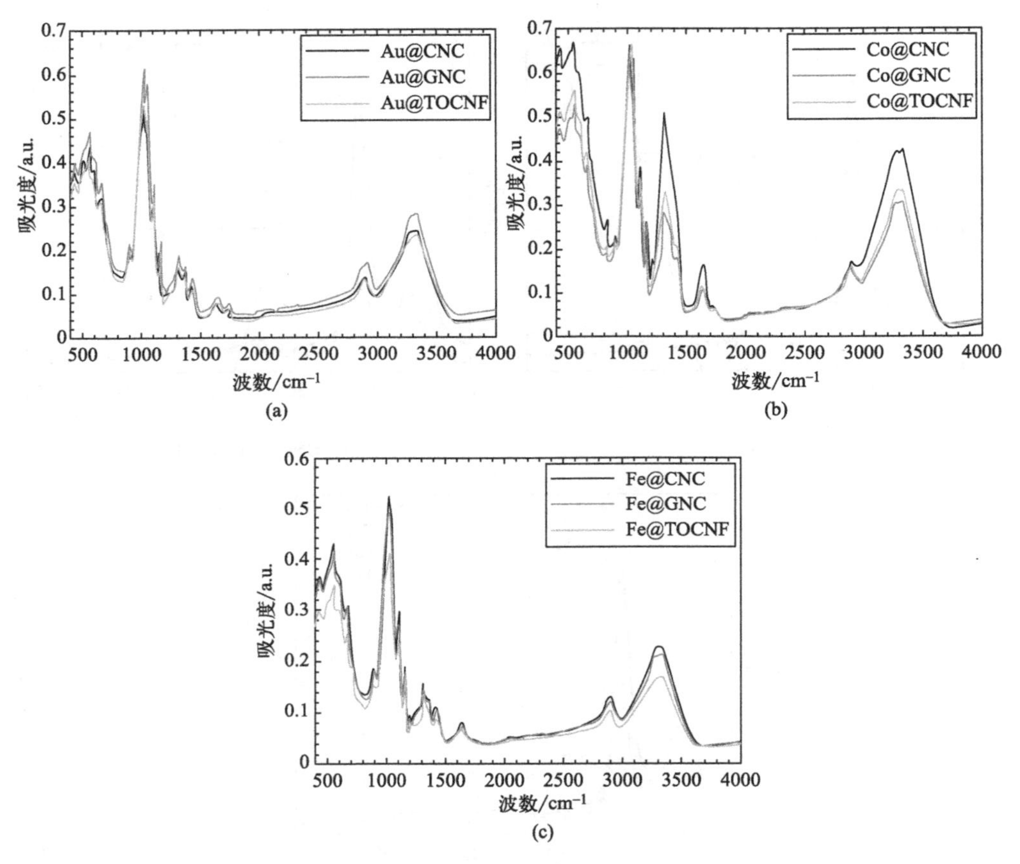

图 12-18　三种膜吸附金属后的 FT-IR 光谱

FT-IR 光谱证实了纤维素膜吸附金属后主要官能团的保存。这一结果表明，相互作用主要是非共价的，包括静电力。通过 EDX 分析，观察到阴离子 Cl^- 的存在，表明 Au(Ⅲ) 没有明显的还原，过程以吸附为主。

纤维素基材料是重金属的优良吸附剂和黄金等贵金属的回收剂。纤维素基吸附剂可以用作颗粒、气凝胶、纤维和膜，并且可以通过改性引入新的官能团来提高其性能。例如，有研究报道可以使用 TO-CNF 水凝胶和干膜（H-TO-CNF）回收 Au(Ⅲ)，TO-CNF 和 H-TO-CNF 的最大吸附量分别为 15.44mg/g 和 0.42mg/g。此外，也有研究者用官能团对纤维素进行化学改性，如肼唑-咪唑啉、牛磺酸改性纤维素和甲基丙烯酸缩水甘油酯，提高了吸附能力。这些方法合成的膜制备过程简单，具有高吸附效率和高透水性，且处理完成后，合成的膜很容易与废水分离，不需要像磁性纳米颗粒那样使用任何复杂的方法。

12.6.4 染料的吸附和催化加氢

本研究评估了三种膜对染料的吸附作用。膜因为吸附了染料，所以颜色出现了变化，如图 12-19 所示。

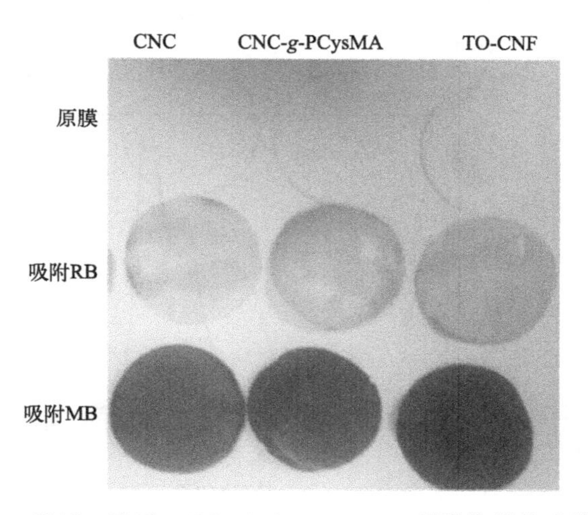

图 12-19 CNC、CNC-*g*-PCysMA、TO-CNF 吸附染料前后膜的颜色

用紫外可见分光光度计测量了 CNC、CNC-*g*-PCysMA、TO-CNF 在未吸附染料至吸附染料（MB）24h 的吸光度情况，结果如图 12-20 所示。

由图 12-20 可以看出，MB 水溶液在 665nm 和 605nm 处表现特征吸光度峰。紫外-可见光谱显示，与膜相互作用 24h 后，MB 的最大吸光度下降。

MB 在 CNC、CNC-*g*-PCysMA 和 TO-CNF 上的吸附效率如图 12-21 所示。当根据膜总质量计算吸附染料的量时，CNC、CNC-*g*-PCysMA 和 TO-CNF 对 MB 的吸附效率分别为 26%、21%和 35%。当根据每个膜中功能层的数量计算吸附 MB 的量时，CNC、CNC-*g*-PCysMA 和 TO-CNF 的效率分别为 78%、63%和 100%。在所有情况下，功能层的电荷与污染物（这里是阳离子染料）的电荷之间存在相关性。TO-CNF 负电荷最多，因此其去除的 MB 最多。

本实验还研究了 CNC、CNC-*g*-PCysMA 和 TO-CNF 作为无金属催化剂在以 $NaBH_4$ 为还原剂的染料加氢中的应用。MB 和 RB 的催化加氢的结果如图 12-22 所示。

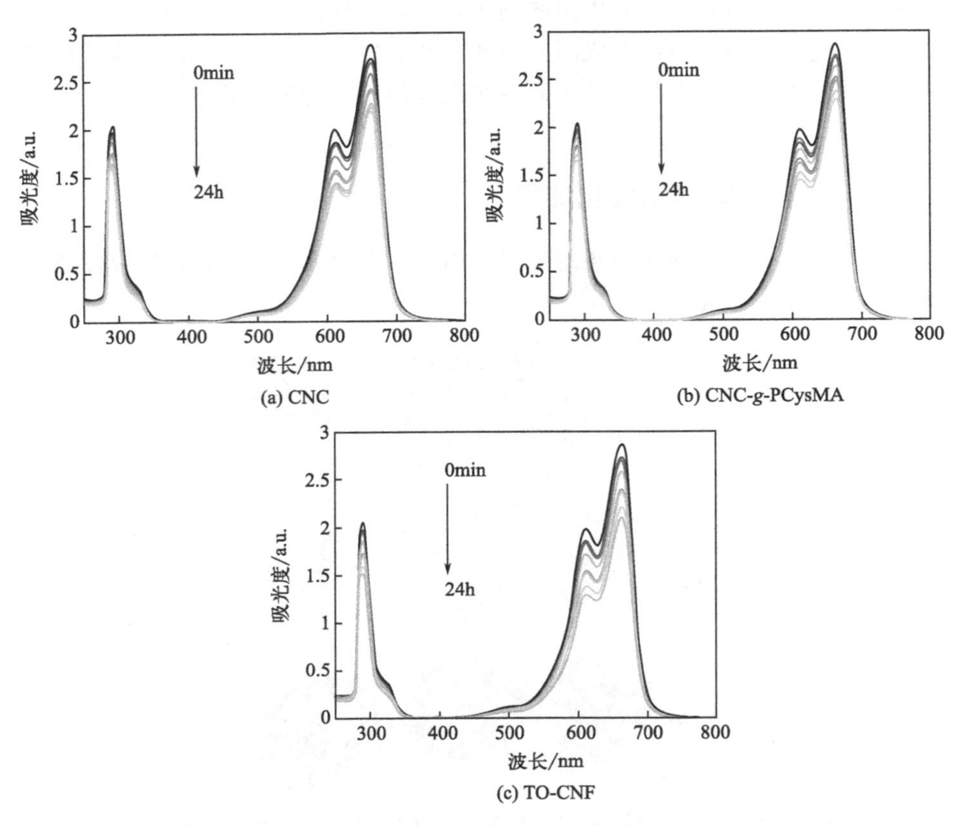

(a) CNC
(b) CNC-g-PCysMA
(c) TO-CNF

图 12-20　CNC、CNC-g-PCysMA、TO-CNF 在未吸附染料至吸附染料 24h 的吸光度情况

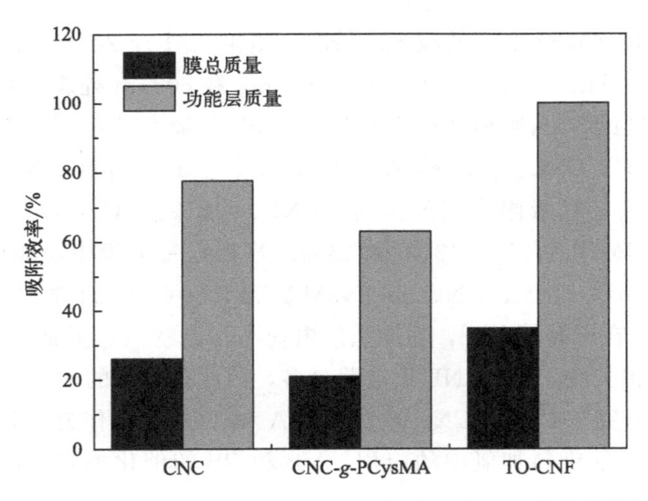

图 12-21　MB 在 CNC、CNC-g-PCysMA 和 TO-CNF 上的吸附效率

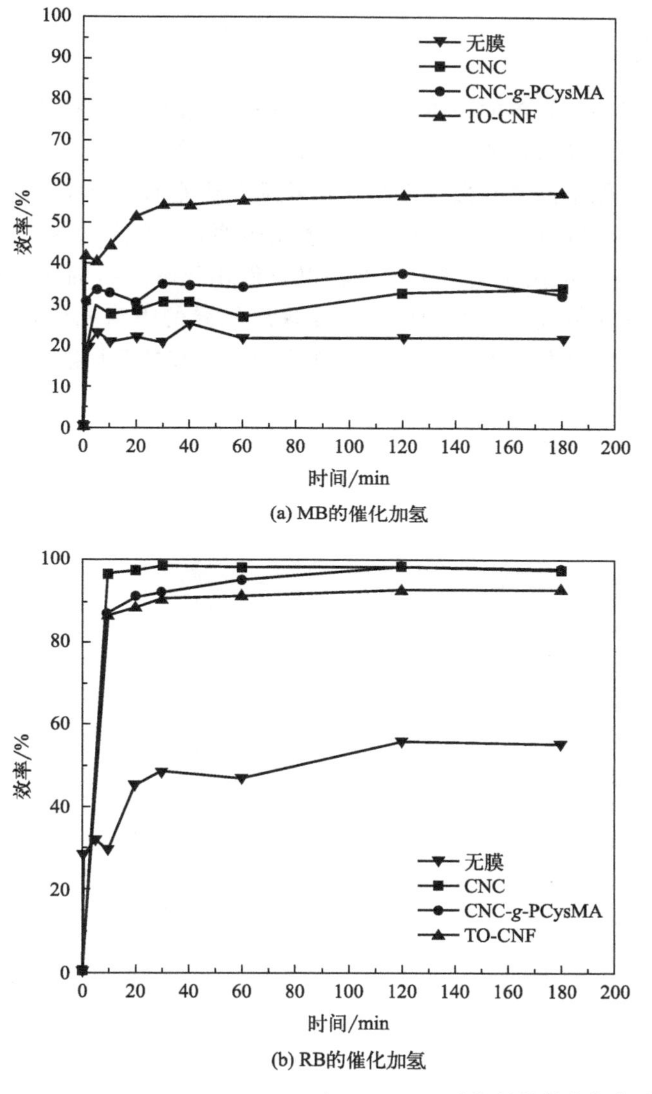

图 12-22 CNC、CNC-*g*-PCysMA 和 TO-CNF 对染料的催化加氢实验

由图 12-22(a) 可以看出，$NaBH_4$ 在无膜的条件下自水解，对 MB 的加氢效率约为 20%，膜的存在将效率提高到 30%～60%。由图 12-22(b) 可以看出，单独使用 $NaBH_4$ 对 RB 的加氢效率约为 50%，膜的存在使 RB 的加氢效率提高到 90%～100%。

12.7 小结

本章展示了一种简单的一步水介导的全纤维素膜的加工路线，该方法合成的膜具备层状结构、高渗透通量和高性能。纤维素纤维和微纤化纤维的存在，构成了膜的主体，确保了高透水性，而微纤化纤维和功能纳米颗粒将膜的孔隙大小调整到超滤或纳滤范围（1～85nm）。所得数据表明，功能层 CNC、CNC-*g*-PCysMA 和 TO-CNF 是吸附金属离子和染料以及催化降解染料的主要活性成分。因此，制备的膜在保持高透水性的同时，表现出优异的吸附和催化性能。CNC-*g*-PCysMA 上两性离子聚合物的存在可增强膜的防污和抗菌性能。

参考文献

[1] 刘靖宇．膜分离技术在工业污水处理中的应用 [J]．江西建材，2021 (12)：308-310.

[2] 李薇，李继定，展侠，等．膜技术处理丙烯腈工业废水的研究与应用 [J]．工业水处理，2012，32 (3)：6-9.

[3] LIANG T，LU H X，MA J L，et al. Progress on membrane technology for separating bioactive peptides [J]．Journal of Food Engineering，2023，340：111321.

[4] 靳宏，崔世强，张玉梅．纤维素在 NMMO 水溶液中的溶解机理研究进展 [J]．高分子通报，2021，(5)：29-37.

[5] DUAN B，TU H，ZHANG L N. Material research progress of the sustainable polymer-cellulose [J]．Acta Polymerica Sinica，2020，51 (1)：66-86.

[6] VADANAN S V，BASU A，LIM S. Bacterial cellulose production，functionalization，and development of hybrid materials using synthetic biology [J]．Polymer Journal，2022，54 (4)：481-492.

[7] KIM S，HEATH D E，KENTISH S E. Composite membranes with nanofibrous cross-hatched supports for reverse osmosis desalination [J]．Acs Applied Materials and Interfaces，2020，12 (40)：44720-44730.

[8] ZABORNIAK I，CHMIELARZ P. Polymer-modified regenerated cellulose membranes：following the atom transfer radical polymerization concepts consistent with the principles of green chemistry [J]．Cellulose，2023，30 (1)：1-38.

[9] 宋子龙．碱性水电解槽用聚砜隔膜的研制 [D]．长沙：湖南大学，2018.

[10] 魏亚辉，肖洪涛．Ag-壳聚糖/纤维素复合膜的制备与表征 [J]．数字印刷，2021 (1)：65-70.

[11] TANG H，CHANG C Y，ZHANG，L N. Efficient adsorption of Hg^{2+} ions on chitin/cellulose composite membranes prepared via environmentally friendly pathway [J]．Chemical Engineering Journal，2011，173 (3)：689-697.

[12] 熊碧．纤维素在碱/尿素体系中溶解机理的核磁共振研究 [D]．武汉：武汉大学，2014.

[13] 李婉．植物细胞壁中纤维素结构及纤维素的提取和功能材料制备 [D]．合肥：中国科学技术大学，2018.

[14] 林珊．纤维素抗菌膜的制备及其深度水处理研究 [D]．福州：福建农林大学，2013.

[15] 王学武，张玉杰，李文江．溶剂法纤维素-甲壳素共混材料的发展现状 [J]．合成纤维，2014，43 (1)：29-34.

[16] CHOO K，CHING Y C，CHUAH C H，et al. Preparation and characterization of polyvinyl alcohol-chitosan composite films reinforced with cellulose nanofiber [J]．Materials，2016，9 (8)：644.

[17] DHARMALINGAM K，BORDOLOI D，KUNNUMAKKARA A B，et al. Preparation and characterization of cellulose-based nanocomposite hydrogel films containing $CuO/Cu_2O/Cu$ with antibacterial activity [J]．Journal of Applied Polymer Science，2020，137 (40)：49216.

[18] TADJARODI A，FERDOWSI S M，ZARE-DORABEI R，et al. Highly efficient ultrasonic-assisted removal of Hg(Ⅱ) ions on graphene oxide modified with 2-pyridinecarboxaldehyde thiosemicarbazone：Adsorption isotherms and kinetics studies [J]．Ultrasonics-Sonochemistry，

2016，33：118-128.

[19] ELZAKI B I，ZHANG Y J. Coating methods for surface modification of ammonium nitrate：a mini-review [J]. Materials，2016，9（7）：502.

[20] 徐伟炜，张玥．降香黄檀/纤维素抗菌复合膜的疏水改性 [J]．纤维素科学与技术，2020，28（2）：50-56，70.

[21] VAKILI M R，GHOLAMI M，MOSALLAEI Z，et al. Modification of regenerated cellulose membrane by impregnation of silver nanocrystal clusters [J]. Journal of Applied Polymer Science，2020，137（3）：48292.

[22] 肖锐．基于单宁酸和羧甲基壳聚糖对聚醚砜超滤膜表面亲水改性的研究 [D]．长春：长春工业大学，2022.

[23] 杨晓彬．聚偏氟乙烯分离膜表面高效亲水化调控及性能研究 [D]．哈尔滨：哈尔滨工业大学，2021.

[24] 曹松，吴仲岿，殷俊，等．接枝改性纤维素纳米晶（CNC）增强水性聚氨酯（WPU）制备CNC/WPU复合涂膜 [J]．材料科学与工程学报，2020，38（6）：912-916.

[25] YE J，CHU J C，YIN J，et al. Surface modification of regenerated cellulose membrane based on thiolactone chemistry-A novel platform for mixed mode membrane adsorbers [J]. Applied Surface Science，2020，511：145539.

[26] IRANI M，KESHTKAR A R，MOUSAVIAN M A. Preparation of poly（vinyl alcohol）/tetraethyl orthosilicate hybrid membranes modified with TMPTMS by sol-gel method for removal of lead from aqueous solutions [J]. Korean Journal of Chemical Engineering，2012，29（10）：1459-1465.

[27] 巩祥壮，袁涛，张卓，等．纤维素膜膜孔和膜性能的接枝调控 [J]．天津工业大学学报，2013，32（6）：9-13.

[28] 王淑瑶，卢瑞，刘耀文．超滤膜常用制备方法及研究进展 [J]．2018，46（10）：235-258，246.

[29] 张彤，陈进富，郭春梅，等．聚砜超滤膜制备、改性及抗油污染性能评价 [J]．2018，12（3）：705-711.

[30] 谭国中．超滤膜的制备及化学修饰 [D]．石家庄：河北科技大学，2010.

[31] ZHAO S，WANG Z，WEI X，et al. Performance improvement of polysulfone ultrafiltration membrane using well-dispersed polyaniline-poly（vinylpyrrolidone）nanocomposite as the additive [J]. Industrial and Engineering Chemistry Research，2012，51（12）：4661-4672.

[32] YUAN H K，WANG Y M，CHENG L，et al. Improved antifouling property of ooly（ether sulfone）ultrafiltration membrane through blending with poly（vinyl alcohol） [J]. Industrial and Engineering Chemistry Research，2014，53（48）：18549-18557.

[33] 刘鑫．改性氧化石墨烯/PVDF基纳米复合超滤膜的制备及性能研究 [D]．哈尔滨：哈尔滨工业大学，2019.

[34] 李晨．PVDF超滤膜的亲水改性及抗污性能研究 [D]．兰州：西北师范大学，2019.

[35] 吕晨伟．聚丙烯腈超滤膜的制备及改性研究 [D]．长春：长春工业大学，2018.

[36] 邵冉冉．聚偏氟乙烯超滤膜的制备及改性研究 [D]．天津：天津工业大学，2018.

[37] LI F，YE J F，YANG L M，et al. Surface modification of ultrafiltration membranes by grafting

glycine-functionalized PVA based on polydopamine coatings [J]. Applied Surface Science, 2015, 345: 301-309.
[38] GUO Y X, CAI J, SUN T Q, et al. The purification process and side reactions in the N-methylmorpholine-N-oxide (NMMO) recovery system [J]. Cellulose, 2021, 28 (12): 7609-7617.
[39] TONG Y J, DING W N, SHI L J, et al. Fabricating novel PVDF-g-IBMA copolymer hydrophilic ultrafiltration membrane for treating papermaking wastewater with good antifouling property [J]. Water Science and Technology, 2021, 84 (9): 2541-2556.
[40] MACIEL BINDES M M, TERRA N M, PATIENCE G S, et al. Asymmetric Al_2O_3 and PES/Al_2O_3 hollow fiber membranes for green tea extract clarification [J]. Journal of Food Engineering, 2020, 277: 109889.1-109889.10.
[41] VETRIVEL S, RANA D, SRI ABIRAMI SARASWATHI M S, et al. Cellulose acetate nanocomposite ultrafiltration membranes tailored with hydrous manganese dioxide nanoparticles for water treatment applications [J]. Polymers for Advanced Technologies, 2019, 30 (8): 1943-1950.
[42] NEVSTRUEVA D, PIHLAJAMÄKI A, MÄNTTÄRI M. Effect of a TiO_2 additive on the morphology and permeability of cellulose ultrafiltration membranes prepared via immersion precipitation with ionic liquid as a solvent [J]. Cellulose, 2015, 22 (6): 3865-3876.
[43] SHI F, MA Y X, MA J, et al. Preparation and characterization of PVDF/TiO_2 hybrid membranes with different dosage of nano-TiO_2 [J]. Journal of Membrane Science, 2012, 389: 522-531.
[44] LIU Y W, WEI R, LIN O K, et al. Enhanced hydrophilic and antipollution properties of PES membrane by anchoring SiO_2/HPAN nanomaterial [J]. ACS Sustainable Chemistry and Engineering, 2017, 5 (9): 7812-7823.
[45] WEN X, HE C, HAI Y Y, et al. Fabrication of a hybrid ultrafiltration membrane based on MoS2 modified with dopamine and polyethyleneimine [J]. RSC Advances, 2021, 11 (42): 26391-26402.
[46] 刘恩露. PVDF/ZrO_2-PVA 共混膜的制备及分离性能研究 [D]. 兰州：兰州理工大学，2020.
[47] 刘华卿. 界面聚合制备聚酯纳滤膜及其性能研究 [D]. 北京：北京化工大学，2021.
[48] 王娜. 界面聚合纳滤膜的结构调控及其在含染料废水处理的应用研究 [D]. 杭州：浙江理工大学，2021.
[49] TAN T, ZHOU J L, GAO X, et al. Synthesis, characterization and water-absorption behavior of tartaric acid-modified cellulose gel fromcorn stalk pith [J]. Industrial Crops and Products, 2021, 169: 113641.
[50] DU Y C, PRAMANIK B K, ZHANG Y, et al. Recent Advances in the Theory and Application of Nanofiltration: a Review [J]. Current Pollution Reports, 2022, 8 (1): 51-80.
[51] 翟高伟. 界面聚合法制备 PVDF/PSA 耐酸复合纳滤膜及其性能研究 [D]. 天津：天津工业大学，2020.
[52] 王月. 界面聚合的调控及复合纳滤膜的性能改进研究 [D]. 上海：东华大学，2021.
[53] LI F, MENG J Q, YE J F, et al. Surface modification of PES ultrafiltration membrane by polydopamine coating and poly (ethylene glycol) grafting: Morphology, stability, and anti-foul-

ing [J]. Desalination, 2014, 344: 422-430.
[54] BAI L M, LIU Y T, BOSSA N, et al. Incorporation of cellulose nanocrystals (CNCs) into the polyamide layer of thin-film composite (TFC) nanofiltration membranes for enhanced separation performance and antifouling properties [J]. Environmental Science and Technology, 2018, 52 (19): 11178-11187.
[55] 陆扬．高性能薄膜复合纳滤膜的设计制备及性能研究 [D]. 合肥：中国科学技术大学，2021.
[56] SHEN X, XIE T D, WANG J G, et al. An anti-fouling poly (vinylidene fluoride) hybrid membrane blended with functionalized ZrO_2 nanoparticles for efficient oil/water separation [J]. RSC Advances, 2017, 7 (9): 5262-5271.
[57] WEN J J, YANG C, CHEN X F, et al. Effective and efficient fabrication of high-flux tight ZrO_2 ultrafiltration membranes using a nanocrystalline precursor [J]. Journal of Membrane Science, 2021, 634: 119378.
[58] ZHANG J, ZHENG H Z, XU Z F, et al. Study on characterization of core-shell nano-Al_2O_3/PS composite particles and toughening polystyrene prepared by SLS [J]. Cailiao Gongcheng/Journal of Materials Engineering, 2007 (3): 24-27.
[59] PANG R Z, LI X, LI J S, et al. Preparation and characterization of ZrO_2/PES hybrid ultrafiltration membrane with uniform ZrO_2 nanoparticles [J]. Desalination, 2014, 332 (1): 60-66.
[60] MORIAM K, SAWADA D, NIEMINEN K, et al. Towards regenerated cellulose fibers with high toughness [J]. Cellulose, 2021, 28 (15): 1-20.
[61] FINK H P, WEIGEL P, PURZ H J. Structure formation of regenerated cellulose materials from NMMO-solutions [J]. Progress in Polymer Science, 2001, 26 (9): 1473-1524.
[62] YUAN H G, LIU T Y, LIU Y Y, et al. A homogeneous polysulfone nanofiltration membrane with excellent chlorine resistance for removal of Na_2SO_4 from brine in chloralkali process [J]. Desalination, 2016, 379: 16-23.
[63] WENG R G, CHEN L H, LIN S, et al. Preparation and characterization of antibacterial cellulose/chitosan nanofiltration membranes [J]. Polymers, 2017, 9 (4): 116.
[64] MAXIMOUS N, NAKHLA G, WAN W, et al. Performance of a novel ZrO_2/PES membrane for wastewater filtration [J]. Journal of Membrane Science, 2010, 352 (1/2): 222-230.
[65] 邓璐璐．纤维素基及纳米材料的制备与性能研究 [D]. 贵阳：贵州大学，2022.
[66] 王琦．高性能聚芳醚腈液体分离膜的制备及其性能研究 [D]. 上海：东华大学，2022.
[67] 李海柯，李新冬，欧阳果仔，等．HKUST-1 掺杂聚醚酰亚胺混合基质膜的制备及性能 [J]. 精细化工，2022，39 (5)：1012-1019.
[68] 李霈云．高渗透性纳米纤维基复合渗透汽化膜的构筑及其应用研究 [D]. 上海：东华大学，2022.
[69] 杨淑娟．醋酸纤维素基共混改性超滤膜结构及性能研究 [D]. 北京：北京林业大学，2021.
[70] LIANG Y, MA H Y, TAHA A A, et al. High-flux anti-fouling nanofibrous composite ultrafiltration membranes containing negatively charged water channels [J]. Journal of Membrane Science, 2020, 612: 118382.
[71] AYYARU S, DINH T T L, AHN Y-H. Enhanced antifouling performance of PVDF ultrafiltration membrane by blending zinc oxide with support of graphene oxide nanoparticle [J]. Chemo-

sphere，2020，241：125068.
[72] 李红林，沈舒苏，吴逸，等．金属有机框架改性膜在废水处理中的应用进展［J］．功能材料，2022，53（4）：4028-4038.
[73] 凌喆．纤维素预处理及纳米晶体制备过程中聚集态结构变化研究［D］．北京：北京林业大学，2019.
[74] 燕大伟．基于静电纺纳米微晶纤维素/水性聚氨酯复合材料的制备及其性能研究［D］．秦皇岛：燕山大学，2020.
[75] 谢雄．纳米 ZrO_2/PVDF 改性膜的制备及其处理乳化油废水膜污染机制的研究［D］．武汉：中国地质大学，2015.
[76] 鲁丽．丝素蛋白/纳米纤维素仿生纤维的制备、结构与性能研究［D］．上海：东华大学，2021.
[77] HUSSEIN J，EL-NAGGAR M E，FOUDA M M G，et al. The efficiency of blackberry loaded AgNPs，AuNPs and Ag@AuNPs mediated pectin in the treatment of cisplatin-induced cardiotoxicity in experimental rats［J］．International Journal of Biological Macromolecules，2020，159：1084-1093.
[78] NG T W，ZHANG L，LIU J S，et al. Visible-light-driven photocatalytic inactivation of Escherichia coli by magnetic Fe_2O_3-AgBr［J］．Water Research，2016，90：111-118.
[79] LI L Z，LU Y，LI L Q，et al. Highly selective zeolite T membranes with different ERI stacking faults for pervaporative dehydration of ethanol［J］．Journal of Membrane Science，2021，638：119701.
[80] ZHAN Y Q，HU H，HE Y，et al. Novel amino-functionalized Fe_3O_4/carboxylic multi-walled carbon nanotubes：One-pot synthesis，characterization and removal for Cu（Ⅱ）［J］．Russian Journal of Applied Chemistry，2016，89（11）：1894-1902.
[81] WANG W C，LI F X，YU J Y，et al. A thermal behavior of low-substituted hydroxyethyl cellulose and cellulose solutions in NaOH-water［J］．Nordic Pulp and Paper Research Journal，2015，30（1）：20-25.
[82] 李胸有，成强，董锋，等．赖氨酸表面修饰 PVDF 纳米纤维膜及其对胆红素的吸附性能［J］．天津工业大学学报，2018，37（6）：25-30.
[83] UENO N，CHAKRABARTI B. Glycosaminoglycan conformations and changes on periodate oxidation［J］．1989，28（11）：1891-1902.
[84] BORICHA A G，MURTHY Z V P. Acrylonitrile butadiene styrene/chitosan blend membranes：Preparation，characterization and performance for the separation of heavy metals［J］．Journal of Membrane Science，2009，339（1/2）：239-249.
[85] BOUSBIH S，ERRAIS E，BEN AMAR R，et al. Elaboration and characterization of new ceramic ultrafiltration membranes from natural clay：application of treatment of textile wastewater［C］//Doronzo D M，Schingaro E，Altrin J S A，et al. Petrogenesis and exploration of the earth's interior. Hammamet：Springer International Publishing，2019.
[86] EFOME J E，RANA D，MATSUURA T，et al. Insight studies on metal-organic framework nanofibrous membrane adsorption and activation for heavy metal ions removal from aqueous solution［J］．Acs Applied Materials and Interfaces，2018，10（22）：18619-18629.
[87] RODDA A E，MEAGHER L，NISBET D R，et al. Specific control of cell-material interactions：

Targeting cell receptors using ligand-functionalized polymer substrates [J]. Progress in Polymer Science, 2014, 39 (7): 1312-1347.
[88] MAS B A, DE MELLO CATTANI S M, CIPRIANO RANGEL R D C, et al. Surface characterization and osteoblast-like cells culture on collagen modified PLDLA scaffolds [J]. Materials Research-Ibero-American Journal of Materials, 2014, 17 (6): 1523-1534.
[89] CHEN J L, WANG J, QI P K, et al. Biocompatibility studies of poly (ethylene glycol)-modified titanium for cardiovascular devices [J]. Journal of Bioactive and Compatible Polymers, 2012, 27 (6): 565-584.
[90] MOHANTA M, THIRUGNANAM A. Evolution of commercially pure titanium/heparin/poly (ethylene glycol) substrate with improved biocompatibility for cardiovascular device applications [J]. Materials Technology, 2022, 37 (14): 3100-3109.
[91] THOMPSON N. Total internal reflection with fluorescence correlation spectroscopy [J]. Biophysical Journal, 2012, 102 (3): 20a.
[92] MIKKONEN K S, MERGER D, KILPELÄINEN P, et al. Determination of physical emulsion stabilization mechanisms of wood hemicelluloses via rheological and interfacial characterization [J]. Soft Matter, 2016, 12 (42): 8690-8700.
[93] SONI B, HASSAN E B, SCHILLING M W, et al. Transparent bionanocomposite films based on chitosan and TEMPO-oxidized cellulose nanofibers with enhanced mechanical and barrier properties [J]. Carbohydrate Polymers, 2016, 151: 779-789.
[94] ISOGAI A. Preparation and characterization of TEMPO-oxidized cellulose nanonetworks, nanofibers, and nanocrystals [J]. Abstracts of Papers of the American Chemical Society, 2019, 257.
[95] LIZETH MARTINEZ-SALCEDO S, GUILLERMO TORRES-RENDON J, GARCIA-ENRIQUEZ S, et al. Physicomechanical characterization of poly (acrylic acid-co-acrylamide) hydrogels reinforced with TEMPO-oxidized blue agave cellulose nanofibers [J]. Fibers and Polymers, 2022, 23 (5): 1161-1170.
[96] ABD-RAZAK N H, PIHLAJAMAKI A, VIRTANEN T, et al. The influence of membrane charge and porosity upon fouling and cleaning during the ultrafiltration of orange juice [J]. Food and Bioproducts Processing, 2021, 126: 184-194.
[97] KETOLA A E, LEPPANEN M, TURPEINEN T, et al. Cellulose nanofibrils prepared by gentle drying methods reveal the limits of helium ion microscopy imaging [J]. Rsc Advances, 2019, 9 (27): 15668-15677.
[98] ZHANG H G, QUAN X, FAN X F, et al. Improving ion rejection of conductive nanofiltration membrane through electrically enhanced surface charge density [J]. Environmental Science and Technology, 2019, 53 (2): 868-877.
[99] RAGHAVAN S C, PV A, KHANDELWAL M. Hierarchical amphiphilic high-efficiency oil-water separation membranes from fermentation derived cellulose and recycled polystyrene [J]. Journal of Applied Polymer Science, 2021, 138 (13): 50123.
[100] PLISKO T V, BILDYUKEVICH A V, BURTS K S, et al. Modification of polysulfone ultrafiltration membranes via addition of anionic polyelectrolyte based on acrylamide and sodium acrylate to the coagulation bath to improve antifouling performance in water treatment [J]. Mem-

branes, 2020, 10 (10): 264.

[101] ONO Y, TAKEUCHI M, ZHOU Y X, et al. Characterization of cellulose and TEMPO-oxidized celluloses prepared from Eucalyptus globulus [J]. Holzforschung, 2021, 76 (2): 169-178.

[102] SOTO-SALCIDO L A, ANUGWOM I, BALLINAS-CASARRUBIAS L, et al. NADES-based fractionation of biomass to produce raw material for the preparation of cellulose acetates [J]. Cellulose, 2020, 27 (12): 6831-6848.

[103] LOPATINA A, ANUGWOM I, ESMAEILI M, et al. Preparation of cellulose-rich membranes from wood: effect of wood pretreatment process on membrane performance [J]. Cellulose, 2020, 27 (16): 9505-9523.

[104] NAKAMURA Y, ONO Y, SAITO T, et al. Characterization of cellulose microfibrils, cellulose molecules, and hemicelluloses in buckwheat and rice husks [J]. Cellulose, 2019, 26 (11): 6529-6541.

[105] TANG Z W, LI W Y, LIN X X, et al. TEMPO-Oxidized Cellulose with High Degree of Oxidation [J]. Polymers, 2017, 9 (9): 421.

[106] 吴慧，汤祖武，卢生昌，等. 高羧基含量 TEMPO 氧化纤维素的制备与表征 [J]. 森林与环境学报，2019，39 (1): 88-94.

[107] CICHOSZ S, MASEK A. IR study on cellulose with the varied moisture contents: insight into the supramolecular structure [J]. Materials, 2020, 13 (20): 4573.

[108] HAI L V, ZHAI L D, KIM H C, et al. Cellulose nanofibers isolated by TEMPO-oxidation and aqueous counter collision methods [J]. Carbohydrate Polymers, 2018, 191: 65-70.

[109] SHIRAI N, MESHITSUKA G, HAMADA H. Effect of TEMPO Oxidation on the Physical Properties of Ramie Fabrics [J]. Journal of Fiber Science and Technology, 2016, 72 (10): 227-230.

[110] 项秀东，万小芳，李友明，等. 微波辐射法竹浆纤维素的中性 TEMPO 氧化及表征 [J]. 林产化学与工业，2015，35 (1): 101-106.

[111] 赵海儒，吴淑芳，宋君龙，等. 内切纤维素酶协助 TEMPO 氧化制备纳米纤维 [J]. 纤维素科学与技术，2015，23 (4): 55-61.

[112] 吴艾璟，彭黔荣，杨敏，等. 液膜分离技术在消除废水中重金属的研究进展 [J]. 化工新型材料，2015，43 (3): 222-224.

[113] YE W Y, LIN J Y, BORREG R, et al. Advanced desalination of dye/NaCl mixtures by a loose nanofiltration membrane for digital ink-jet printing [J]. Separation and Purification Technology, 2018, 197: 27-35.

[114] HU D, XU Z L, WEI Y M, et al. Poly (styrene sulfonic acid) sodium modified nanofiltration membranes with improved permeability for the softening of highly concentrated seawater [J]. Desalination, 2014, 336: 179-186.

[115] CHEN Y L, HE C J. High salt permeation nanofiltration membranes based on NMG-assisted polydopamine coating for dye/salt fractionation [J]. Desalination, 2017, 413: 29-39.

[116] BUNCE J T, NDAM E, OFITERU I D, et al. A review of phosphorus removal technologies and their applicability to small-scale domestic wastewater treatment systems [J]. Frontiers in

Environmental Science, 2018, 6: Article 8.
[117] TANG C, RYGAARD M, ROSSHAUG P S, et al. Evaluation and comparison of centralized drinking water softening technologies: Effects on water quality indicators [J]. Water Research, 2021, 203: 117439.
[118] YANG Z J, ZHANG W Y, LI J D, et al. Preparation and characterization of PEG/PVDF composite membranes and effects of solvents on its pervaporation performance in heptane desulfurization [J]. Desalination and Water Treatment, 2012, 46 (1/3): 321-331.
[119] 张志刚，卢文敏，崔明明，等. 分光光度法测定不同分子量聚乙二醇浓度 [J]. 膜科学与技术，2015，35 (1)：20-22，27.
[120] LAMNAWAR K, MAAZOUZ A. Rheology and Processing of Polymers [J]. Polymers, 2022, 14 (12): 2327.
[121] ZHU Z F, SONG Y Z, XU Z Z, et al. Introduction of octenylsuccinate and carboxymethyl onto starch for strong bonding to fiber and easy removal from sized yarn [J]. Carbohydrate Polymers, 2021, 269: 118249.
[122] AGARWAL U P, ZHU J Y, RALPH S A. Enzymatic hydrolysis of loblolly pine: effects of cellulose crystallinity and delignification [J]. Holzforschung, 2013, 67 (4): 371-377.
[123] WANG M, ZHAO T, WANG G H, et al. Blend films of human hair and cellulose prepared from an ionic liquid [J]. Textile Research Journal, 2014, 84 (12): 1315-1324.
[124] SAPUTRA A H, QADHAYNA L, PITALOKA A B, et al. Synthesis and characterization of carboxymethyl cellulose (CMC) from water hyacinth using ethanol-isobutyl alcohol mixture as the solvents [J]. International Journal of Chemical Engineering and Applications, 2014, 5 (1): 36-40.
[125] DE FARIAS B S, RODRIGUES GRUNDMANN D D, RIZZI F Z, et al. Production of low molecular weight chitosan by acid and oxidative pathways: Effect on physicochemical properties [J]. Food Research International, 2019, 123: 88-94.
[126] MA Z W, WANG W Y, WU Y, et al. Oxidative degradation of chitosan to the low molecular water-soluble chitosan over peroxotungstate as chemical scissors [J]. Plos One, 2014, 9 (6): e100743.
[127] MAHMUD M, NAZIRI M I, YACOB N, et al. Degradation of chitosan by gamma ray with presence of hydrogen peroxide [J]. AIP Conference Proceedings, 2015, 1584 (1): 136.
[128] LIU X, XU Y H. Preparation process and antimicrobial properties of cross-linking chitosan onto periodate-oxidized bamboo pulp fabric [J]. Fibers and Polymers, 2014, 15 (9): 1887-1894.
[129] PRICHYSTALOVA H, ALMONASY N, ABDEL-MOHSEN A M, et al. Synthesis, characterization and antibacterial activity of new fluorescent chitosan derivatives [J]. International Journal of Biological Macromolecules, 2014, 65: 234-240.
[130] PANAYIOTOU C, MASTROGEORGOPOULOS S, ASLANIDOU D, et al. Redefining solubility parameters: Bulk and surface properties from unified molecular descriptors [J]. Journal of Chemical Thermodynamics, 2017, 111: 207-220.
[131] NOVO L P, CURVELO A A S. Hansen solubility parameters: A tool for solvent selection for organosolv delignification [J]. Industrial and Engineering Chemistry Research, 2019, 58

(31): 14520-14527.
[132] YU S R, SHARMA R, MOROSE G, et al. Identifying sustainable alternatives to dimethyl formamide for coating applications using Hansen Solubility Parameters [J]. Journal of Cleaner Production, 2021, 322: 129011.
[133] HOLDA A K, AERNOUTS B, SAEYS W, et al. Study of polymer concentration and evaporation time as phase inversion parameters for polysulfone-based SRNF membranes [J]. Journal of Membrane Science, 2013, 442: 196-205.
[134] ALTUN V, BIELMANN M, VANKELECOM I F J. Study of phase inversion parameters for EB-cured polysulfone-based membranes [J]. Rsc Advances, 2016, 6 (112): 110916-110921.
[135] DAI Y, JIAN X G, LIU X M, et al. Synthesis and characterization of sulfonated poly (phthalazinone ether sulfone ketone) for ultrafiltration and nanofiltration membranes [J]. Journal of Applied Polymer Science, 2001, 79 (9): 1685-1692.
[136] DE GROOTH J, REURINK D M, PLOEGMAKERS J, et al. Charged micropollutant removal with hollow fiber nanofiltration membranes based on polycation/polyzwitterion/polyanion multilayers [J]. Acs Applied Materials and Interfaces, 2014, 6 (19): 17009-17017.
[137] MARCHETTI P, SOLOMON M F J, SZEKELY G, et al. Molecular separation with organic solvent nanofiltration: A critical review [J]. Chemical Reviews, 2014, 114 (21): 10735-10806.
[138] KIM D, LE N L, NUNES S P. The effects of a co-solvent on fabrication of cellulose acetate membranes from solutions in 1-ethyl-3-methylimidazolium acetate [J]. Journal of Membrane Science, 2016, 520: 540-549.
[139] SHAHID K, SRIVASTAVA V, SILLANPAA M. Protein recovery as a resource from waste specifically via membrane technology-from waste to wonder [J]. Environmental Science and Pollution Research, 2021, 28 (8): 10262-10282.
[140] ABDULKADIR W A F W, YUNOS K F M, HASSAN A R, et al. Fabrication and performance of PSf/CA ultrafiltration membranes: Effect of additives for fouling resistance and selective polyphenol removal from apple juice [J]. Bioresources, 2019, 14 (1): 737-754.
[141] HOLDA A K, VANKELECOM I F J. Understanding and guiding the phase inversion process for synthesis of solvent resistant nanofiltration membranes [J]. Journal of Applied Polymer Science, 2015, 132 (27): 42130.
[142] HERMANS S, MARIEN H, VAN GOETHEM C, et al. Recent developments in thin film (nano) composite membranes for solvent resistant nanofiltration [J]. Current Opinion in Chemical Engineering, 2015, 8: 45-54.
[143] LI Y, GUO Z, LI S, et al. Interfacially polymerized thin-film composite membranes for organic solvent nanofiltration [J]. Advanced Materials Interfaces, 2021, 8 (3): 2001671.
[144] ALTUN V, REMIGY J-C, VANKELECOM I F J. UV-cured polysulfone-based membranes: Effect of co-solvent addition and evaporation process on membrane morphology and SRNF performance [J]. Journal of Membrane Science, 2017, 524: 729-737.
[145] FONTANANOVA E, DONATO L, DRIOLI E, et al. Heterogenization of polyoxometalates on the surface of plasma-modified polymeric membranes [J]. 2016, 18 (6): 1561-1568.

[146] ZHANG X G, DENG H Y, CHEN Q C, et al. Progress in preparation of organic-inorganic hybrid nanofiltration membrane [J]. New Chemical Materials, 2019, 47 (2): 27-32.

[147] KIM Y D, KIM J Y, LEE H K, et al. Formation of polyurethane membranes by immersion precipitation. Ⅱ. Morphology formation [J]. Journal of Applied Polymer Science, 1999, 74 (9): 2124-2132.

[148] ISMAIL A F, LAI P Y. Effects of phase inversion and rheological factors on formation of defect-free and ultrathin-skinned asymmetric polysulfone membranes for gas separation [J]. Separation and Purification Technology, 2003, 33 (2): 127-143.

[149] PENG S S, WU X M, SUN S L, et al. A morphology strategy to disentangle conductivity-selectivity dilemma in proton exchange membranes for vanadium flow batteries [J]. Process Safety and Environmental Protection, 2018, 116: 126-136.

[150] FENG Y N, HAN G, CHUNG T-S, et al. Effects of polyethylene glycol on membrane formation and properties, of hydrophilic sulfonated polyphenylenesulfone (sPPSU) membranes [J]. Journal of Membrane Science, 2017, 531: 27-35.

[151] BAIK K J, KIM J Y, LEE H K, et al. Liquid-liquid phase separation in polysulfone/polyethersulfone/N-methyl-2-pyrrolidone/water quaternary system [J]. Journal of Applied Polymer Science, 1999, 74 (9): 2113-2123.

[152] HUANG H T, YU J Y, GUO H X, et al. Improved antifouling performance of ultrafiltration membrane via preparing novel zwitterionic polyimide [J]. Applied Surface Science, 2018, 427: 38-47.

[153] 唐娜，李彦，项军，等．化学亚胺化法聚酰亚胺超滤膜的制备及表征 [J]. 膜科学与技术，2016，36 (6)：61-69.

[154] MUBASHIR M, DUMEE L F, FONG Y Y, et al. Cellulose acetate-based membranes by interfacial engineering and integration of ZIF-62 glass nanoparticles for CO_2 separation [J]. Journal of Hazardous Materials, 2021, 415: 125639.

[155] URSINO C, DI NICOLO E, GABRIELE B, et al. Development of a novel perfluoropolyether (PFPE) hydrophobic/hydrophilic coated membranes for water treatment [J]. Journal of Membrane Science, 2019, 581: 58-71.

[156] CASTRO-MUNOZ R, BUERA-GONZALEZ J, DE LA IGLESIA O, et al. Towards the dehydration of ethanol using pervaporation cross-linked poly (vinyl alcohol) /graphene oxide membranes [J]. Journal of Membrane Science, 2019, 582: 423-434.

[157] GILABERT-ORIOL G, ARIAS D, BACARDIT J, et al. The importance of fouling-resistant membrane elements-the FilmTec™ SW30XFR-400/34 [J]. Desalination and Water Treatment, 2022, 259: 266-272.

[158] JEON S, PARK C H, SHIN S S, et al. Fabrication and structural tailoring of reverse osmosis membranes using β-cyclodextrin-cored star polymers [J]. Journal of Membrane Science, 2020, 611: 118415.

[159] ZHANG Y, YANG L M, PRAMODA K P, et al. Highly permeable and fouling-resistant hollow fiber membranes for reverse osmosis [J]. Chemical Engineering Science, 2019, 207: 903-910.

[160] JO E-S, AN X H, INGOLE P G, et al. CO_2/CH_4 separation using inside coated thin film composite hollow fiber membranes prepared by interfacial polymerization [J]. Chinese Journal of Chemical Engineering, 2017, 25 (3): 278-287.

[161] PETIBOIS C, PICCININI M, GUIDI M C, et al. Facing the challenge of biosample imaging by FTIR with a synchrotron radiation source [J]. Journal of Synchrotron Radiation, 2010, 17: 1-11.

[162] TIERNAN H, BYRNE B, KAZARIAN S G. ATR-FTIR spectroscopy and spectroscopic imaging for the analysis of biopharmaceuticals [J]. Spectrochimica Acta Part a-Molecular and Biomolecular Spectroscopy, 2020, 241: 118636.

[163] QUERIDO W, KANDEL S, PLESHKO N. Applications of vibrational spectroscopy for analysis of connective tissues [J]. Molecules, 2021, 26 (4): 922.

[164] LIYANAGE S, ABIDI N. Fourier transform infrared applications to investigate induced biochemical changes in liver [J]. Applied Spectroscopy Reviews, 2020, 55 (9): 840-872.

[165] OUNIFI I, GUESMI Y, URSINO C, et al. Antifouling membranes based on cellulose acetate (CA) blended with poly (acrylic acid) for heavy metal remediation [J]. Applied Sciences-Basel, 2021, 11 (10): 4354.

[166] INGOLE P G, CHOI W K, BAEK I-H, et al. Highly selective thin film composite hollow fiber membranes for mixed vapor/gas separation [J]. Rsc Advances, 2015, 5 (96): 78950-78957.

[167] FAM W, PHUNTSHO S, LEE J H, et al. Boron transport through polyamide-based thin film composite forward osmosis membranes [J]. Desalination, 2014, 340: 11-17.

[168] WEI X Z, WANG S X, SHI Y Y, et al. Application of positively charged composite hollow-fiber nanofiltration membranes for dye purification [J]. Industrial and Engineering Chemistry Research, 2014, 53 (36): 14036-14045.

[169] WEISSL M, NIEGELHELL K, REISHOFER D, et al. Homogeneous cellulose thin films by regeneration of cellulose xanthate: properties and characterization [J]. Cellulose, 2018, 25 (1): 711-721.

[170] YOO C, KAIUM G, HURTADO L, et al. Wafer-scale two-dimensional MoS_2 layers integrated on cellulose substrates toward environmentally friendly transient electronic devices [J]. Acs Applied Materials and Interfaces, 2020, 12 (22): 25200-25210.

[171] ZHANG H N, LEEA N Y. Non-silicon substrate bonding mediated by poly (dimethylsiloxane) interfacial coating [J]. Applied Surface Science, 2015, 327: 233-240.

[172] CHENG Z, YANG R D, LIU X, et al. Green synthesis of bacterial cellulose via acetic acid prehydrolysis liquor of agricultural corn stalk used as carbon source [J]. Bioresource Technology, 2017, 234: 8-14.

[173] HOSHYARGAR V, FADAEI F, ASHRAFIZADEH S N. Mass transfer simulation of nanofiltration membranes for electrolyte solutions through generalized Maxwell-Stefan approach [J]. Korean Journal of Chemical Engineering, 2015, 32 (7): 1388-1404.

[174] PREMACHANDRA A, MICHAUD-LAVOIE C, CHESTER B, et al. Development of a crossflow nanofiltration process for polishing of wastewater by-product from biogas production

processes [J]. Journal of Water Process Engineering, 2022, 50: 103197.

[175] BOUCHOUX A, ROUX-DE BALMANN H, LUTIN F. Nanofiltration of glucose and sodium lactate solutions-Variations of retention between single-and mixed-solute solutions [J]. Journal of Membrane Science, 2005, 258 (1/2): 123-132.

[176] UMPUCH C, GALIER S, KANCHANATAWEE S, et al. Nanofiltration as a purification step in production process of organic acids: Selectivity improvement by addition of an inorganic salt [J]. Process Biochemistry, 2010, 45 (11): 1763-1768.

[177] AGBOOLA O, MAREE J, MBAYA R. Characterization and performance of nanofiltration membranes [J]. Environmental Chemistry Letters, 2014, 12 (2): 241-255.

[178] GUO Y B, WANG D G, ZHANG S W. Adhesion and friction of nanoparticles/polyelectrolyte multilayer films by AFM and micro-tribometer [J]. Tribology International, 2011, 44 (7/8): 906-915.

[179] TAMAI T, WATANABE M, MITAMURA K. Modification of PEN and PET film surfaces by plasma treatment and layer-by-layer assembly of polyelectrolyte multilayer thin films [J]. Colloid and Polymer Science, 2015, 293 (5): 1349-1356.

[180] ONNAINTY R, USSEGLIO N, BONAFE ALLENDE J C, et al. Exploring a new free-standing polyelectrolyte (PEM) thin film as a predictive tool for drug-mucin interactions: Insights on drug transport through mucosal surfaces [J]. International Journal of Pharmaceutics, 2021, 604: 120764.

[181] SHIRAZI M, KORD S, TAMSILIAN Y. Novel smart water-based titania nanofluid for enhanced oil recovery [J]. Journal of Molecular Liquids, 2019, 296: 112064.

[182] LI S L, SHAN X Y, ZHAO Y F, et al. Fabrication of a novel nanofiltration membrane with enhanced performance via interfacial polymerization through the incorporation of a new zwitterionic diamine monomer [J]. ACS Applied Materials and Interfaces, 2019, 11 (45): 42846-42855.

[183] LIU S L, ZENG J, TAO D D, et al. Microfiltration performance of regenerated cellulose membrane prepared at low temperature for wastewater treatment [J]. Cellulose, 2010, 17 (6): 1159-1169.

[184] ZHANG J P, KITAYAMA H, GOTOH Y, et al. Non-woven fabrics of fine regenerated cellulose fibers prepared from ionic-liquid solution via wet type solution blow spinning [J]. Carbohydrate Polymers, 2019, 226: 115258.

[185] LI S, LIU S N, HUANG F, et al. Preparation and characterization of cellulose-based nanofiltration membranes by interfacial polymerization with piperazine and trimesoyl chloride [J]. ACS Sustainable Chemistry and Engineering, 2018, 6 (10): 13168-13176.

[186] 刘金瑞，林晓雪，张妍，等．膜分离技术的研究进展 [J]. 广州化工，2021，49 (13): 27-29，71.

[187] 张鹏．聚哌嗪酰胺复合纳滤膜的正、反界面法制备与性能研究 [D]. 天津：天津工业大学，2021.

[188] MA Q S, SHULER P J, AFTEN C W, et al. Theoretical studies of hydrolysis and stability of polyacrylamide polymers [J]. Polymer Degradation and Stability, 2015, 121: 69-77.

[189] JUN B M, LEE H K, PARK Y I, et al. Degradation of full aromatic polyamide NF membrane by sulfuric acid and hydrogen halides: Change of the surface/permeability properties [J]. Polymer Degradation and Stability, 2019, 162: 1-11.

[190] 黄嘉臣．聚酰胺纳滤膜化学清洗过程及其清洗剂的研究 [D]. 北京：中国科学院大学（中国科学院过程工程研究所），2021.

[191] 郑凯．新型聚酰胺复合纳滤膜的制备及其在苦咸水处理中的应用 [D]. 兰州：兰州交通大学，2021.

[192] 张阳．饮用水处理中化学清洗对超滤膜性能影响及性能调控研究 [D]. 天津：天津大学，2017.

[193] DONG Z X, MAO J, YANG M Q, et al. Phase behavior of poly (sulfobetaine methacrylate) -grafted silica nanoparticles and their stability in protein solutions [J]. Langmuir, 2011, 27 (24): 15282-15291.

[194] LI J, ECCO L, DELMAS G, et al. In-situ AFM and EIS study of waterborne acrylic latex coatings for corrosion protection of carbon steel [J]. Journal of the Electrochemical Society, 2015, 162 (1): C55-C63.

[195] LLIGADAS G, GRAMA S, PERCEC V. Single-electron transfer living radical polymerization platform to practice, develop, and invent [J]. Biomacromolecules, 2017, 18 (10): 2981-3008.

[196] WANG P, MENG J Q, XU M L, et al. A simple but efficient zwitterionization method towards cellulose membrane with superior antifouling property and biocompatibility [J]. Journal of Membrane Science, 2015, 492: 547-558.

[197] GEORGOUVELAS D, JALVO B, VALENCIA L, et al. Residual lignin and zwitterionic polymer grafts on cellulose nanocrystals for antifouling and antibacterial applications [J]. Acs Applied Polymer Materials, 2020, 2 (8): 3060-3071.

[198] VALENCIA L, KUMAR S, JALVO B, et al. Fully bio-based zwitterionic membranes with superior antifouling and antibacterial properties prepared via surface-initiated free-radical polymerization of poly (cysteine methacrylate) [J]. Journal of Materials Chemistry A, 2018, 6 (34): 16277-16712.

[199] MEHRIZI M, AMIRI S, BAHRAMI S H, et al. PVA nanofibers containing ofloxacin/alpha-cyclodextrin inclusion complexes: improve ofloxacin water solubility [J]. Journal of the Textile Institute, 2020, 111 (5): 669-681.

[200] USOV I, NYSTROEM G, ADAMCIK J, et al. Understanding nanocellulose chirality and structure-properties relationship at the single fibril level [J]. Nature Communications, 2015, 6: 7564.

[201] KARIM Z, HAKALAHTI M, TAMMELIN T, et al. In situ TEMPO surface functionalization of nanocellulose membranes for enhanced adsorption of metal ions from aqueous medium [J]. Rsc Advances, 2017, 7 (9): 5232-5241.

[202] KARIM Z, CLAUDPIERRE S, GRAHN M, et al. Nanocellulose based functional membranes for water cleaning: Tailoring of mechanical properties, porosity and metal ion capture [J]. Journal of Membrane Science, 2016, 514: 418-428.

[203] LIU P, OKSMAN K, MATHEW A P. Surface adsorption and self-assembly of Cu (Ⅱ) ions on TEMPO-oxidized cellulose nanofibers in aqueous media [J]. Journal of Colloid and Interface Science, 2016, 464: 175-182.

[204] ZHU C T, MONTI S, MATHEW A P. Cellulose nanofiber-graphene oxide biohybrids: disclosing the self-assembly and copper-ion adsorption using advanced microscopy and reaxFF simulations [J]. Acs Nano, 2018, 12 (7): 7028-7038.

[205] VARGHESE A G, PAUL S A, LATHA M S. Remediation of heavy metals and dyes from wastewater using cellulose-based adsorbents [J]. Environmental Chemistry Letters, 2019, 17 (2): 867-877.

[206] ZHU C T, SOLDATOV A, MATHEW A P. Advanced microscopy and spectroscopy reveal the adsorption and clustering of Cu (Ⅱ) onto TEMPO-oxidized cellulose nanofibers [J]. Nanoscale, 2017, 9 (22): 7419-7428.

[207] DONG Z, LIU J Z, YUAN W J, et al. Recovery of Au (Ⅲ) by radiation synthesized aminomethyl pyridine functionalized adsorbents based on cellulose [J]. Chemical Engineering Journal, 2016, 283: 504-513.

[208] BISWAS F B, RAHMAN I M M, NAKAKUBO K, et al. Highly selective and straightforward recovery of gold and platinum from acidic waste effluents using cellulose-based bio-adsorbent [J]. Journal of Hazardous Materials, 2021, 410: 124569.

[209] JAFARI S, WILSON B P, HAKALAHTI M, et al. Recovery of gold from chloride solution by TEMPO-oxidized cellulose nanofiber adsorbent [J]. Sustainability, 2019, 11 (5): 1406.

[210] HASHEM M A, ELNAGAR M M, KENAWY I M, et al. Synthesis and application of hydrazono-imidazoline modified cellulose for selective separation of precious metals from geological samples [J]. Carbohydrate Polymers, 2020, 237: 116177.

[211] DWIVEDI A D, DUBEY S P, HOKKANEN S, et al. Recovery of gold from aqueous solutions by taurine modified cellulose: An adsorptive-reduction pathway [J]. Chemical Engineering Journal, 2014, 255: 97-106.

[212] YANG X, PAN Q, AO Y Y, et al. Facile preparation of L-cysteine-modified cellulose microspheres as a low-cost adsorbent for selective and efficient adsorption of Au (Ⅲ) from the aqueous solution [J]. Environmental Science and Pollution Research, 2020, 27 (30): 38334-38343.

[213] ZHAO J L, WANG C, WANG S X, et al. Selective recovery of Au (Ⅲ) from wastewater by a recyclable magnetic $Ni_{0.6}Fe_{2.4}O_4$ nanoparticels with mercaptothiadiazole: Interaction models and adsorption mechanisms [J]. Journal of Cleaner Production, 2019, 236: 117605.

[214] LIU B H, LI Z P. A review: Hydrogen generation from borohydride hydrolysis reaction [J]. Journal of Power Sources, 2009, 187 (2): 527-534.